Illustrator CC 2023
平面创意设计案例课堂

杨 姣　林杰克　徐海燕　　　　　　　　　　主编

清華大学出版社
北　京

内 容 简 介

本书通过110个具体实例，全面系统地介绍了Adobe Illustrator 2023的基本操作方法和平面广告的制作技巧，读者通过对这些实例的学习，能举一反三并掌握平面广告设计的精髓。

本书按照软件功能及实际应用分为13章，每一章的实例在编排上循序渐进，其中既有打基础、筑根基的部分，又不乏综合创新的例子。其特点是把Adobe Illustrator 2023的知识点融入实例中，读者将从中学到Adobe Illustrator 2023的基本操作、绘制简单图形、图形的编辑与处理、常用文字特效的制作与表现、图标和按钮的设计、插画设计、手机APP的UI设计、海报设计、宣传单设计、画册设计、Logo标志与卡片设计、VI设计和包装设计等。

本书内容丰富、语言通俗、结构清晰，适合于初、中级读者学习使用，也可以作为大中专院校相关专业和计算机培训机构的上机指导教材。

本书封面贴有清华大学出版社防伪标签，无标签者不得销售。
版权所有，侵权必究。举报：010-62782989，beiqinquan@tup.tsinghua.edu.cn。

图书在版编目(CIP)数据

Illustrator CC 2023平面创意设计案例课堂 / 杨姣，林杰克，徐海燕主编. -- 北京：清华大学出版社，2025.5.
ISBN 978-7-302-68695-8

Ⅰ．TP391.412

中国国家版本馆CIP数据核字第20250K6S00号

责任编辑：张彦青
封面设计：李　坤
责任校对：徐彩虹
责任印制：杨　艳

出版发行：清华大学出版社
网　　址：https://www.tup.com.cn，https://www.wqxuetang.com
地　　址：北京清华大学学研大厦A座　　邮　　编：100084
社 总 机：010-83470000　　邮　　购：010-62786544
投稿与读者服务：010-62776969，c-service@tup.tsinghua.edu.cn
质 量 反 馈：010-62772015，zhiliang@tup.tsinghua.edu.cn
印 装 者：三河市龙大印装有限公司
经　　销：全国新华书店
开　　本：190mm×260mm　　印　　张：20.5　　字　　数：499千字
版　　次：2025年5月第1版　　印　　次：2025年5月第1次印刷
定　　价：98.00元

产品编号：103011-01

前　言

　　Illustrator 2023 是 Adobe 公司推出的矢量图形制作软件，广泛应用于平面设计、印刷出版、专业插画、手机 UI 界面设计、海报排版、VI 设计以及包装设计等，作为著名的矢量图形制作软件，Illustrator 以其强大的功能和体贴的用户界面，成为平面设计师不可或缺的软件之一。

01　本书内容 ▶▶▶▶

　　本书共分为 13 章，按照平面设计工作的实际需求组织内容，基础知识以实用、够用为原则。其中主要包括 Adobe Illustrator 2023 的基本操作、绘制简单图形、图形的编辑与处理、常用文字特效的制作与表现、图标和按钮的设计、插画设计、手机 APP 的 UI 设计、海报设计、宣传单设计、画册设计、Logo 标志与卡片设计、VI 设计和包装设计等内容。

02　本书特色 ▶▶▶▶

　　本书以提高读者的动手能力为出发点，覆盖了 Illustrator 2023 平面创意设计各方面的技术与技巧。通过 110 个实战案例，由浅入深、由易到难，逐步引导读者系统地掌握软件的操作技能和相关行业知识。

03　海量的电子学习资源和素材 ▶▶▶▶

　　本书附带大量的学习资料和视频教程，读者在读完本书内容以后，可以调用这些资源进行深入学习。
　　本书视频教学贴近实际，几乎是手把手教学。

Illustrator 2023 平面创意设计
案例课堂—配送资源 .part1.rar

Illustrator 2023 平面创意设计
案例课堂—配送资源 .part2.rar

Illustrator 2023 平面创意设计
案例课堂—配送资源 .part3.rar

04 读者对象 ▶▶▶▶

1. Illustrator 的初学者。
2. 大中专院校和社会培训机构平面设计及其相关专业的学生。
3. 平面设计从业人员。

05 创作团队 ▶▶▶▶

  本书由山东开放大学的杨姣，德州职业技术学院的林杰克、徐海燕老师编写，参加编写的人员还有朱晓文、刘蒙蒙老师。在本书编写的过程中，我们虽竭尽所能将最好的讲解呈现给读者，但也难免有疏漏和欠妥之处，敬请读者不吝指正。

编 者

目 录

第 01 章　Illustrator 2023 的基本操作

案例精讲 001　安装 Illustrator 2023 002
案例精讲 002　卸载 Illustrator 2023 003
案例精讲 003　启动与退出
　　　　　　　Illustrator 2023 004
案例精讲 004　图像的显示比例 004
案例精讲 005　新建文件 006
案例精讲 006　打开文件 007
案例精讲 007　保存文件 007
案例精讲 008　置入文件 008
案例精讲 009　导出文件 009
案例精讲 010　设置用户界面 009
案例精讲 011　设置页面大小 010
案例精讲 012　设置裁剪标记 011
案例精讲 013　辅助工具的设置 012
案例精讲 014　设置图形的显示模式 015
案例精讲 015　窗口的屏幕模式与排列 016
案例精讲 016　使用选择工具选择对象 018
案例精讲 017　使用选择菜单选择对象 019
案例精讲 018　移动图形对象 020
案例精讲 019　复制图形对象 022
案例精讲 020　锁定与解锁图形对象 024
案例精讲 021　对图形对象进行编组 025
案例精讲 022　图形对象的删除与恢复 026
案例精讲 023　图形对象的排列顺序 027
案例精讲 024　对齐与分布图形对象 028
案例精讲 025　图形对象的显示与隐藏 030

第 02 章　绘制简单图形

案例精讲 026　矩形工具 034
案例精讲 027　圆角矩形工具 035
案例精讲 028　椭圆工具 036
案例精讲 029　星形工具 037
案例精讲 030　光晕工具 039
案例精讲 031　直线段工具 041
案例精讲 032　弧形工具 042
案例精讲 033　矩形网格工具 043
案例精讲 034　极坐标网格工具 044
案例精讲 035　铅笔工具 046
案例精讲 036　平滑工具 048
案例精讲 037　橡皮擦工具 049
案例精讲 038　色彩斑斓的墨迹 050
案例精讲 039　多边形工具 051
案例精讲 040　螺旋线工具 055
案例精讲 041　画笔工具 057

第 03 章　图形的编辑与处理

案例精讲 042　制作播放器 060
案例精讲 043　制作色卡 063

案例精讲 044	制作彩铅	068
案例精讲 045	制作热气球	070
案例精讲 046	标志设计	073
案例精讲 047	制作海豚	074
案例精讲 048	制作玩具熊	076
案例精讲 049	制作剪刀	077
案例精讲 050	制作垃圾桶	080
案例精讲 051	制作圣诞蜡烛	082

第 04 章 常用文字特效的制作与表现

案例精讲 052	制作金属文字	090
案例精讲 053	制作粉笔文字	093
案例精讲 054	制作凹凸文字	095
案例精讲 055	制作浪漫情缘艺术字	097
案例精讲 056	制作新春贺卡	100
案例精讲 057	制作杂志页面	103

第 05 章 图标和按钮的设计

案例精讲 058	播放按钮	106
案例精讲 059	日历图标	112
案例精讲 060	锁屏图标	115
案例精讲 061	指纹图标	118

第 06 章 插画设计

案例精讲 062	万圣节插画	124
案例精讲 063	圣诞驯鹿	126
案例精讲 064	可爱雪人	135

第 07 章 手机 APP 的 UI 设计

案例精讲 065	个人中心 UI 界面设计	140
案例精讲 066	收款 UI 界面设计	146
案例精讲 067	手机 UI 登录界面设计	150
案例精讲 068	手机出票 UI 界面设计	156
案例精讲 069	购物 UI 界面设计	160
案例精讲 070	旅游 UI 界面设计	164
案例精讲 071	美食 UI 界面设计	170
案例精讲 072	抽奖 UI 界面设计	176
案例精讲 073	运动 UI 界面设计	182

第 08 章 海报设计

案例精讲 074	制作护肤品海报	186
案例精讲 075	制作口红海报	188
案例精讲 076	制作美食自助促销海报	190
案例精讲 077	制作元旦宣传海报	194

第 09 章 宣传单设计

案例精讲 078	制作企业宣传单正面	200
案例精讲 079	制作企业宣传单反面	205
案例精讲 080	制作旅游宣传单正面	209
案例精讲 081	制作旅游宣传单反面	213
案例精讲 082	制作夏日冷饮宣传单正面	217
案例精讲 083	制作夏日冷饮宣传单反面	223

第 10 章　画册设计

案例精讲 084　企业画册封面设计 226
案例精讲 085　企业画册内页设计 230
案例精讲 086　美食画册封面设计 235
案例精讲 087　美食画册内页设计 240

第 11 章　Logo 标志与卡片设计

案例精讲 088　物流公司 Logo 244
案例精讲 089　金融公司 Logo 247
案例精讲 090　房地产 Logo 249
案例精讲 091　矿泉水 Logo 251
案例精讲 092　乳业 Logo 253
案例精讲 093　童装 Logo 255
案例精讲 094　会员积分卡正面 259
案例精讲 095　会员积分卡反面 261
案例精讲 096　嘉宾席桌牌 263

第 12 章　VI 设计

案例精讲 097　制作 Logo 266
案例精讲 098　制作名片正面 268
案例精讲 099　制作名片反面 271
案例精讲 100　制作工作证正面 272
案例精讲 101　制作工作证反面 274
案例精讲 102　制作信纸正面 275
案例精讲 103　制作信纸反面 278
案例精讲 104　制作档案袋正面 279
案例精讲 105　制作档案袋反面 280

第 13 章　包装设计

案例精讲 106　酸奶包装设计 286
案例精讲 107　月饼包装设计 294
案例精讲 108　牙膏包装设计 300
案例精讲 109　坚果包装设计 310
案例精讲 110　茶叶包装设计 315

第 01 章　Illustrator 2023 的基本操作

本章导读：

　　Illustrator 2023 是由 Adobe 公司开发的一款专业的矢量图形绘制软件，具有丰富的工具、控制面板和菜单命令等。本章将介绍如何安装、卸载、启动 Illustrator 2023，以及该软件的一些基本操作，使我们在制作与设计作品时，知道如何下手，从哪些方面开始切入正题。

Illustrator CC 2023 平面创意设计案例课堂

案例精讲 001　安装 Illustrator 2023

想要学习和使用 Illustrator 2023，首先要正确安装该软件，本案例将讲解如何安装 Illustrator 2023。

（1）打开 Illustrator 2023 的安装文件，找到 Set-up.exe 文件，用鼠标左键双击打开，如图 1-1 所示。

（2）弹出【Illustrator 2023 安装程序】对话框，在该对话框中指定安装位置，单击【继续】按钮，如图 1-2 所示。

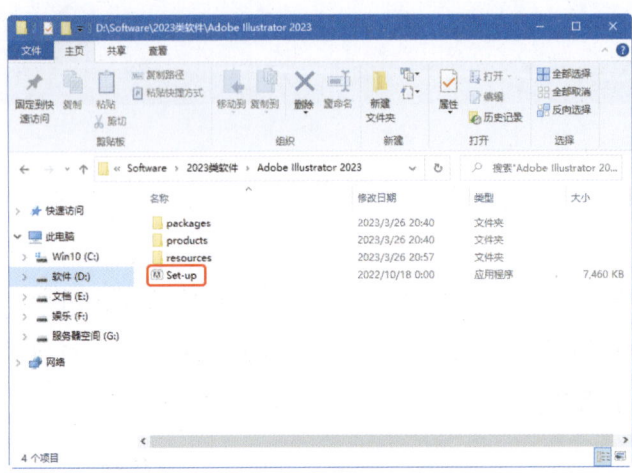
图 1-1

图 1-2

（3）初始化安装完成后，将会出现带有安装进度条的界面，说明正在安装 Illustrator 2023 软件，如图 1-3 所示。

（4）安装完成后，将会弹出【安装完成】提示框，单击【关闭】按钮即可，如图 1-4 所示。

图 1-3

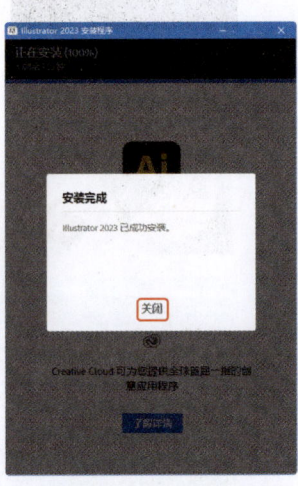
图 1-4

第 01 章 Illustrator 2023 的基本操作

案例精讲 002　卸载 Illustrator 2023

本案例将讲解如何卸载 Illustrator 2023，具体操作步骤如下。

（1）单击计算机左下角的【开始】按钮，在弹出的下拉菜单中选择 Adobe Illustrator 2023 命令，右击鼠标，从弹出的快捷菜单中选择【卸载】命令，如图 1-5 所示。

（2）选择 Adobe Illustrator 2023 选项，单击【卸载/更改】按钮，如图 1-6 所示。

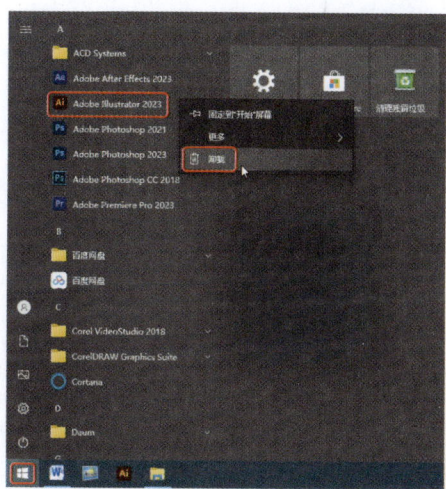
图 1-5

图 1-6

（3）在弹出的【Illustrator 卸载程序】界面中，弹出【Illustrator 首选项】对话框，单击【是，确定删除】按钮，开始卸载 Illustrator 2023，如图 1-7 所示。

（4）等待卸载，卸载界面如图 1-8 所示。

（5）卸载完成后单击【关闭】按钮即可，如图 1-9 所示。

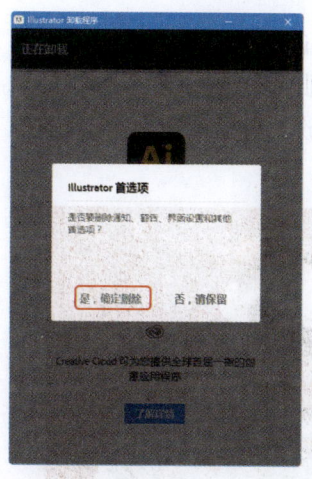
图 1-7

图 1-8

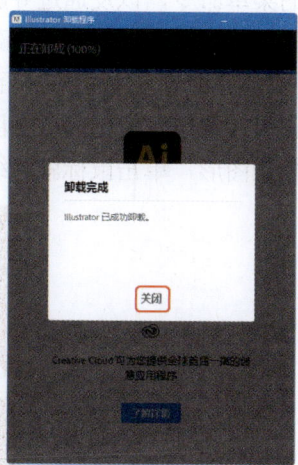
图 1-9

案例精讲 003　启动与退出 Illustrator 2023

本案例将讲解如何启动与退出 Illustrator 2023，具体操作步骤如下。

（1）双击桌面上的 Illustrator 2023 快捷方式图标，即可进入 Illustrator 2023 的工作界面，这样程序就启动完成了，如图 1-10 所示。

（2）单击 Illustrator 2023 工作界面右上角的  按钮即可关闭程序，也可以在菜单栏中选择【文件】|【退出】命令，退出程序，如图 1-11 所示。

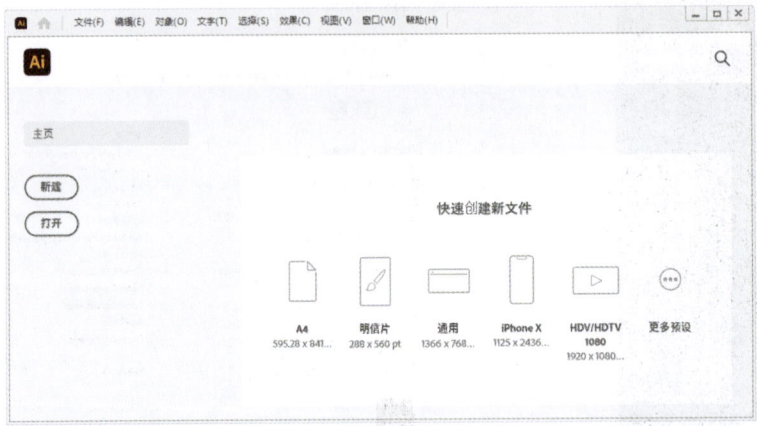
图 1-10

图 1-11

案例精讲 004　图像的显示比例

本案例主要介绍更改图像显示比例的常用操作方法，包括使用缩放工具、更改视图显示的菜单命令，以及通过导航器面板设置。其具体操作步骤如下。

（1）按 Ctrl+O 组合键，打开"素材\Cha01\图像的显示比例.ai"文件，如图 1-12 所示。

（2）在工具栏中选择【缩放工具】，移动鼠标指向图形，此时指针变为 形状，单击鼠标则按一定比例放大图形对象，如图 1-13 所示。按住 Alt 键不放，当指针变为 形状时，指向图形，单击鼠标就会缩小图形对象。

图 1-12

图 1-13

（3）选择菜单栏中的【视图】|【放大】命令，可放大图形对象。选择菜单栏中的【视图】|【缩小】命令，可缩小图形对象，如图 1-14 所示。

提示：
按 Ctrl++ 组合键可以放大图形对象，按 Ctrl+- 组合键可以缩小图形对象。

（4）选择菜单栏中的【视图】|【画板适合窗口大小】命令，此时图形对象会最大限度地显示在工作界面中并保持完整性，如图 1-15 所示。

提示：
按 Ctrl+0 组合键，可快速将画板调整至适合窗口大小的尺寸。

图 1-14

图 1-15

（5）选择菜单栏中的【视图】|【实际大小】命令，可将图形对象按 100% 的比例来显示，如图 1-16 所示。

（6）选择菜单栏中的【视图】|【全部适合窗口大小】命令，即可使图形对象按照窗口大小来显示，如图 1-17 所示。

提示：
按 Ctrl+1 组合键，可快速执行【视图】|【实际大小】命令。
按 Ctrl+Alt+0 组合键，可快速执行【视图】|【全部适合窗口大小】命令。

（7）如果想要对图形的局部区域进行放大，可以使用【缩放工具】，然后在需要放大的区域拖曳鼠标，如图 1-18 所示。

（8）释放鼠标后，被框选的区域就会放大显示并填满整个窗口，如图 1-19 所示。

（9）选择菜单栏中的【窗口】|【导航器】命令，使用【导航器】面板也可以控制图像的显示比例，包括在左下角输入数值，单击【缩小】按钮 或【放大】按钮 ，都可按一定比例放大或缩小图形对象，如图 1-20 所示。

005

Illustrator CC 2023 平面创意设计案例课堂

图 1-16

图 1-17

图 1-18

图 1-19

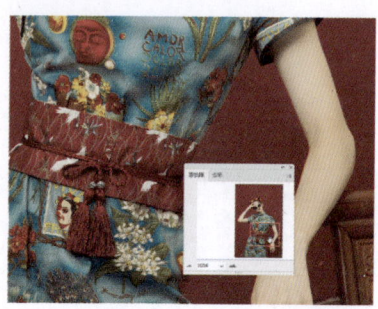
图 1-20

案例精讲 005　新建文件

本案例讲解新建文件的基本操作，具体操作步骤如下。

（1）在菜单栏中选择【文件】|【新建】命令，弹出【新建文档】对话框，在其中设置名称为【空白文件】，将单位设置为【像素】，将【宽度】和【高度】均设置为 500 px，将【画板】设置为 1，将【出血】设置为 3 px，其他采用默认设置即可，如图 1-21 所示。

（2）设置完成后单击【创建】按钮，系统会根据当前的设置创建新的文档，如图 1-22 所示。

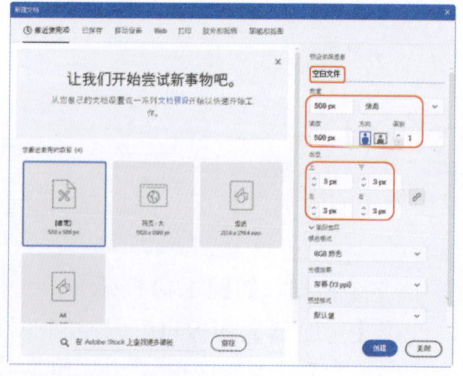
图 1-21

图 1-22

第01章 Illustrator 2023 的基本操作

案例精讲 006　打开文件

本案例讲解打开文件的基本操作，具体操作步骤如下。

（1）在菜单栏中选择【文件】|【打开】命令，在弹出的对话框中选择"素材\Cha01\003.ai"素材文件，单击【打开】按钮，如图 1-23 所示。

（2）打开素材文件后的效果如图 1-24 所示。

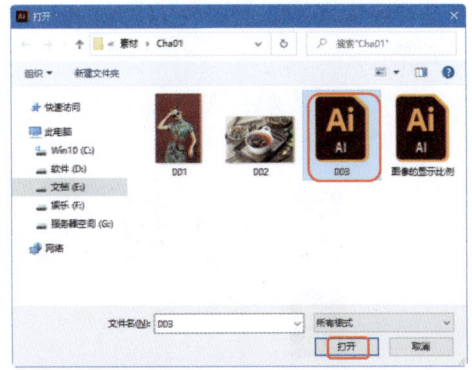
图 1-23

图 1-24

案例精讲 007　保存文件

本案例将讲解如何保存文件，具体操作步骤如下。

（1）继续上一案例的操作，在菜单栏中选择【文件】|【存储为】命令，如图 1-25 所示。

（2）弹出【存储为】对话框，设置保存路径，将【文件名】设置为"案例精讲 007 保存文件"，将【保存类型】设置为 Illustrator EPS（*.EPS），单击【保存】按钮，如图 1-26 所示。

（3）弹出【EPS 选项】对话框，保持默认设置，单击【确定】按钮，即可存储文件，如图 1-27 所示。

图 1-25

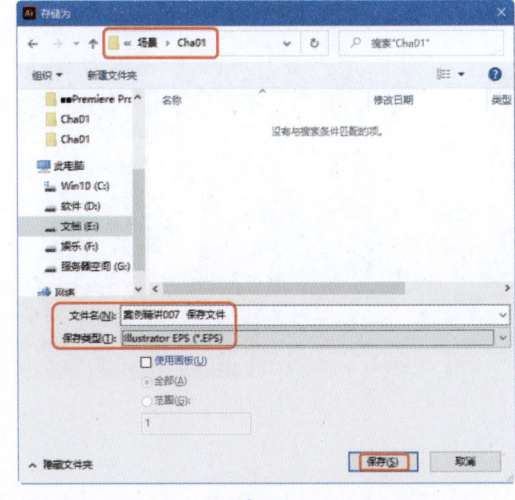
图 1-26　　　　　　　　图 1-27

Illustrator CC 2023 平面创意设计案例课堂

案例精讲 008　置入文件

本案例主要讲解置入文件的方法，具体操作步骤如下。

（1）在菜单栏中选择【文件】|【新建】命令，在弹出的【新建文档】对话框中，设置文件名称，将单位设置为【像素】，将【宽度】和【高度】分别设置为 892 px、595 px，将【画板】设置为 1，将【出血】设置为 0 px，单击【创建】按钮，如图 1-28 所示。

（2）在菜单栏中选择【文件】|【置入】命令，弹出【置入】对话框，选择"素材 \Cha01\ 布拉格街景 .jpg"素材文件，单击【置入】按钮，如图 1-29 所示。

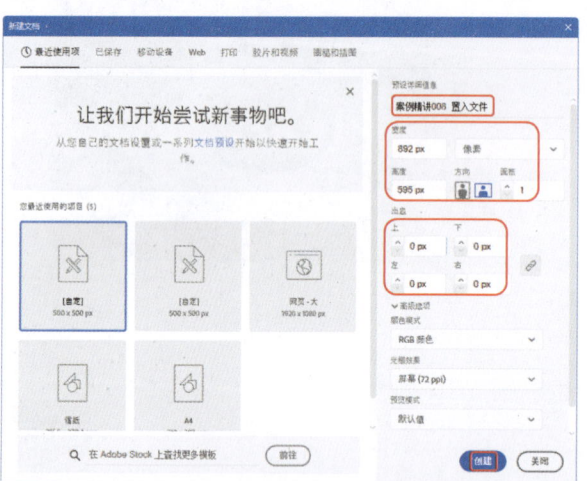
图 1-28

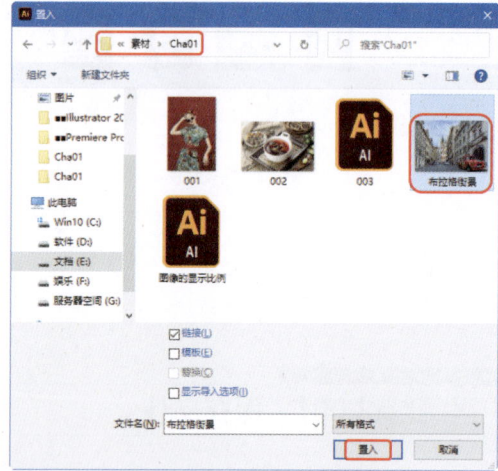
图 1-29

（3）单击鼠标左键，置入图片，调整一下图片的位置及大小，如图 1-30 所示。

图 1-30

008

Illustrator 2023 的基本操作　第 01 章

案例精讲 009　导出文件

本案例主要讲解导出文件的方法，具体操作步骤如下。

（1）继续上一案例的操作，选择【文件】|【导出】|【导出为】命令，如图 1-31 所示。

（2）弹出【导出】对话框，设置保存路径，将【文件名】设置为"案例精讲 009 导出文件"，将【保存类型】设置为 JPEG（*.JPG），选中【使用画板】复选框，单击【导出】按钮，如图 1-32 所示。

图 1-31

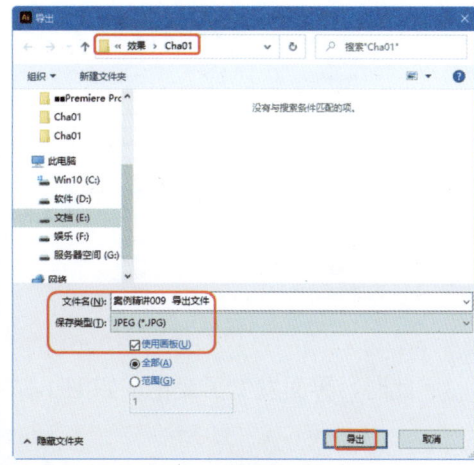
图 1-32

（3）弹出【JPEG 选项】对话框，保持默认设置，单击【确定】按钮，如图 1-33 所示。
（4）导出后预览效果，如图 1-34 所示。

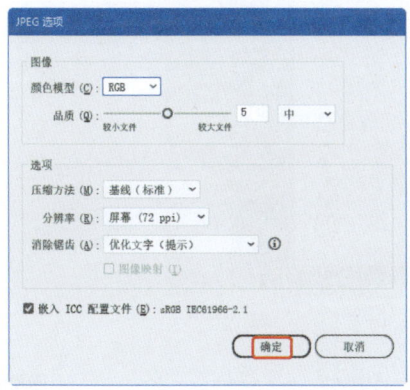
图 1-33

图 1-34

案例精讲 010　设置用户界面

本案例将讲解如何设置用户界面及其颜色，具体操作步骤如下。

009

（1）在菜单栏中选择【编辑】|【首选项】|【用户界面】命令，如图 1-35 所示。

（2）弹出【首选项】对话框，将【亮度】设置为【中等浅色】，单击【确定】按钮，如图 1-36 所示。

图 1-35

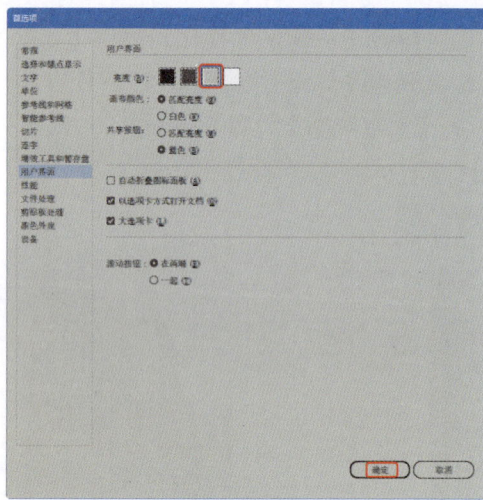
图 1-36

（3）此时，界面发生了变化，如图 1-37 所示。

图 1-37

案例精讲 011　设置页面大小

在创建文件的时候就应对文档大小进行最初设置，当对设置参数不满意时，可以重新进行调整。

（1）选择【文件】|【新建】命令，在打开的【新建文档】对话框中进行页面设置，单击【创建】按钮，Illustrator 会按照当前的设置创建一个新文档，如图 1-38 所示。

（2）如果希望改变目前的页面设置，可选择【文件】|【文档设置】命令，弹出【文档设置】对话框，然后根据个人需要进行设置，如图1-39所示。

图1-38

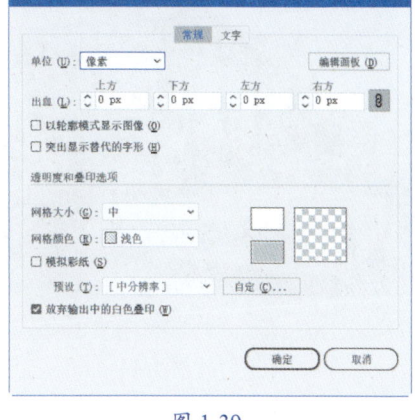

图1-39

案例精讲012　设置裁剪标记

本案例主要讲解如何利用菜单栏实现裁剪标记效果，另外，还可以在【常规】界面中设置裁剪标记效果，如图1-40所示。

（1）在Illustrator 2023中选择菜单栏中的【文件】|【打开】命令，在弹出的对话框中选择"素材\Cha01\设置裁剪标记.ai"素材文件，单击【打开】按钮，即可打开素材文件，如图1-41所示。

图1-40 　　　　　　　　　　　　　图1-41

（2）选中选择工具，单击选择图像，在菜单栏中选择【效果】|【裁剪标记】命令，画板中将添加裁剪标记，如图1-42所示。

（3）选择菜单栏中的【编辑】|【首选项】|【常规】命令，在打开的【首选项】对话框中选中【使用日式裁剪标记】复选框，单击【确定】按钮，如图1-43所示。

011

 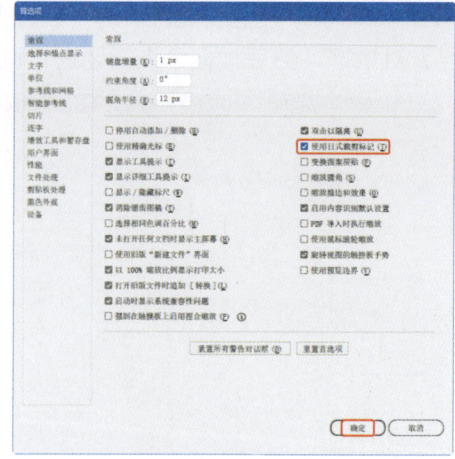

图 1-42　　　　　　　　　　　　　　　图 1-43

（4）选中选择工具，单击选择图形对象，然后选择菜单栏中的【效果】|【裁剪标记】命令，如图 1-44 所示。

（5）画板中将添加裁剪标记，如图 1-45 所示。

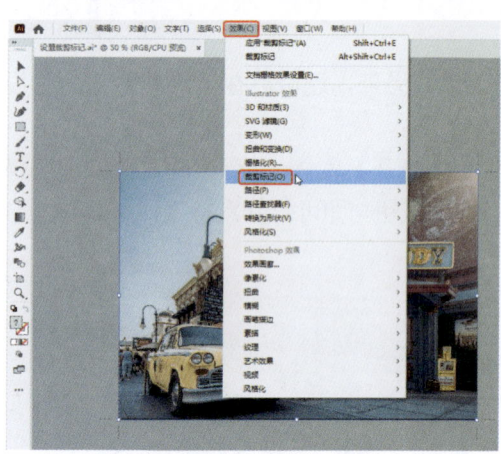 

图 1-44　　　　　　　　　　　　　　　图 1-45

案例精讲 013　辅助工具的设置

本案例将讲解如何设置显示标尺、如何设置标尺单位、如何为素材添加或删除参考线。

（1）在 IIlustrator 2023 中选择菜单栏中的【文件】|【打开】命令，在弹出的对话框中选择"素材\Cha01\006.ai"素材文件，单击【打开】按钮，即可打开素材文件，如图 1-46 所示。

（2）选择菜单栏中的【视图】|【标尺】|【显示标尺】命令，如图 1-47 所示。

Illustrator 2023 的基本操作　第 01 章

图 1-46

图 1-47

（3）执行该操作后，即可显示标尺。选择菜单栏中的【编辑】|【首选项】|【单位】命令，在弹出的对话框中的【常规】下拉列表框中，根据用户的需求进行设置，如图 1-48 所示。

（4）设置完成后，单击【确定】按钮即可。还可以右击标尺，在弹出的快捷菜单中选择具体的单位，如图 1-49 所示。

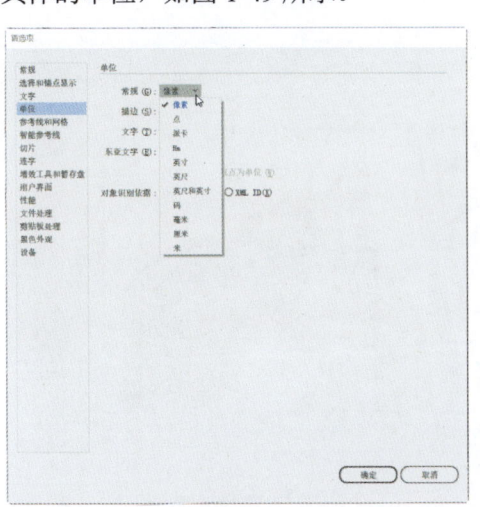

图 1-48

图 1-49

（5）在默认状态下，标尺的坐标原点在工作页面的左上角，如果要更改坐标原点，则单击水平标尺与垂直标尺的交界处并将其拖曳到任意位置，释放鼠标后即可将坐标原点设置在此处。如果想恢复坐标原点的位置，双击水平标尺与垂直标尺的交界处即可，如图 1-50 所示。

013

（6）在绘制图形的过程中，参考线可以在页面的任意位置上，帮助用户对齐对象。参考线也是对象，能被选择、移动或删除。如果要增加参考线，则用鼠标在水平标尺或垂直标尺上向页面中拖曳，即可拖出水平参考线或垂直参考线，如图1-51所示。

图1-50　　　　　　　　　　　　　　　图1-51

（7）选择菜单栏中的【视图】|【参考线】|【清除参考线】命令，可以清除参考线。如果要设置参考线的颜色和线型样式，可选择菜单栏中的【编辑】|【首选项】|【参考线和网格】命令，在打开的对话框的【颜色】和【样式】下拉列表框中设置具体数值，如图1-52所示。

（8）网格用于对齐对象，选择菜单栏中的【视图】|【显示网格】命令，即可显示网格，如图1-53所示。选择菜单栏中的【视图】|【隐藏网格】命令，即可隐藏网格。

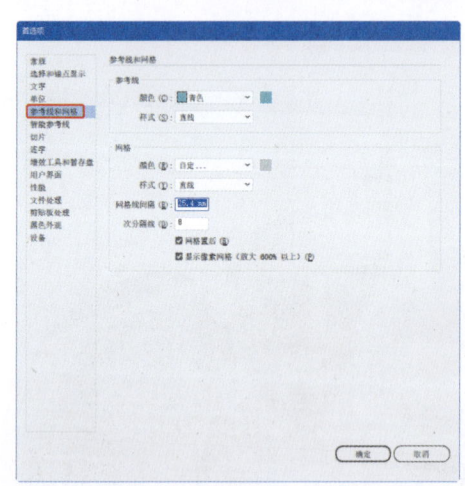 

图1-52　　　　　　　　　　　　　　　图1-53

（9）选择菜单栏中的【编辑】|【首选项】|【参考线和网格】命令，在打开的对话框中设置【颜色】、【样式】、【网格线间隙】等参数，其中【次分隔线】文本框用于设置分隔线的多少，【网格置后】复选框用于设置网格线在图形的上方显示还是在图形的下方显示，如图1-54所示。

Illustrator 2023 的基本操作　第 01 章

图 1-54

案例精讲 014　设置图形的显示模式

本案例将讲解在 IIustrator 2023 中如何设置图形的显示模式，具体操作步骤如下。

（1）在 IIustrator 2023 中选择菜单栏中的【文件】|【打开】命令，在打开的对话框中选择"素材\Cha01\007.ai"素材文件，单击【打开】按钮，打开素材文件，如图 1-55 所示。

（2）选择菜单栏中的【视图】|【轮廓】命令，可将视图切换为轮廓模式，如图 1-56 所示。

图 1-55

图 1-56

（3）选择菜单栏中的【视图】|【叠印预览】命令，可将视图切换为叠印预览模式，如图 1-57 所示。

（4）选择菜单栏中的【视图】|【像素预览】命令，可将视图切换为像素预览模式，如图 1-58 所示。

015

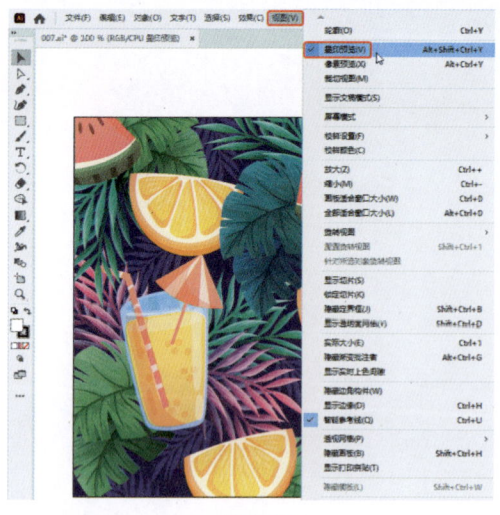

图 1-57    图 1-58

案例精讲 015　窗口的屏幕模式与排列

本案例将讲解在IIlustrator 2023中如何设置图形的窗口排列，除了可以通过工具栏中的更改屏幕模式工具转换效果，还可以在菜单栏中设置窗口效果。

（1）在IIlustrator 2023中选择菜单栏中的【文件】|【打开】命令，在打开的对话框中选择"素材\Cha01\007.ai"素材文件，单击【打开】按钮，打开素材文件，使用工具栏中的更改屏幕模式工具，可以在屏幕模式之间转换，如图1-59所示。

（2）带有菜单栏的全屏模式包括菜单栏、工具栏、浮动画板，如图1-60所示。

图 1-59   图 1-60

（3）全屏模式只包括状态栏，工具栏、浮动面板、标题栏和菜单栏将被隐藏，如图1-61所示。

（4）按Tab键可以关闭工具栏和浮动面板，再按一次可以恢复显示，如图1-62所示。

图 1-61　　　　　　　　　　　　图 1-62

（5）按 Shift+Tab 组合键，可以关闭浮动面板，再按一次可以恢复显示，如图 1-63 所示。

（6）将屏幕模式更改为正常屏幕模式，选择【打开】命令，打开"素材\Cha01\006.ai"素材文件，选择菜单栏中的【窗口】|【排列】|【平铺】命令，即可平铺窗口，如图 1-64 所示。

图 1-63　　　　　　　　　　　　图 1-64

（7）选择菜单栏中的【窗口】|【排列】|【合并所有窗口】命令，即可合并窗口，如图 1-65 所示。选择菜单栏中的【窗口】|【排列】|【全部在窗口中浮动】命令，即可浮动所有窗口，如图 1-66 所示。

图 1-65　　　　　　　　　　　　图 1-66

017

案例精讲 016　使用选择工具选择对象

本案例主要讲解使用选择工具、魔棒工具选择图形对象，并更改图形对象的渐变颜色，最终完成效果如图 1-67 所示。

（1）启动 Illustrator 2023 软件，选择【文件】|【打开】命令，在打开的对话框中选择"素材\Cha01\ 使用选择工具选择对象 .ai"素材文件，单击【打开】按钮，打开素材文件，如图 1-68 所示。

图 1-67

图 1-68

（2）选中【选择工具】▶单击选择如图 1-69 所示的图形对象。

（3）通过【渐变】和【颜色】面板可以设置颜色，将渐变的【类型】设置为线性渐变，将 0 位置处的 RGB 值设置为 39、43、82，将 50% 位置处的 RGB 值设置为 19、21、43，将 100% 位置处的 RGB 值设置为 4、4、13，将【角度】设置为 -45°，如图 1-70 所示。

图 1-69

图 1-70

提示：

选中选择工具的快捷键为 V。

018

（4）按 Y 键使用【魔棒工具】，单击选择具有相同绿色渐变的对象，如图 1-71 所示。

> **提示：**
> 按住 Shift 键，分别在相应的物体上单击，可连续选择多个对象；使用鼠标拖曳框选的方法可同时选择一个或多个对象。

（5）通过【渐变】和【颜色】面板可以设置颜色，将【类型】设置为线性渐变，将 0 位置处的 RGB 值设置为 196、255、236，将 60% 位置处的 RGB 值设置为 102、224、255，将 85% 位置处的 RGB 值设置为 102、224、255，将 100% 位置处的 RGB 值设置为 108、125、210，将【角度】设置为 118°，如图 1-72 所示。

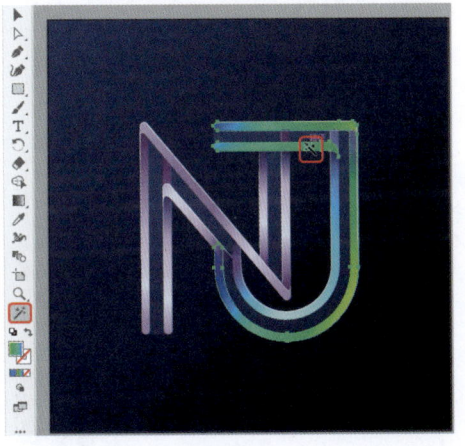

图 1-71

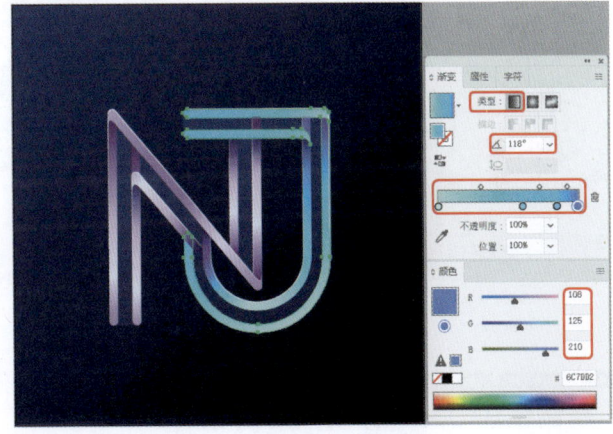

图 1-72

案例精讲 017　使用选择菜单选择对象

本案例主要讲解使用选择菜单中的命令选择图形对象，并通过【渐变】和【颜色】面板更改其填充属性，最终完成效果如图 1-73 所示。

（1）启动 Illustrator 2023 软件，选择【文件】|【打开】命令，在打开的对话框中选择"素材\Cha01\使用选择菜单选择对象.ai"素材文件，单击【打开】按钮，打开素材文件，如图 1-74 所示。

图 1-73

图 1-74

（2）选择"午"字，选择菜单栏中的【选择】|【相同】|【填色和描边】命令，如图1-75所示。

（3）此时自动选择"端午好"文本对象，通过【渐变】面板设置素材的填色，将【类型】设置为线性渐变，将7%位置处的RGB值设置为61、122、74，将100%位置处的RGB值设置为47、105、59，如图1-76所示。

图 1-75

图 1-76

案例精讲 018　移动图形对象

本案例主要讲解通过【移动】对话框、使用选择工具拖曳鼠标来移动图形对象，最终完成效果如图1-77所示。

（1）启动Illustrator 2023软件，选择【文件】|【打开】命令，在打开的对话框中选择"素材\Cha01\移动图形对象.ai"素材文件，单击【打开】按钮，打开素材文件，如图1-78所示。

图 1-77

图 1-78

（2）选中【选择工具】，单击选择蘑菇对象，如图1-79所示。

（3）按Enter键，此时弹出【移动】对话框，将【水平】、【垂直】分别设置为5 px、-10 px，单击【确定】按钮，如图1-80所示。移动后的效果如图1-81所示。

图 1-79

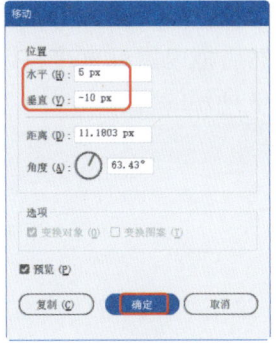

图 1-80

(4)选中【选择工具】 ，单击选择如图 1-82 所示的图形对象。

图 1-81 　　　　　　　　　　　　　　图 1-82

(5)按 Enter 键，此时弹出【移动】对话框，将【水平】设置为 -3 px，将【垂直】设置为 30 px，如图 1-83 所示。

(6)设置完成后单击【确定】按钮，移动后的效果如图 1-84 所示。

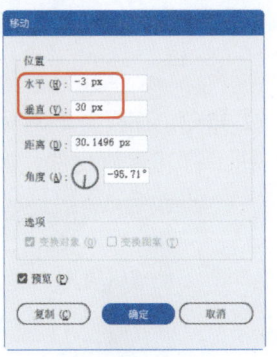

图 1-83

图 1-84

（7）可以选中【选择工具】，单击选择对象，然后拖曳鼠标直接将选择对象移动至如图1-85所示的位置。

图 1-85

案例精讲 019　复制图形对象

本案例主要讲解通过【复制】按钮、使用【再次变换】命令来复制图形对象，还可以按Alt键复制对象，然后选择菜单栏中的【再次变换】命令，多次执行【再次变换】命令，可以重复复制多个图形对象，也可以按住Alt+Shift组合键不放，复制出多个图形对象，最终完成效果如图1-86所示。

图 1-86

（1）启动 Illustrator 2023 软件，选择【文件】|【打开】命令，在打开的对话框中选择"素材\Cha01\复制图形对象.ai"素材文件，单击【打开】按钮，打开素材文件，如图1-87所示。

图 1-87

（2）选中【选择工具】，单击选择对象，如图1-88所示。

图 1-88

（3）按 Enter 键，弹出【移动】对话框，将【水平】、【垂直】分别设置为 100 px、−10 px，如图 1-89 所示。

（4）此时选中【预览】复选框可以查看复制后的效果，最后单击【复制】按钮完成操作，完成后的效果如图 1-90 所示。

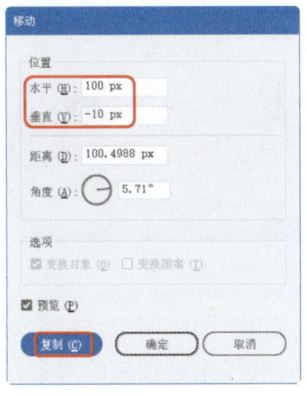

图 1-89

图 1-90

（5）选中【选择工具】的同时按 Alt 键，拖动鼠标复制图形对象，然后选择菜单栏中的【对象】|【变换】|【再次变换】命令，多次执行【再次变换】命令可以重复复制多个图形对象，效果如图 1-91 所示。

（6）使用【选择工具】在画板中调整复制后对象的位置及大小，效果如图 1-92 所示。

> 提示：
> 【再次变换】命令的组合键为 Ctrl+D。

图 1-91

图 1-92

案例精讲 020　锁定与解锁图形对象

本案例主要讲解对图形对象进行锁定和解锁的操作。在菜单栏中选择【锁定】|【所选对象】命令，此时所选对象被锁定，如果要解锁对象，则选择【对象】|【全部解锁】命令。

（1）启动 Illustrator 2023 软件，选择【文件】|【打开】命令，在弹出的对话框中选择"素材 \Cha01\ 端午 .ai"素材文件，单击【打开】按钮，打开素材文件，如图 1-93 所示。

（2）选中【选择工具】，单击选择对象，如图 1-94 所示。

图 1-93

图 1-94

（3）选择【对象】|【锁定】|【所选对象】命令，如图 1-95 所示，锁定对象。锁定对象后，选择菜单栏中的【选择】|【全部】命令，此时，只选择未被锁定的对象，可对它进行相应的移动、复制等编辑操作。

（4）如果要解锁对象，则选择【对象】|【全部解锁】命令，此时，可对被解锁后的对象进行任意编辑操作，如图 1-96 所示。

图 1-95

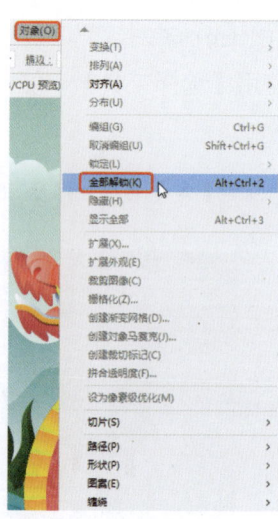
图 1-96

Illustrator 2023 的基本操作 　第 01 章

案例精讲 021　　对图形对象进行编组

本案例主要讲解如何将多个对象编组，编组对象可以作为一个单元被处理，可以对其进行移动或变换，这些将影响图形对象各自的位置或属性。例如，可以将图稿中的某些对象编成一组，以便将其作为一个单元进行移动和缩放，最终完成效果如图 1-97 所示。

（1）启动 Illustrator 2023 软件，选择【文件】|【打开】命令，在打开的对话框中选择"素材 \Cha01\ 端午 .ai"素材文件，单击【打开】按钮，打开素材文件，选中【选择工具】▶，按住 Shift 键选中如图 1-98 所示的主体对象。

图 1-97

图 1-98

（2）在菜单栏中选择【对象】|【编组】命令，将对象编组，如图 1-99 所示。

（3）编组后，可以在【图层】面板中查看图形编组前后的效果，如图 1-100、图 1-101 所示。

图 1-99

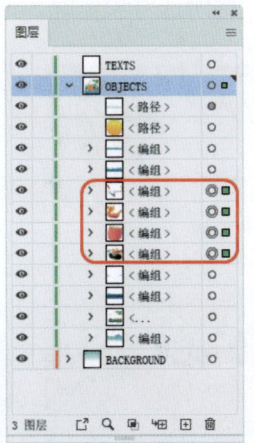
图 1-100

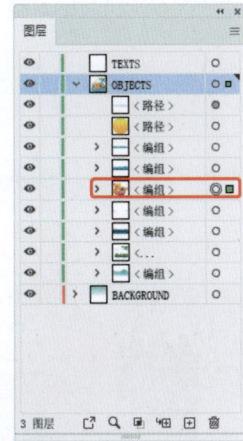
图 1-101

提示：
【编组】命令的组合键为 Ctrl+G。

025

案例精讲 022　图形对象的删除与恢复

本案例主要讲解对图形对象进行删除与恢复的操作。选择图形对象，按 Delete 键，可将所选对象删除。如果要恢复图形对象，选择菜单栏中的【编辑】|【还原清除】命令，还可以按 Ctrl+Z 组合键，可撤销最近一步操作，重复执行此命令可撤销多步操作。

（1）启动 Illustrator 2023 软件，选择【文件】|【打开】命令，在打开的对话框中选择"素材 \Cha01\ 端午 .ai"素材文件，单击【打开】按钮，打开素材文件。选中【选择工具】，单击选择如图 1-102 所示的对象。

（2）按 Delete 键，可将所选对象删除，效果如图 1-103 所示。

图 1-102　　　　　　　　　图 1-103

（3）再次选中【选择工具】，单击选择如图 1-104 所示的对象。

（4）再次按 Delete 键，将所选对象删除，效果如图 1-105 所示。

图 1-104　　　　　　　　　图 1-105

(5) 选择菜单栏中的【编辑】|【还原清除】命令，可撤销最近一步操作。重复执行此命令可撤销多步操作，效果如图 1-106 所示。

> 提示：
> 【还原清除】命令的组合键为 Ctrl+Z。

图 1-106

案例精讲 023　图形对象的排列顺序

本案例将讲解通过菜单命令对图形对象排列顺序，效果如图 1-107 所示。

（1）在 IIlustrator 2023 中选择菜单栏中的【文件】|【打开】命令，在打开的对话框中选择"素材\Cha01\对象的排列顺序.ai"素材文件，单击【打开】按钮，打开素材文件，如图 1-108 所示。

（2）选中【选择工具】，单击选择图形对象，如图 1-109 所示。

图 1-107

图 1-108

图 1-109

（3）选择菜单栏中的【对象】|【排列】|【后移一层】命令，将选择对象后移一层，如图 1-110 所示。

（4）选中【选择工具】，单击选择如图 1-111 所示的地球对象。

027

图 1-110　　　　　　　　　　　　　　图 1-111

（5）选择菜单栏中的【对象】|【排列】|【置于顶层】命令，所选对象将移动到顶层，如图 1-112 所示。

（6）使用选择工具选择所有的图形对象，选择菜单栏中的【对象】|【锁定】|【所选对象】命令，将所选对象锁定，如图 1-113 所示。

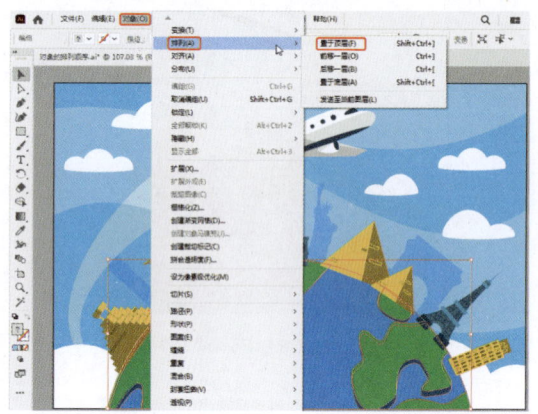

图 1-112 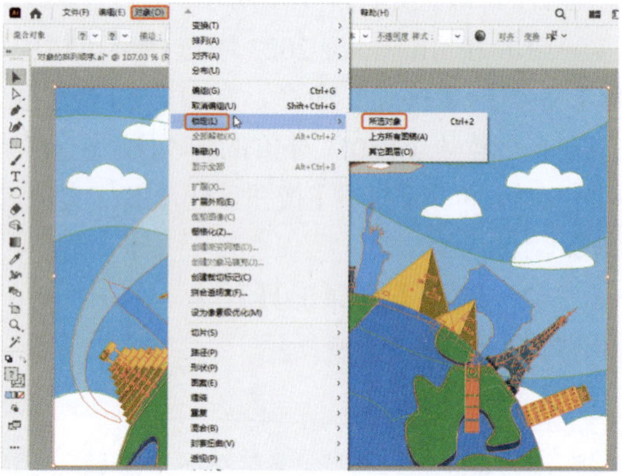　　　　　　　　　　　　　　图 1-113

 提示：

【所选对象】命令的组合键为 Ctrl+2，【全部解锁】命令的组合键为 Ctrl+Alt+2。

案例精讲 024　对齐与分布图形对象

本案例将讲解在 IIIustrator 2023 中对齐与分布图形对象，对齐后的效果如图 1-114 所示。

（1）在 IIIustrator 2023 中选择菜单栏中的【文件】|【打开】命令，打开"素材 \Cha01\ 对齐与分布图形对象 .ai"素材文件，如图 1-115 所示。

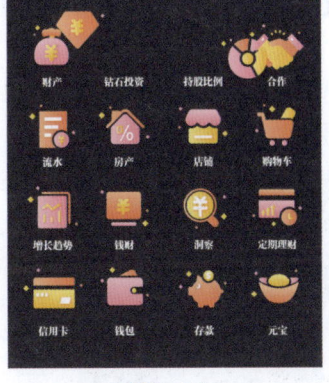

图 1-114　　　　　　　　图 1-115

（2）在菜单栏中选择【窗口】|【对齐】命令，打开【对齐】面板，如图 1-116 所示。
（3）使用选择工具单击选择如图 1-117 所示的图形对象。

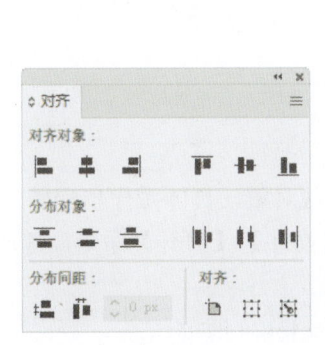

图 1-116　　　　　　　　图 1-117

（4）拖动鼠标将对象移动至如图 1-118 所示的位置。
（5）使用选择工具拖曳选择如图 1-119 所示的对象。
（6）在【对齐】面板中单击【垂直底对齐】按钮，则所有选取的对象都将向下对齐，如图 1-120 所示。

图 1-118　　　　　　图 1-119　　　　　　图 1-120

029

（7）单击【对齐】面板中的【水平居中分布】按钮，则所有选取的对象都将水平居中分布，如图 1-121 所示。

（8）使用选择工具拖曳选择如图 1-122 所示的对象，选择菜单栏中的【对象】|【编组】命令，可将所选对象组合为一个整体。

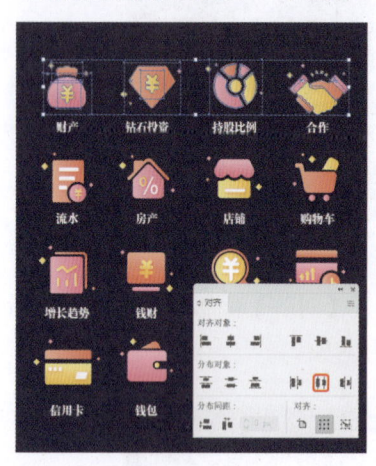

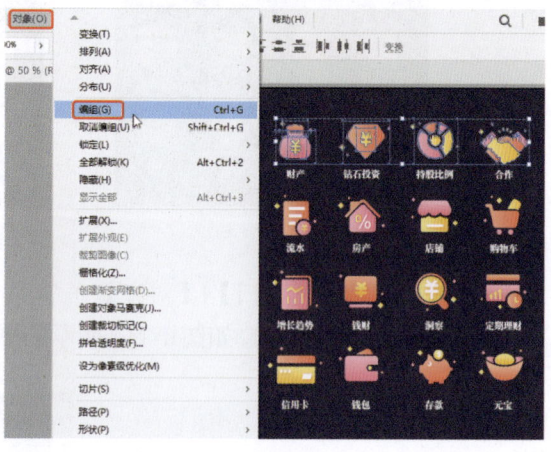

图 1-121

图 1-122

案例精讲 025　图形对象的显示与隐藏

本案例将讲解在 Illustrator 2023 中显示与隐藏对象，具体操作步骤如下。

（1）在 Illustrator 2023 中选择菜单栏中的【文件】|【打开】命令，打开"素材\Cha01\对象的显示与隐藏.ai"素材文件，如图 1-123 所示。

（2）使用选择工具单击选择文本对象，如图 1-124 所示。

图 1-123

图 1-124

（3）选择菜单栏中的【对象】|【隐藏】|【所选对象】命令，将所选对象暂时隐藏，如图 1-125 所示。

（4）继续使用选择工具单击选择如图 1-126 所示的对象。

030

图 1-125 　　　　　　　　　　图 1-126

（5）选择菜单栏中的【对象】|【隐藏】|【所选对象】命令，将所选的对象隐藏，如图 1-127 所示。

（6）选择菜单栏中的【对象】|【显示全部】命令，先前被隐藏的图形对象都将显示出来，如图 1-128 所示。

图 1-127 　　　　　　　　　　图 1-128

第 02 章　绘制简单图形

本章导读：

在图形绘制中，用户经常会使用几何形状来进行设计和创意。为了满足这些需求，Illustrator 2023 提供了各种基本几何图形绘制工具，极大地满足了用户在平面设计中绘制各种图形的需求。

本章主要介绍基本绘图工具的使用方法和技巧，如矩形、椭圆形、多边形等。

案例精讲 026 矩形工具

本案例主要讲解矩形工具的使用方法，绘制矩形并填色的效果如图 2-1 所示。

（1）在 Illustrator 2023 中选择菜单栏中的【文件】|【打开】命令，打开"素材\Cha02\矩形工具 .ai"素材文件，如图 2-2 所示。

（2）选中【矩形工具】，绘制一个与页面同样大小的矩形，双击工具栏中的【填色】色块，如图 2-3 所示。

（3）弹出【拾色器】对话框，将【颜色】设置为 #B62424，单击【确定】按钮，如图 2-4 所示。

（4）在工具栏中选择【描边】色块，单击如图 2-5 所示的【无】按钮。

图 2-1

图 2-2

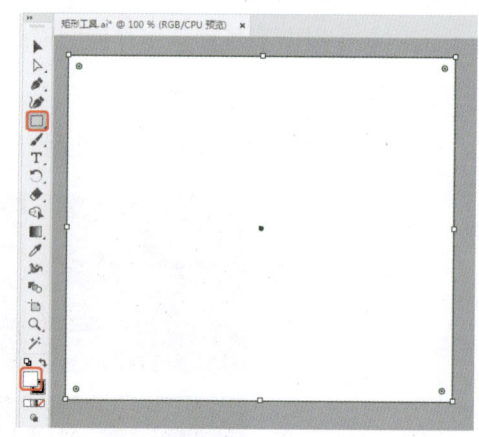

图 2-3

图 2-4

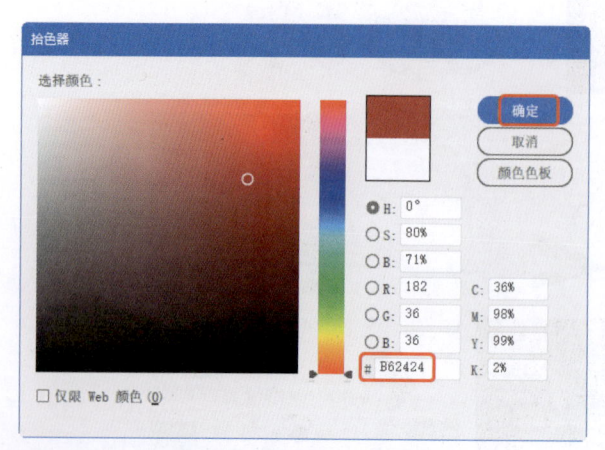

图 2-5

034

绘制简单图形　第02章

（5）单击鼠标右键，在弹出的快捷菜单中选择【排列】|【置于底层】命令，如图 2-6 所示。

（6）此时绘制的矩形调整至其他图层的下方，如图 2-7 所示。

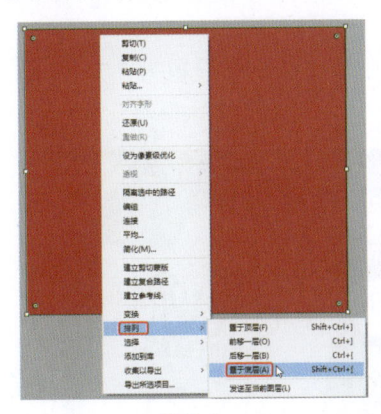

图 2-6 　　　　　　　　　　图 2-7

案例精讲 027　圆角矩形工具

本案例主要讲解圆角矩形工具的使用方法及技巧，效果如图 2-8 所示。

（1）在 Illustrator 2023 中选择菜单栏中的【文件】|【打开】命令，打开"素材\Cha02\圆角矩形工具.ai"素材文件，如图 2-9 所示。

（2）在菜单栏中选择【窗口】|【工具栏】|【高级】命令，将功能栏的功能更改为高级。在工具栏中选中【圆角矩形工具】，在页面的合适位置单击，此时弹出【圆角矩形】对话框，将【宽度】和【高度】分别设置为 24 px、5 px，将【圆角半径】设置为 1.5 px，单击【确定】按钮，如图 2-10 所示。

图 2-8

图 2-9 　　　　　　　　　　图 2-10

035

（3）通过【渐变】和【颜色】面板设置颜色，将【类型】设置为线性渐变，将 0 位置处的 RGB 值设置为 219、0、0，将 30% 位置处的 RGB 值设置为 255、57、43，将 70% 位置处的 RGB 值设置为 245、43、32，将 100% 位置处的 RGB 值设置为 209、8、0，将【描边】设置为无，如图 2-11 所示。

（4）打开【属性】面板，在【变换】选项组中将【旋转】设置为 7.7°，适当调整位置，如图 2-12 所示。

图 2-11

图 2-12

（5）选中圆角矩形，右击鼠标，在弹出的快捷菜单中选择【排列】|【后移一层】命令，如图 2-13 所示。

（6）将"NEW YEAR"文本的颜色设置为白色，效果如图 2-14 所示。

图 2-13

图 2-14

案例精讲 028 椭圆工具

本案例主要讲解椭圆工具的使用方法及技巧，重点掌握通过数值精确绘制椭圆的方法，效果如图 2-15 所示。

（1）在 Illustrator 2023 中选择菜单栏中的【文件】|【打开】命令，打开"素材\Cha02\椭圆工具.ai"素材文件，如图 2-16 所示。

（2）在工具栏中选中【椭圆工具】，在页面的合适位置单击，打开【属性】面板，将【宽度】、【高度】分别设置为 5.1 mm、5.6 mm，将【填色】设置为 #4a0051，将【描边】设置为无，如图 2-17 所示。

图 2-15

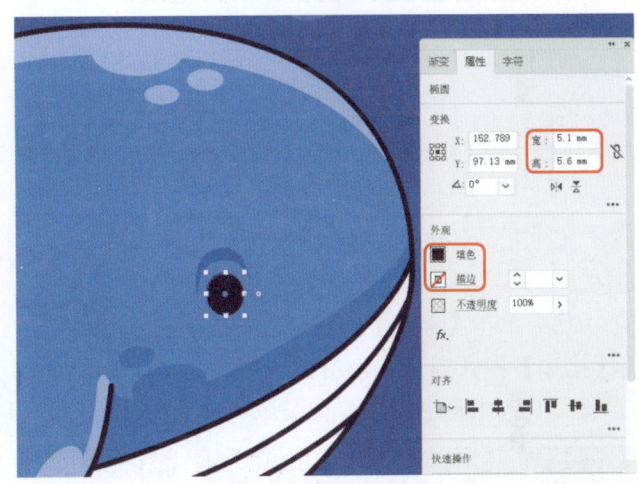

图 2-16

图 2-17

案例精讲 029　星形工具

本案例将讲解星形工具的使用方法及技巧。首先绘制星形，执行【窗口】|【外观】命令，设置星形图形的投影，然后对星形图形进行复制，效果如图 2-18 所示。

图 2-18

037

（1）按 Ctrl+O 组合键，打开"素材\Cha02\星形工具.ai"素材文件，如图 2-19 所示。

（2）在工具栏中选中【星形工具】，在画板上单击，在弹出的【星形】对话框中，将【半径 1】设置为 20 pt，将【半径 2】设置为 55 pt，将【角点数】设置为 5，如图 2-20 所示。

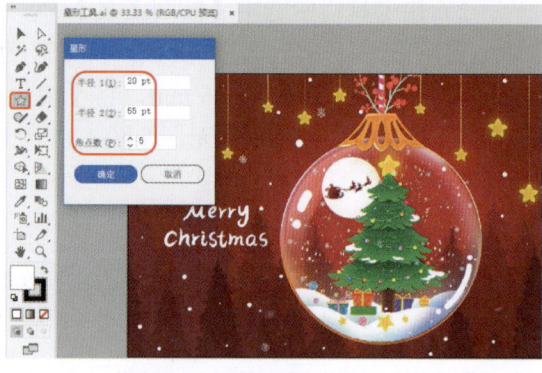

图 2-19　　　　　　　　　　　图 2-20

> 提示：
> 【半径 1】：可以定义所绘制的星形内侧点（凹处）到星形中心的距离。
> 【半径 2】：可以定义所绘制的星形外侧点（顶端）到星形中心的距离。
> 【角点数】：可以定义所绘制星形图形的角点数。
> 【半径 1】与【半径 2】的数值相等时，所绘制的图形为多边形，且边数为角点数的两倍。

（3）单击【确定】按钮。选择绘制的星形图形，适当调整角度，将【填色】设置为白色，将【描边】设置为无，如图 2-21 所示。

（4）选中星形图形，在菜单栏中选择【窗口】|【外观】命令，如图 2-22 所示。

图 2-21　　　　　　　　　　　图 2-22

（5）打开【外观】面板，单击【添加新效果】按钮，如图 2-23 所示。

（6）在弹出的下拉菜单中选择【风格化】|【投影】命令，如图 2-24 所示。

038

绘制简单图形　第 02 章

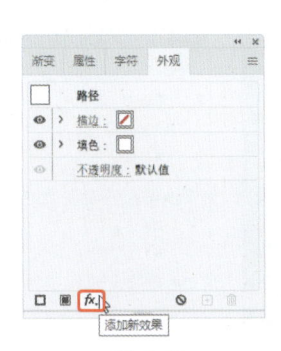

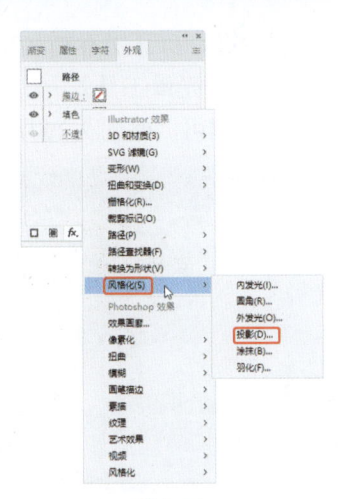

图 2-23

图 2-24

（7）打开【投影】对话框，将【模式】设置为【正片叠底】，将【不透明度】设置为 70%，将【X 位移】设置为 0 pt，将【Y 位移】设置为 3 pt，将【模糊】设置为 5 pt，单击【确定】按钮，如图 2-25 所示。

（8）选中星形图形的情况下，按住 Alt 键拖曳鼠标，可多次复制图形，然后将星形进行旋转并调整位置，效果如图 2-26 所示。

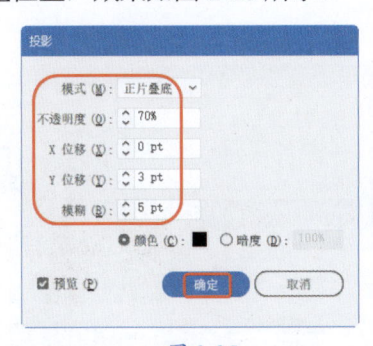

图 2-25

图 2-26

案例精讲 030　光晕工具

本案例将讲解如何使用光晕工具，同时使用户了解怎么使用蒙版命令，效果如图 2-27 所示。

图 2-27

039

（1）按 Ctrl+O 组合键，打开"素材 \Cha02\ 光晕工具 .ai"素材文件，如图 2-28 所示。

（2）在工具栏中双击【光晕工具】，弹出【光晕工具选项】对话框，可以设置合适的数量，根据用户的需求设置即可，如图 2-29 所示。

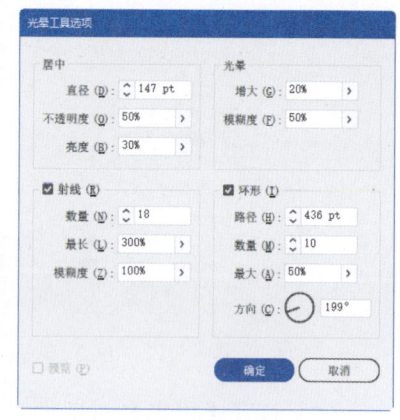

图 2-28

图 2-29

（3）在页面的合适位置绘制光晕，单击并按住鼠标左键不放，可放大或缩小图形对象，如图 2-30 所示。

（4）在绘制的光晕上按住鼠标左键不放，拖曳鼠标到需要的位置释放鼠标左键，如图 2-31 所示。

图 2-30

图 2-31

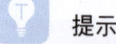

> **提示：**
> 选择光晕工具后，按住 Ctrl 键拖动鼠标，中心控制点的大小保持不变，而光线和光晕会随鼠标的拖动按比例缩放。

（5）再次使用光晕工具在页面的合适位置绘制光晕，如图 2-32 所示。

（6）在绘制的光晕上按住鼠标左键不放，拖曳鼠标到需要的位置释放鼠标左键，如图 2-33 所示。

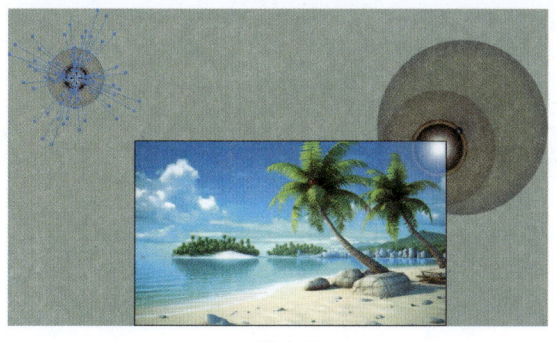

绘制简单图形　第 02 章

图 2-32 　　　　　　　　　　　　　　图 2-33

> **提示：**
> 选择光晕工具后，按住鼠标左键拖曳，此时再按住光标上下移动可增减光线的数量；按住 Shift 键拖动鼠标，中心控制点、光线和光晕会随鼠标的拖动按比例缩放。

（7）使用矩形工具，绘制一个与页面同样大小的矩形，将【填色】设置为白色，将【描边】设置为无，如图 2-34 所示。

（8）按 Ctrl+A 组合键，选择所有的对象，按 Ctrl+7 组合键，创建剪切蒙版，效果如图 2-35 所示。

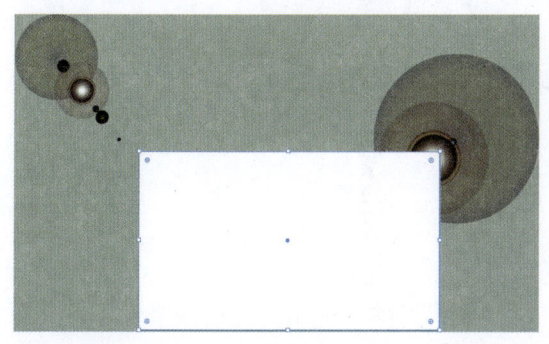

图 2-34 　　　　　　　　　　　　　　图 2-35

案例精讲 031　直线段工具

下面将讲解如何使用直线段工具，设置直线段图形的填色和描边粗细可使图形变得更加美观，效果如图 2-36 所示。

图 2-36

041

（1）按 Ctrl+O 组合键，打开"素材\Cha02\直线段工具.ai"素材文件，如图 2-37 所示。

（2）选中【直线段工具】，在画板中绘制直线，将【描边】设置为黑色，将【描边粗细】设置为 3 pt，如图 2-38 所示。

（3）使用同样的方法绘制直线，将【描边】设置为黑色，将【描边粗细】设置为 3 pt，如图 2-39 所示。

图 2-37

图 2-38

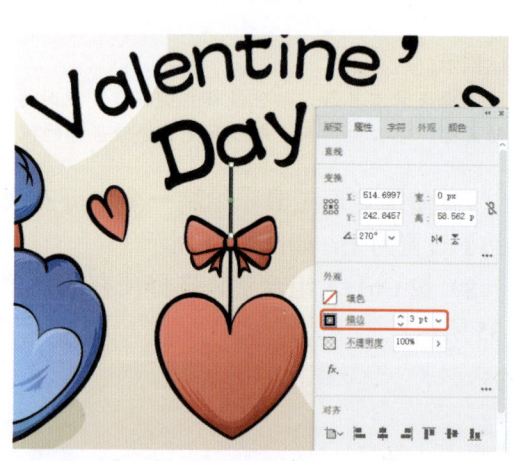

图 2-39

案例精讲 032　弧形工具

本案例主要讲解弧形工具的使用方法和技巧，同时讲解如何使用直接选择工具，效果如图 2-40 所示。

（1）按 Ctrl+O 组合键，打开"素材\Cha02\弧形工具.ai"素材文件，如图 2-41 所示。

图 2-40

图 2-41

（2）选中【弧形工具】，在页面中按住鼠标左键不放，拖曳鼠标至合适的位置，选中【直接选择工具】，单击绘制的弧形，调整至合适的位置，如图2-42所示。

（3）选中绘制的弧形，将【填色】设置为无，【描边】设置为#47093d，将【描边粗细】设置为4 pt，设置如图2-43所示的宽度配置文件。

图2-42　　　　　　　　　　　　图2-43

案例精讲 033　矩形网格工具

本案例主要讲解矩形网格工具的使用方法与技巧，效果如图2-44所示。

（1）按Ctrl+O组合键，打开"素材\Cha02\矩形网格工具.ai"素材文件，如图2-45所示。

（2）在工具栏中选中【矩形网格工具】，在画板中单击，弹出【矩形网格工具选项】对话框，将【宽度】和【高度】均设置为500 pt，将【水平分隔线】选项组中的【数量】设置为12，【倾斜】设置为0，将【垂直分隔线】选项组中的【数量】设置为8，【倾斜】设置为0，如图2-46所示。

图2-44

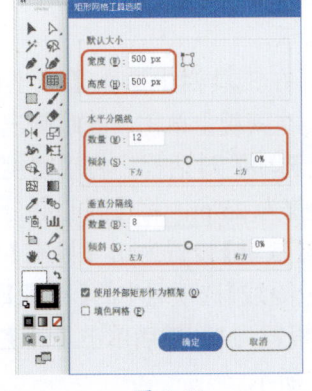

图2-45　　　　　　　　　　　　图2-46

043

> 提示：
> - 【宽度】、【高度】：这两个文本框可以设置矩形网格的宽度和高度。
> - 【水平分隔线】：用户可以在该选项组中设置水平分隔线的参数。
>   ◇ 【数量】：表示矩形网格内横线的数量，即行数。
>   ◇ 【倾斜】：指行的位置，数值为 0 时，线与线距离均等；数值大于 0 时，网格向上的行间距逐渐变窄；数值小于 0 时，网格向下的行间距逐渐变窄。
> - 【垂直分隔线】：用户可以在该选项组中设置垂直分隔线的参数。
>   ◇ 【数量】：表示矩形网格内竖线的数量，即列数。
>   ◇ 【倾斜】：表示列的位置，数值为 0 时，线与线距离均等；数值大于 0 时，网格向右的列间距逐渐变窄；数值小于 0 时，网格向左的列间距逐渐变窄。

（3）单击【确定】按钮，分别为网格的【填色】和【描边】设置不同的颜色，调整网格位置，如图 2-47 所示。

（4）打开【图层】面板，将图层调整至最后一层，如图 2-48 所示。

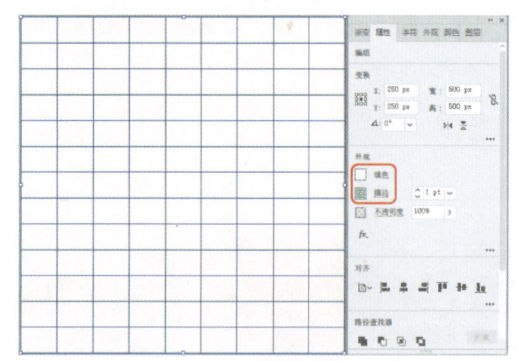

图 2-47

图 2-48

案例精讲 034　极坐标网格工具

本案例将讲解如何使用极坐标网格工具，效果如图 2-49 所示。

（1）按 Ctrl+O 组合键，打开"素材\Cha02\极坐标网格工具.ai"素材文件，如图 2-50 所示。

（2）在工具栏中选中【极坐标网格工具】，在画板上单击，此时弹出【极坐标网格工具选项】对话框，将【宽度】、【高度】均设置为 25 pt，将【同心圆分隔线】选项组中的【数量】设置为 0，【倾斜】设置为 0，将【径向分隔线】选项组中的【数量】设置为 6，【倾斜】设置为 0，然后单击【确定】按钮，如图 2-51 所示。

图 2-49

044

图 2-50 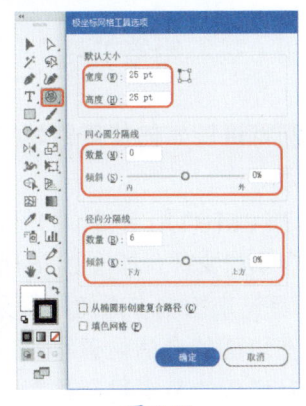　　　　　　　　　　　　　图 2-51

（3）在对象上单击鼠标右键，在弹出的快捷菜单中选择【取消编组】命令，如图 2-52 所示。

（4）选择正圆，按 Delete 键将圆删除，将【填色】设置为无，【描边】设置为白色，将【描边粗细】设置为 3 pt，如图 2-53 所示。

图 2-52 　　　　　　　　　　　　　图 2-53

（5）选中绘制的极坐标网格，按住 Alt 键拖曳鼠标，复制出多个图形，适当调整旋转角度及大小，如图 2-54 所示。

图 2-54

案例精讲 035 铅笔工具

本案例将讲解如何使用铅笔工具,案例效果如图 2-55 所示。

(1) 按 Ctrl+O 组合键,打开"素材 \Cha02\ 铅笔工具 .ai"素材文件,如图 2-56 所示。

(2) 首先来绘制卡通兔的耳朵。选中【铅笔工具】,在页面的合适位置绘制图形,通过直接选择工具可对相应的节点进行修改,将【填色】设置为白色,将【描边】设置为无,效果如图 2-57 所示。

图 2-55

图 2-56

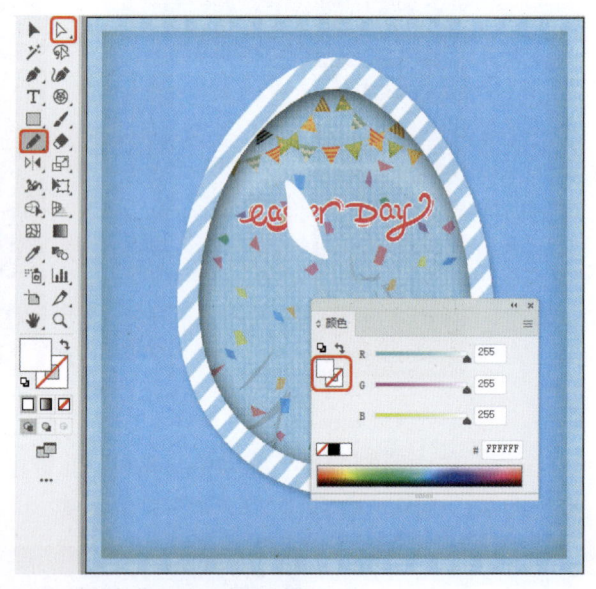

图 2-57

> **提示:**
> 铅笔工具的快捷键为 N。
> 使用铅笔工具可以在画板任意绘制路径,双击铅笔工具,可弹出【铅笔工具首选项】对话框,通过该对话框可以设置铅笔的参数。

(3) 选中绘制的图形,按住 Alt 键拖曳鼠标,复制图形。选中复制的图形并右击,在弹出的快捷菜单中选择【变换】|【镜像】命令,如图 2-58 所示。

（4）弹出【镜像】对话框，保持默认设置，单击【确定】按钮，然后调整图形的位置。使用同样的方法绘制图形，将【填色】设置为#F099AE，将【描边】设置为无，效果如图2-59所示。

图 2-58

图 2-59

（5）选中绘制的图形，按住Alt键拖曳鼠标，复制图形，使用上面介绍的方法设置镜像效果，调整图形的位置。右击图形，在弹出的快捷菜单中选择【排列】|【前移一层】命令，效果如图2-60所示。

（6）使用同样的方法绘制卡通兔的头部，将【填色】设置为白色，将【描边】设置为无，效果如图2-61所示。

图 2-60

图 2-61

（7）选中绘制的图形，按住Alt键拖曳鼠标，复制图形。选择【窗口】|【属性】命令，弹出【属性】面板，将【填色】设置为黑色，将【描边】设置为无，将【不透明度】设置为19%，效果如图2-62所示。

047

> 提示：
> 使用铅笔工具绘制路径时，按住 Alt 键可以绘制一条闭合的路径。

（8）将图形后移一层。使用同样的方法绘制卡通兔的脸部，将【填色】设置为 #593330，将【描边】设置为无，绘制其他图形，如图 2-63 所示。

图 2-62 　　　　　　图 2-63

（9）使用椭圆工具绘制图形，将【填色】设置为 #F099AE，将【描边】设置为无，调整图形的位置及排列顺序，如图 2-64 所示。

（10）使用铅笔工具绘制兔子的身体，效果如图 2-65 所示。

（11）选中绘制的卡通兔，单击鼠标右键，在弹出的快捷菜单中选择【编组】命令，如图 2-66 所示。

图 2-64 　　　　　　图 2-65 　　　　　　图 2-66

案例精讲 036　平滑工具

本案例主要讲解如何使用平滑工具，案例效果如图 2-67 所示。

绘制简单图形　第02章

（1）按 Ctrl+O 组合键，打开"素材 \Cha02\ 平滑工具 .ai"素材文件，如图 2-68 所示。

（2）在工具栏中选中【多边形工具】，绘制图形，将【填色】设置为白色，将【描边】设置为无，如图 2-69 所示。

图 2-67 　　　　　　图 2-68 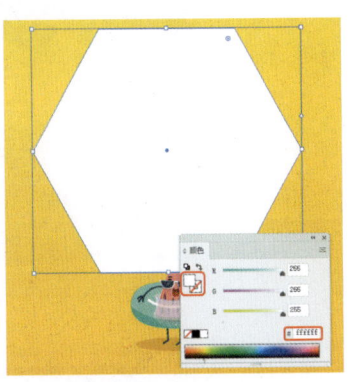　　　　　　图 2-69

（3）双击【平滑工具】，弹出【平滑工具选项】对话框，在该对话框中可以设置平滑工具的参数，如图 2-70 所示。

（4）选中【选择工具】，单击选择要使用平滑工具编辑的路径，选中【平滑工具】，在选定的路径上拖曳鼠标，平滑左下角的路径线，调整图形的位置及角度，平滑后的效果如图 2-71 所示。

（5）打开【图层】面板，将多边形图层拖曳至文字的下方，如图 2-72 所示。

图 2-70 　　　　　　图 2-71 　　　　　　图 2-72

案例精讲 037　橡皮擦工具

本案例将讲解如何使用橡皮擦工具，案例效果如图 2-73 所示。

（1）按 Ctrl+O 组合键，打开"素材 \Cha02\ 橡皮擦工具 .ai"素材文件，如图 2-74 所示。

（2）使用选择工具，单击选择对象，如图 2-75 所示。

（3）在工具栏中选中【橡皮擦工具】，将鼠标放置到需要擦除的路径上，按住鼠标左键不放并在路径上拖曳，擦除后的效果如图 2-76 所示。

049

图 2-73 　　　　　　　　　　　　图 2-74

图 2-75 　　　　　　　　　　　　图 2-76

案例精讲 038　色彩斑斓的墨迹

本案例将讲解色彩斑斓的墨迹的制作，效果如图 2-77 所示。

（1）按 Ctrl+O 组合键，打开"素材 \Cha02\ 色彩斑斓的墨迹 .ai"素材文件，如图 2-78 所示。

图 2-77 　　　　　　　　　　　　图 2-78

（2）在菜单栏中选择【窗口】|【画笔库】|【艺术效果】|【艺术效果_油墨】命令，如图 2-79 所示。

（3）弹出【艺术效果_油墨】面板，将【油墨泼溅】拖曳至画板中，如图2-80所示。

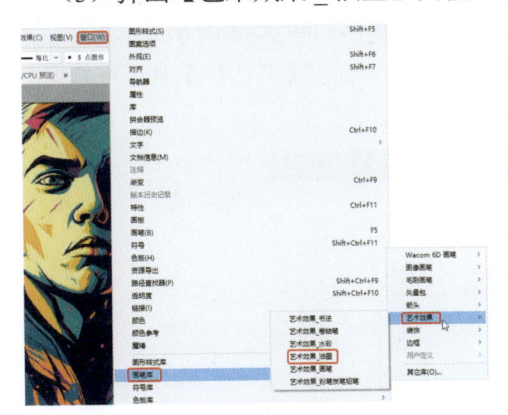

图 2-79

图 2-80

（4）选择添加的【油墨泼溅】效果，单击鼠标右键，在弹出的快捷菜单中选择【取消编组】命令，如图2-81所示。

（5）选择图形对象，可通过【色板】面板为其填色，然后调整至合适的位置，如图2-82所示。

图 2-81

图 2-82

案例精讲 039　多边形工具

本案例将讲解多边形工具的使用方法，首先使用多边形工具、直线工具和椭圆工具绘制图形，然后使用直接选择工具调整图形的位置，最终效果如图2-83所示。

图 2-83

(1) 按 Ctrl+N 组合键，弹出【新建文档】对话框，将单位设置为【像素】，将【宽度】和【高度】分别设置为 2000 px、1800 px，单击【创建】按钮，如图 2-84 所示。

(2) 在工具栏中选中【多边形工具】，在画板中单击，弹出【多边形】对话框，将【半径】设置为 240 px，将【边数】设置为 5，如图 2-85 所示。

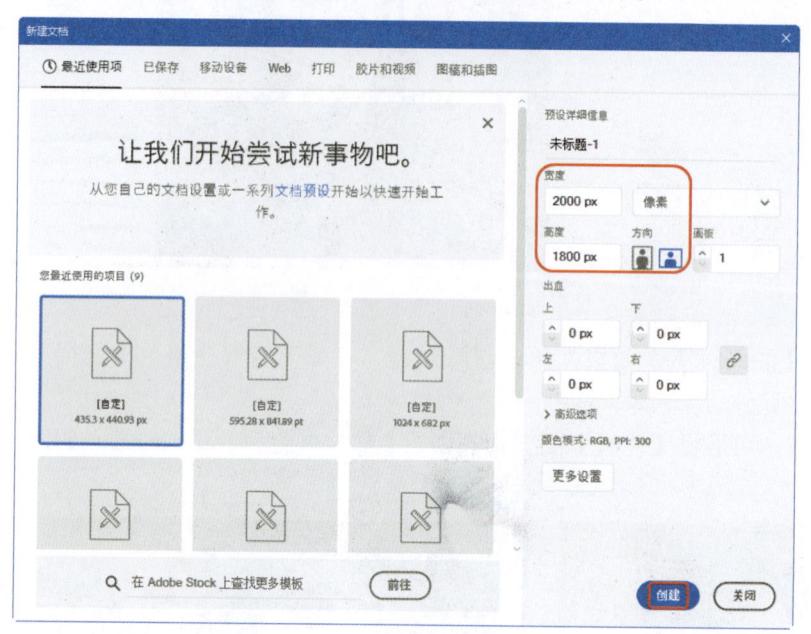

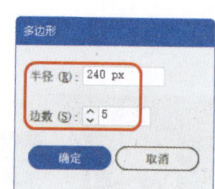

图 2-84

图 2-85

> **提示：**
> 【半径】：设置绘制多边形的外接圆的半径。
> 【边数】：设置绘制多边形的边数。边数越多，生成的多边形越接近圆形。

(3) 单击【确定】按钮。选择绘制的多边形，将【填色】设置为黑色，将【描边】设置为无，如图 2-86 所示。

(4) 选中【直接选择工具】，单击绘制的多边形，调整至合适的位置，如图 2-87 所示。

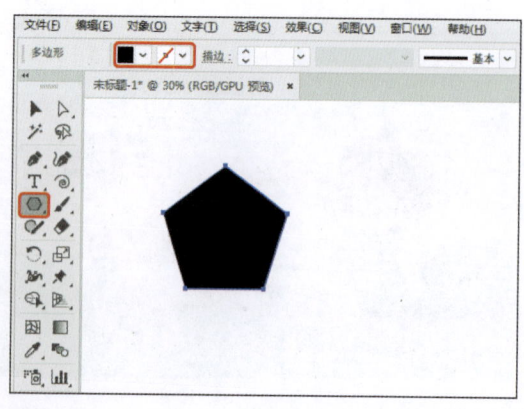

图 2-86

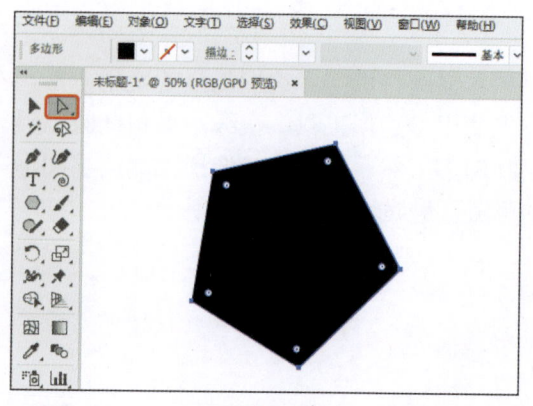

图 2-87

(5) 再次选中【多边形工具】, 在画板中单击, 弹出【多边形】对话框, 将【半径】设置为 120 px, 将【边数】设置为 6, 如图 2-88 所示。

(6) 选择绘制的多边形, 将【填色】设置为黑色, 将【描边】设置为无, 如图 2-89 所示。

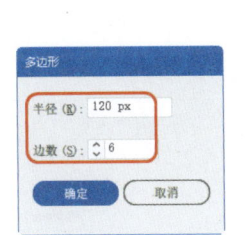

图 2-88

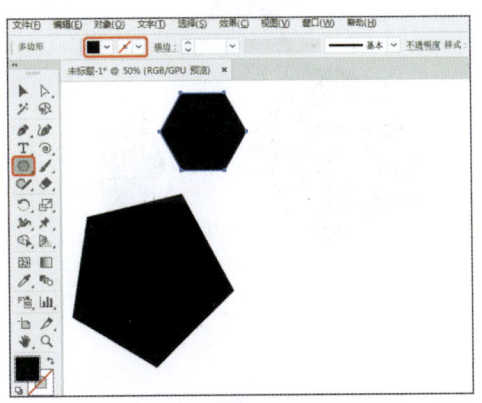

图 2-89

(7) 选中【直接选择工具】, 单击绘制的多边形, 调整至合适的位置, 如图 2-90 所示。

(8) 选中【直线段工具】, 在画板中绘制直线, 将【填色】设置为无, 将【描边】设置为黑色, 将【描边粗细】设置为 9 pt, 如图 2-91 所示。

图 2-90

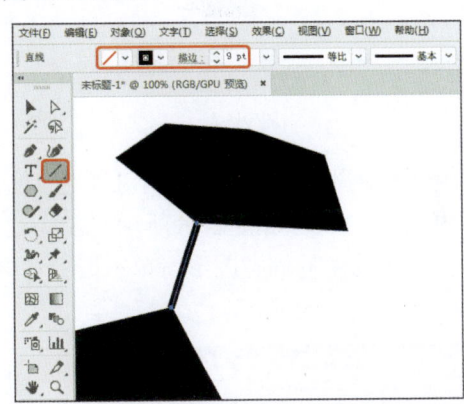

图 2-91

(9) 再次绘制多边形, 将【填色】设置为黑色, 将【描边】设置为无, 使用直接选择工具, 单击绘制的多边形, 调整至合适的位置, 如图 2-92 所示。

(10) 选中【直线段工具】, 在画板中绘制直线, 将【填色】设置为无, 将【描边】设置为黑色, 将【描边粗细】设置为 9 pt, 如图 2-93 所示。

(11) 使用上面介绍的方法制作其他多边形与直线图形, 如图 2-94 所示。

(12) 选中绘制的所有图形, 单击鼠标右键, 在弹出的快捷菜单中选择【编组】命令, 如图 2-95 所示。

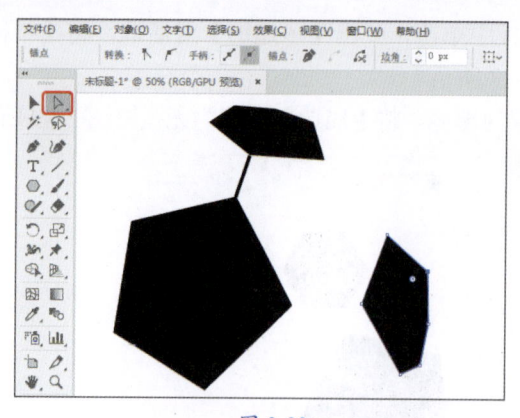

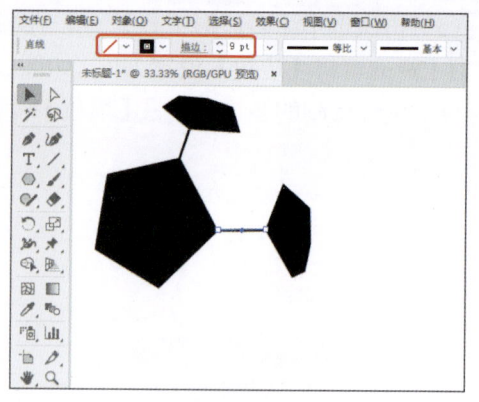

图 2-92

图 2-93

图 2-94

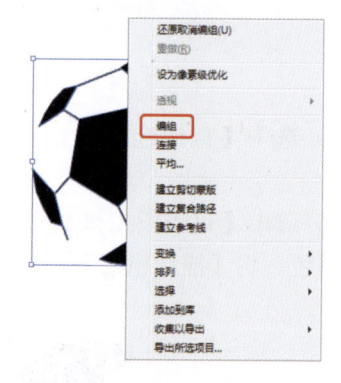

图 2-95

（13）使用椭圆工具绘制图形，将【填色】设置为#EFEBEA，【描边】设置为#EAE8E8，【描边粗细】设置为 12 pt，如图 2-96 所示。

（14）选中绘制的椭圆图形，单击鼠标右键，在弹出的快捷菜单中选择【排列】|【后移一层】命令，如图 2-97 所示。

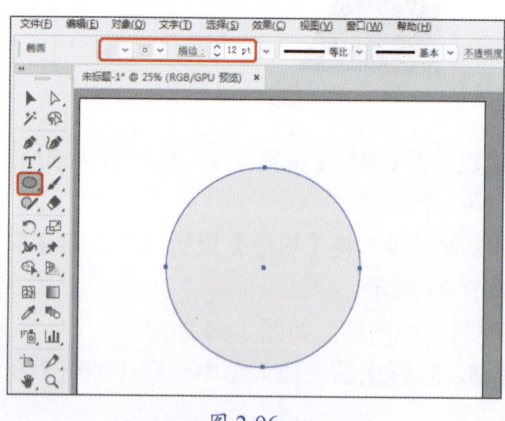

图 2-96

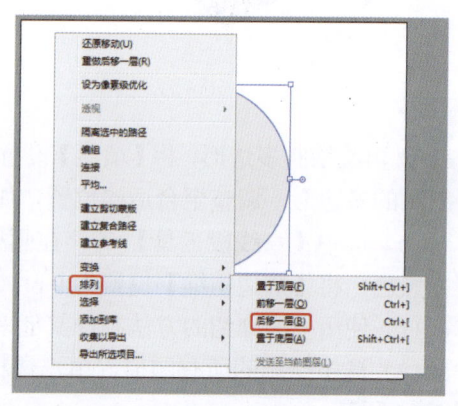

图 2-97

（15）再次使用椭圆工具绘制图形，再使用渐变工具在图形上拖曳，将【类型】设置为【线性】，将【角度】设置为 -53°，如图 2-98 所示。

绘制简单图形　第02章

（16）双击左侧的渐变滑块，将【颜色】设置为白色，将【不透明度】设置为2%。双击右侧的渐变滑块，将【颜色】设置为#918E8E，将【不透明度】设置为25%，如图2-99所示。

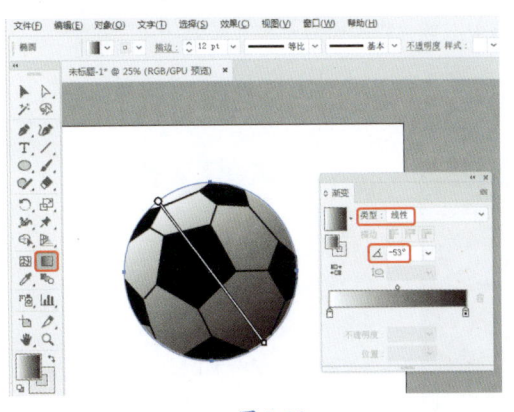

图 2-98

图 2-99

（17）选中绘制的所有图形，单击鼠标右键，从弹出的快捷菜单中选择【编组】命令，如图2-100所示。

（18）在菜单栏中选择【文件】|【打开】命令，弹出【打开】对话框，选择"素材\Cha02\多边形工具.ai"素材文件，单击【打开】按钮，将绘制的图形拖曳至打开的素材文件里，调整图形的位置，如图2-101所示。

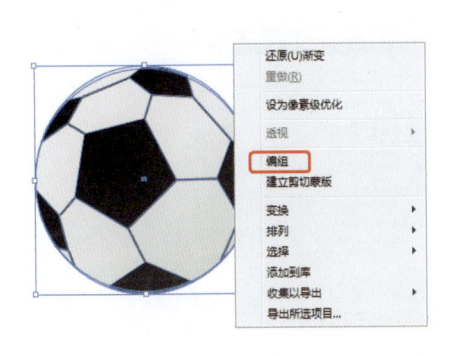

图 2-100

图 2-101

案例精讲 040　螺旋线工具

本案例将讲解如何使用螺旋线工具，效果如图2-102所示。

（1）按Ctrl+O组合键，打开"素材\Cha02\螺旋线工具.ai"素材文件，如图2-103所示。

（2）选中【螺旋线工具】，在画板中单击，弹出【螺旋线】对话框，将【半径】设置为25 pt，将【衰减】设置为80%，将【段数】设置为9，如图2-104所示。

055

> 提示：
> 【半径】：表示中心到外侧最后一点的距离。
> 【衰减】：用来控制螺旋线之间相差的比例，数值越小，螺旋线之间的差距就越小。
> 【段数】：可以调节螺旋内路径片段的数量。
> 【样式】：可选择顺时针或逆时针螺旋线形。

图 2-102 　　　　图 2-103 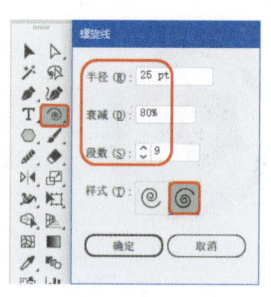　　　　图 2-104

（3）单击【确定】按钮。选择绘制的螺旋线，将【填色】设置为无，将【描边】设置为 #68345b，将【描边粗细】设置为 6 pt，选择如图 2-105 所示的宽度配置文件。

（4）右击螺旋线对象，从弹出的快捷菜单中选择【变换】|【镜像】命令，打开【镜像】对话框，选中【垂直】单选按钮，单击【确定】按钮，如图 2-106 所示。

图 2-105 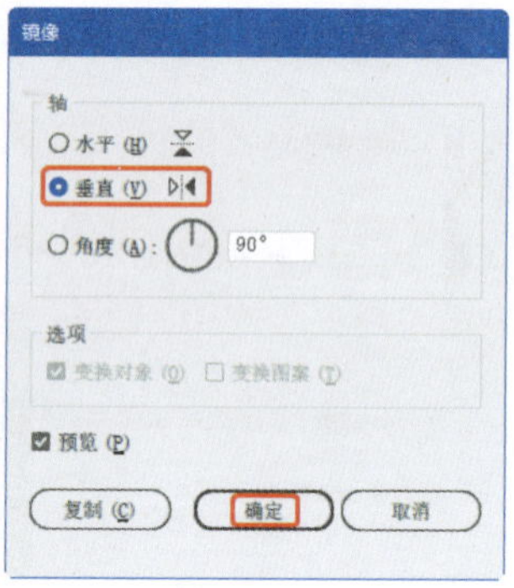　　　　图 2-106

（5）调整图形的位置及角度，效果如图 2-107 所示。

（6）选择图形，按住 Alt 键，拖曳鼠标复制图形，然后调整其位置及大小，如图 2-108 所示。

图 2-107 　　　　图 2-108

绘制简单图形　第02章

案例精讲 041　画笔工具

本案例主要讲解画笔工具的使用，案例效果如图 2-109 所示。

（1）按 Ctrl+O 组合键，打开"素材\Cha02\画笔工具 .ai"素材文件，如图 2-110 所示。

（2）选择【窗口】|【画笔】命令（快捷键为 F5），打开【画笔】面板，单击【画笔库菜单】按钮，选择【装饰】|【典雅的卷曲和花形画笔组】命令，如图 2-111 所示。

图 2-109

图 2-110 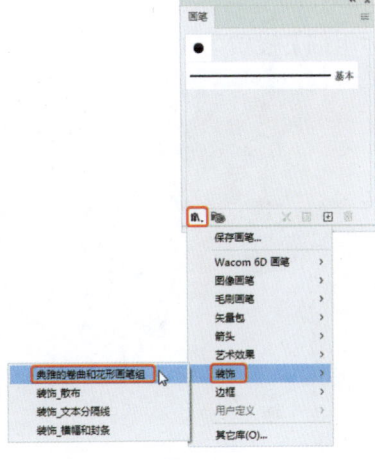　　　　图 2-111

提示：
使用【画笔】面板底部的命令按钮可以对画笔进行管理。
【画笔库菜单】按钮：单击该按钮，选择相应的菜单命令，可以将画笔库中更多的画笔载入。
【库面板】按钮：单击该按钮，可打开【库】面板。
【移去画笔描边】按钮：单击该按钮，可将路径的画笔描边效果去除，恢复路径原先的填色。
【所选对象的选项】按钮：选中应用画笔的路径后，单击该按钮，可以打开相应的对话框，在其中可以控制画笔的大小、角度等参数。
【新建画笔】按钮：可以创建不同类型的新画笔。
【删除画笔】按钮：可以删除面板中的画笔。

（3）在打开的【典雅的卷曲和花形画笔组】面板中选择【随机大小的花朵】画笔，如图 2-112 所示。

（4）将图形拖曳至绘图区，调整图形的大小与位置，如图 2-113 所示。

057

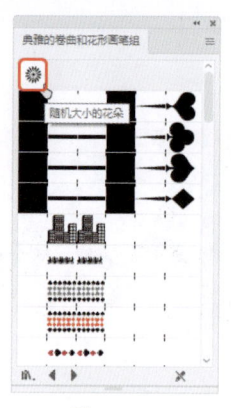

图 2-112 　　　　　　　　　　　　　　图 2-113

（5）选中图形，单击鼠标右键，在弹出的快捷菜单中选择【取消编组】命令，如图 2-114 所示。

（6）选中取消编组后的图形，将【填色】设置为 #f7bea1，将【描边】设置为白色，将【描边粗细】设置为 3 pt，如图 2-115 所示。

图 2-114 　　　　　　　　　　　　　　图 2-115

（7）再次选中图形，单击鼠标右键，在弹出的快捷菜单中选择【编组】命令，如图 2-116 所示。

最终效果如图 2-117 所示。

图 2-116 　　　　　　　　　　　　　　图 2-117

第03章　图形的编辑与处理

本章导读：

本章主要介绍钢笔工具和路径菜单命令的使用，通过本章的学习，用户可以轻松编辑路径，熟练掌握钢笔工具组在实际工作中的应用。

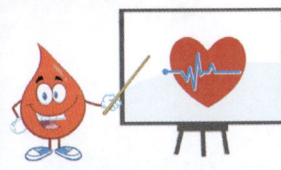

案例精讲 042   制作播放器

本案例通过播放器的设计制作，讲解钢笔工具、圆角矩形工具以及【渐变】、【颜色】和【透明度】面板的使用，效果如图 3-1 所示。

（1）按 Ctrl+N 组合键，在弹出的【新建文档】对话框中设置名称，将【单位】设置为【毫米】，将【宽度】和【高度】均设置为 250 mm，将【颜色模式】设置为 RGB 颜色，单击【创建】按钮，如图 3-2 所示。

（2）单击工具栏中的【圆角矩形工具】按钮，在画板中单击，弹出【圆角矩形】对话框，将【宽度】设置为 116 mm，将【高度】设置为 150 mm，将【圆角半径】设置为 10 mm，单击【确定】按钮，如图 3-3 所示。

图 3-1

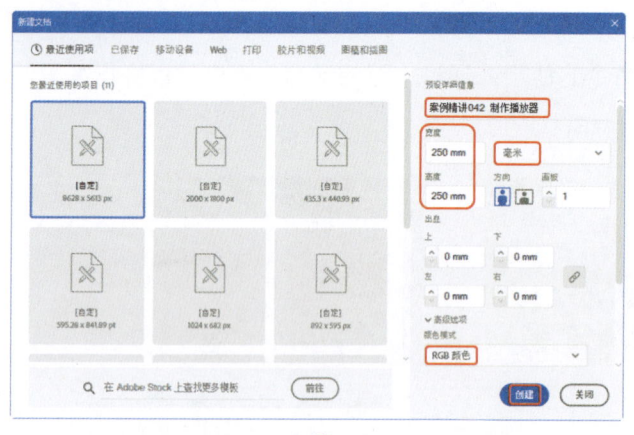

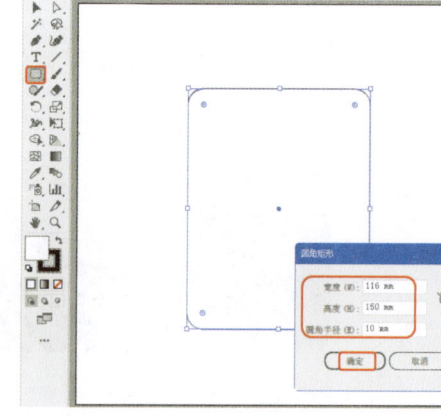

图 3-2

图 3-3

（3）将圆角矩形的【填色】设置为渐变，按 Ctrl+F9 组合键，在弹出的【渐变】面板中将【类型】设置为【线性渐变】，将【角度】设置为 0°，将 0 位置色标的 RGB 值设置为 71、99、196，将 50% 位置色标的 RGB 值设置为 25、205、255，将 100% 位置色标的 RGB 值设置为 0、84、171，将【描边】设置为无，效果如图 3-4 所示。

（4）单击工具栏中的【圆角矩形工具】按钮，在画板中单击，弹出【圆角矩形】对话框，将【宽度】设置为 100 mm，将【高度】设置为 75 mm，将【圆角半径】设置为 10 mm，单击【确定】按钮，将其调整至合适的位置，如图 3-5 所示。

（5）单击工具栏中的【选择工具】按钮，选择上一步绘制的圆角矩形，按 F6 键在弹出的【颜色】面板中将其【填色】的 RGB 值设置为 0、133、249，如图 3-6 所示。

（6）单击工具栏中的【圆角矩形工具】按钮，在画板中单击，弹出【圆角矩形】对话框，将【宽度】设置为 96 mm，将【高度】设置为 72 mm，将【圆角半径】设置为 10 mm，单击【确定】按钮，将其调整至合适的位置，如图 3-7 所示。

图 3-4　　　　　　　　　　　　　　　图 3-5

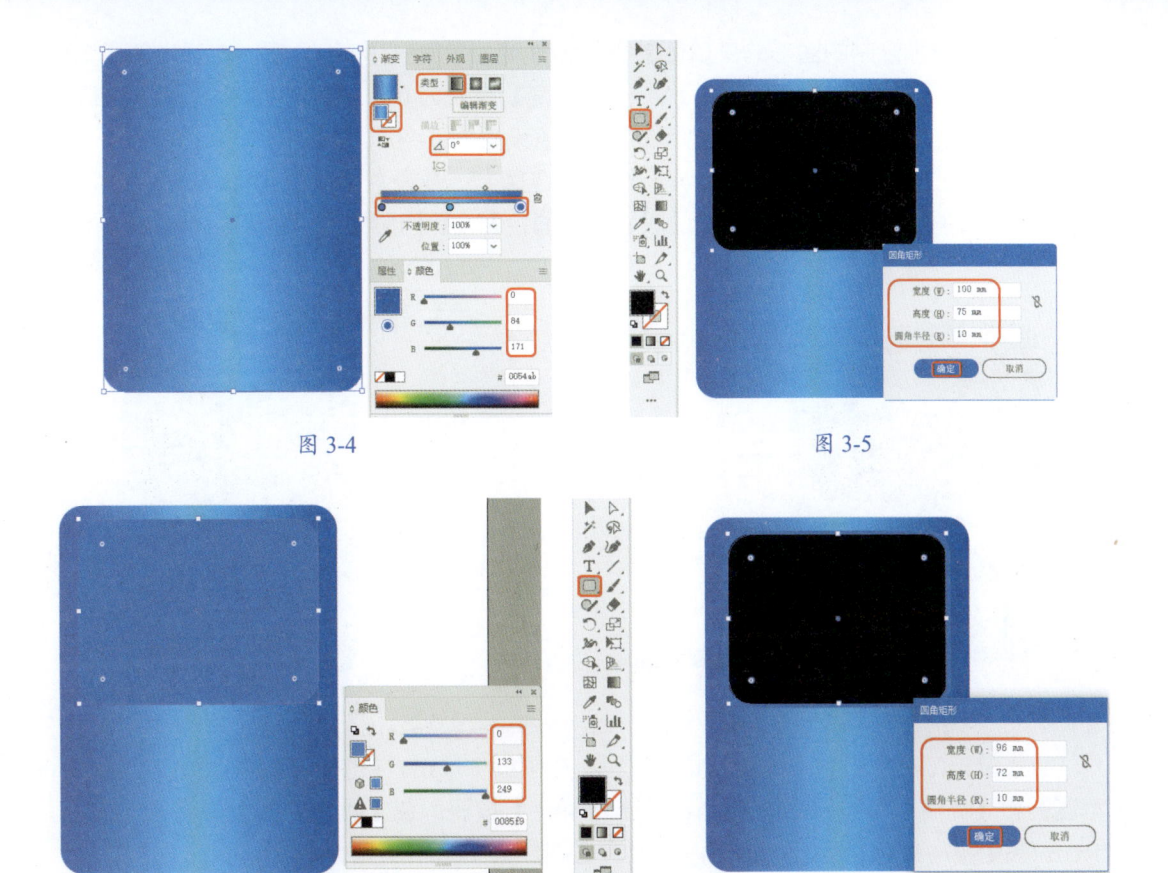

图 3-6　　　　　　　　　　　　　　　图 3-7

（7）将上一步绘制的圆角矩形的【填色】设置为渐变，按 Ctrl+F9 组合键，在弹出的【渐变】面板中将【类型】设置为【线性渐变】，将【角度】设置为 0°，将 0 位置色标的 RGB 值设置为 150、150、150，将色标滑块调整至 20% 位置处，将 100% 位置色标的 RGB 值设置为 0、0、0，如图 3-8 所示。

（8）单击工具栏中的【钢笔工具】按钮，在画板中绘制如图 3-9 所示的不规则图形，将其调整至合适的位置。

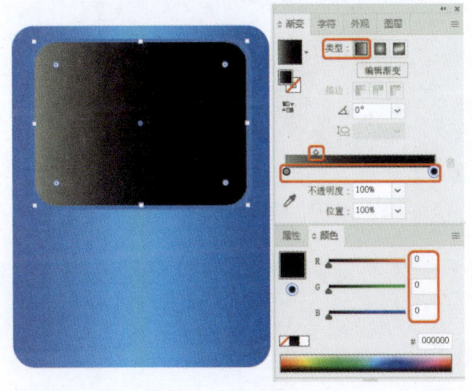

图 3-8 　　　　　　　　　　　　　　　图 3-9

（9）将上一步绘制的图形的【填色】设置为渐变，按 Ctrl+F9 组合键，在弹出的【渐变】面板中将【类型】设置为【线性渐变】，将【角度】设置为 0°，将 0 位置色标的 RGB 值设置为 100、100、100，将 100% 位置色标的 RGB 值设置为 0、0、0，如图 3-10 所示。

（10）单击工具栏中的【选择工具】按钮，选择上一步设置渐变的图形，在控制栏中单击【不透明度】按钮，将其【混合模式】设置为【滤色】，【不透明度】设置为 80%，如图 3-11 所示。

图 3-10 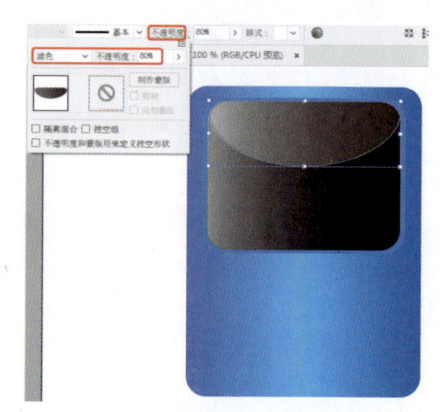　　　　　　　　　　图 3-11

（11）单击工具栏中的【椭圆工具】按钮，在画板中单击，在弹出的【椭圆】对话框中将【宽度】和【高度】均设置为 56 mm，单击【确定】按钮。在【颜色】面板中将其【填色】的 RGB 值设置为 35、24、21，将其调整至合适的位置，如图 3-12 所示。

（12）单击工具栏中的【椭圆工具】按钮，在画板中单击，在弹出的【椭圆】对话框中将【宽度】和【高度】均设置为 26 mm，单击【确定】按钮。在【颜色】面板中将其【填色】的 RGB 值设置为 0、133、249，将其调整至合适的位置，如图 3-13 所示。

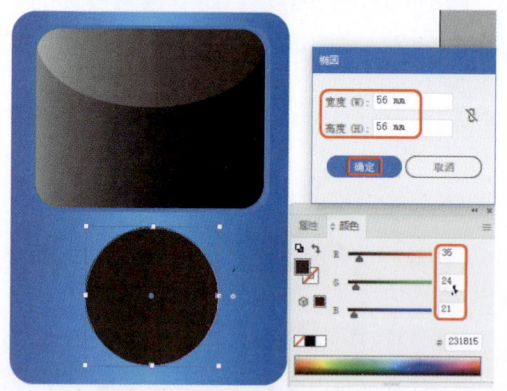

图 3-12 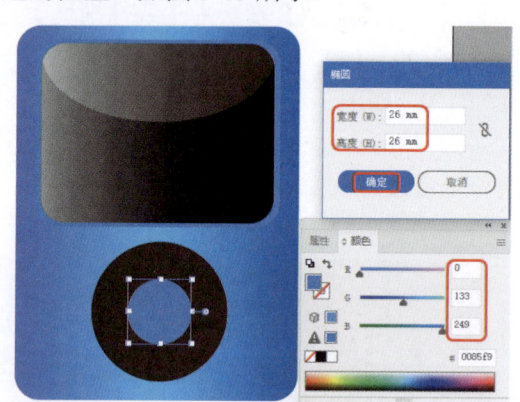　　　　　　　　　　图 3-13

（13）通过【多边形工具】、【矩形工具】和【文字工具】在画板中分别绘制图形并输入文字，在【颜色】面板中将其【填色】设置为白色，并将其调整至合适的位置，如图 3-14 所示。

（14）选择所有对象，打开【外观】面板，单击【添加新效果】按钮 fx.，在弹出的下拉菜单中选择【风格化】|【投影】命令，如图 3-15 所示。

图形的编辑与处理 第03章

图 3-14

图 3-15

（15）弹出【投影】对话框，将【模式】设置为【正片叠底】，将【不透明度】设置为 100%，将【X 位移】设置为 0 mm，将【Y 位移】设置为 3 mm，将【模糊】设置为 2 mm，将【颜色】的 RGB 值设置为 119、119、119，单击【确定】按钮，如图 3-16 所示。

（16）添加投影后的效果如图 3-17 所示。

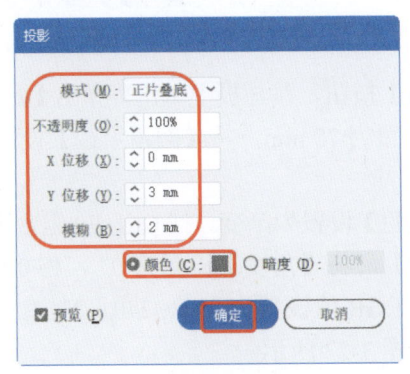

图 3-16

图 3-17

案例精讲 043　制作色卡

本案例将通过色卡的制作来讲解基本绘图工具的使用，案例效果如图 3-18 所示。

图 3-18

063

（1）按 Ctrl+N 组合键，在弹出的【新建文档】对话框中设置名称，将【单位】设置为【毫米】，将【宽度】和【高度】分别设置为 925 mm、617 mm，将【颜色模式】设置为【RGB 颜色】，单击【创建】按钮，如图 3-19 所示。

（2）在菜单栏中选择【文件】|【置入】命令，弹出【置入】对话框，选择"素材\Cha03\色卡背景.jpg"素材文件，单击【置入】按钮，调整其大小及位置，单击【属性】面板中的【嵌入】按钮，如图 3-20 所示。

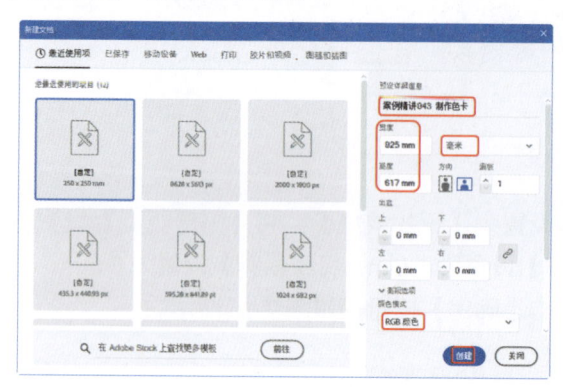

图 3-19

图 3-20

（3）单击工具栏中的【圆角矩形工具】按钮，在画板中单击，弹出【圆角矩形】对话框，将【宽度】设置为 240 mm，将【高度】设置为 70 mm，将【圆角半径】设置为 10 mm，单击【确定】按钮，如图 3-21 所示。

（4）将上一步绘制的圆角矩形的【填色】设置为渐变，按 Ctrl+F9 组合键，在弹出的【渐变】面板中将【类型】设置为【线性渐变】，将【角度】设置为 0°，将 0 位置的 RGB 值设置为 231、226、216，将 70% 位置色标的 RGB 值设置为 243、240、235，将 100% 位置色标的 RGB 值设置为 231、226、216，效果如图 3-22 所示。

图 3-21

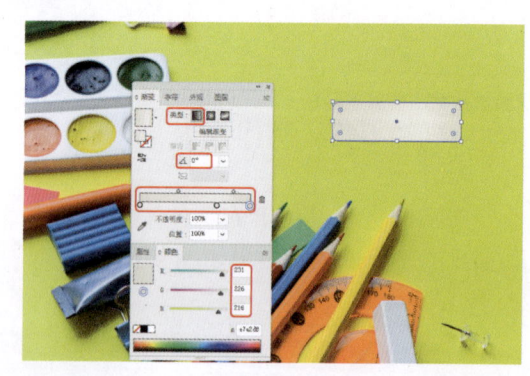

图 3-22

（5）单击工具栏中的【椭圆工具】按钮，在画板中单击，在弹出的对话框中将【宽度】和【高度】均设置为 23 mm，单击【确定】按钮，将其调整至合适的位置，如图 3-23 所示。

（6）单击工具栏中的【选择工具】按钮，按住 Shift 键的同时选择圆角矩形和圆形，按 Ctrl+Shift+F9 组合键，在弹出的【路径查找器】面板中单击【减去顶层】按钮，如图 3-24 所示。

图 3-23 　　　　　　　　　　　　　　图 3-24

（7）单击工具栏中的【矩形工具】按钮，在画板中单击，在弹出的对话框中将【宽度】设置为 37 mm，将【高度】设置为 70 mm，单击【确定】按钮，将其调整至合适的位置，如图 3-25 所示。

（8）单击工具栏中的【选择工具】按钮，选择上一步绘制的矩形，按 Ctrl+F9 组合键，在弹出的【渐变】面板中将【类型】设置为【线性渐变】，将【角度】设置为 -90°，将 0 位置色标的 RGB 值设置为 128、29、127，将 80% 位置色标的 RGB 值设置为 166、97、165，将 100% 位置色标的 RGB 值设置为 128、29、127，效果如图 3-26 所示。

图 3-25 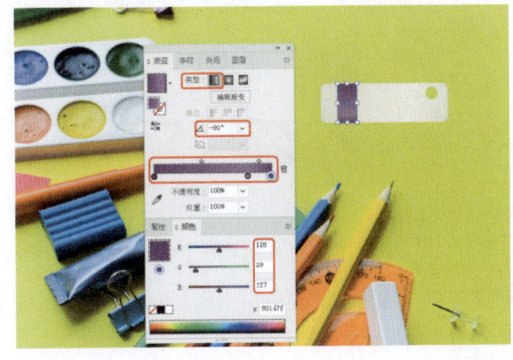　　　　　　　　　　　　　　图 3-26

（9）单击工具栏中的【选择工具】按钮，选择上一步设置渐变的矩形，在菜单栏中选择【对象】|【变换】|【移动】命令，在弹出的对话框中将【水平】设置为 111 mm，将【垂直】设置为 0 mm，将【距离】设置为 111 mm，将【角度】设置为 0°，单击【复制】按钮，如图 3-27 所示。

（10）单击工具栏中的【选择工具】按钮，选择上一步向右边移动并复制的矩形，按 Ctrl+F9 组合键，在弹出的【渐变】面板中将【类型】设置为【线性渐变】，将【角度】设置为 -90°，将 0 位置色标的 RGB 值设置为 223、198、223，将 80% 位置色标的 RGB 值设置为 255、244、255，将 100% 位置色标的 RGB 值设置为 223、198、223，效果如图 3-28 所示。

（11）单击工具栏中的【选择工具】按钮，按住 Shift 键的同时选择两个设置渐变的矩形，单击工具栏中的【混合工具】按钮，按住 Alt 键的同时单击左边的矩形，在弹出的对话框中将【间距】设置为【指定的步数】，将【步数】设置为 2，将【取向】设置为【对齐路径】，

065

单击【确定】按钮，如图 3-29 所示。

（12）在右侧矩形上单击鼠标，即可创建混合效果，如图 3-30 所示。

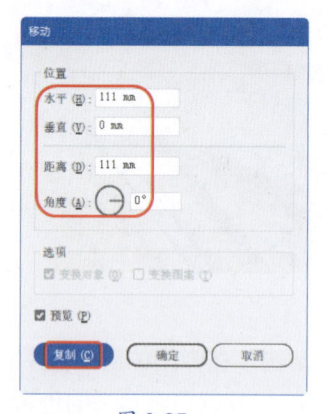

图 3-27

图 3-28

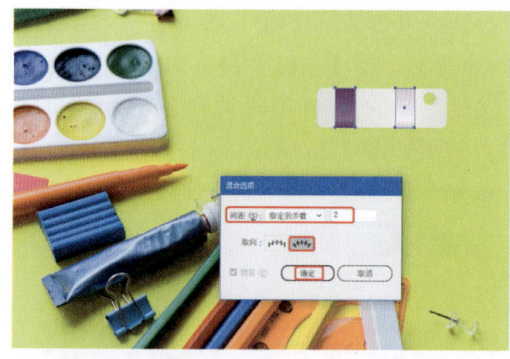

图 3-29

图 3-30

（13）单击工具栏中的【选择工具】按钮，选择【圆角矩形】，按住 Alt 键的同时单击并拖曳，使其移动并复制，在【颜色】面板中将其【填色】的 RGB 值设置为 211、210、209，如图 3-31 所示。

（14）在【图层】面板中将其调整至圆角矩形的下方，调整至合适的位置，效果如图 3-32 所示。

图 3-31

图 3-32

（15）单击工具栏中的【选择工具】按钮，按住 Shift 键的同时选择两个圆角矩形和四个矩形，单击工具栏中的【旋转工具】按钮，将旋转的中心点调整至如图 3-33 所示的位置，按 Enter 键确定。

（16）按住 Alt 键的同时单击上一步调整好的中心点，在弹出的【旋转】对话框中将【角度】设置为 -15°，单击【复制】按钮，如图 3-34 所示。

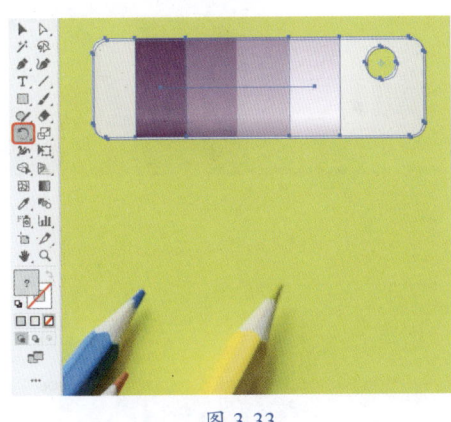

图 3-33 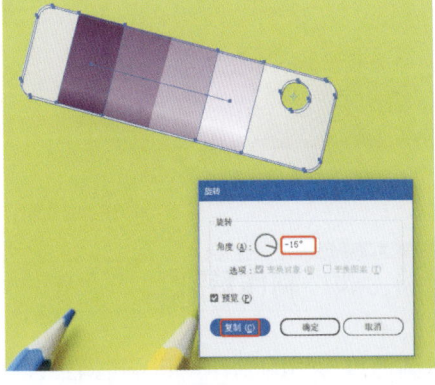　　　　　　　　　　　　　图 3-34

（17）连续按 Ctrl+D 组合键，重复上一步的命令，效果如图 3-35 所示。

（18）删除多余的色卡，根据前面介绍的方法制作其他色卡并填色，最终效果如图 3-36 所示。

图 3-35 　　　　　　　　　　　　　图 3-36

（19）选择如图 3-37 所示的对象，在菜单栏中选择【选择】|【相同】|【填充颜色】命令。

（20）打开【外观】面板，单击【添加新效果】按钮，在弹出的下拉菜单中选择【风格化】|【投影】命令，弹出【投影】对话框，将【模式】设置为【正片叠底】，将【不透明度】设置为 65%，将【X 位移】设置为 1 mm，将【Y 位移】设置为 1 mm，将【模糊】设置为 1 mm，将【颜色】的 RGB 值设置为 0、0、0，单击【确定】按钮。添加投影后的效果如图 3-38 所示。

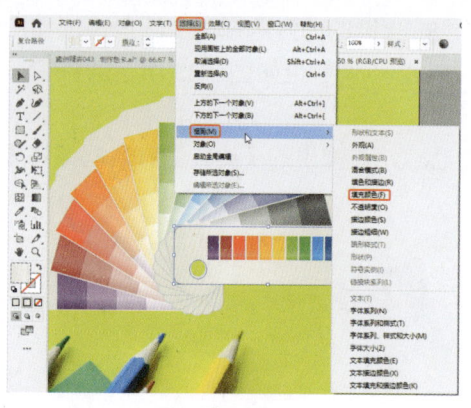

Illustrator CC 2023 平面创意设计案例课堂

图 3-37

图 3-38

案例精讲 044　制作彩铅

本案例通过彩铅的制作，讲解钢笔工具、基本绘图工具、直接选择工具的使用，案例效果如图 3-39 所示。

（1）按 Ctrl+O 组合键，打开"素材 \Cha03\彩铅素材 .ai"素材文件，如图 3-40 所示。

（2）单击工具栏中的【矩形工具】按钮▢，在画板中单击，在弹出的对话框中将【宽度】设置为 13.3 mm，将【高度】设置为 414.8 mm，如图 3-41 所示。

图 3-39

图 3-40

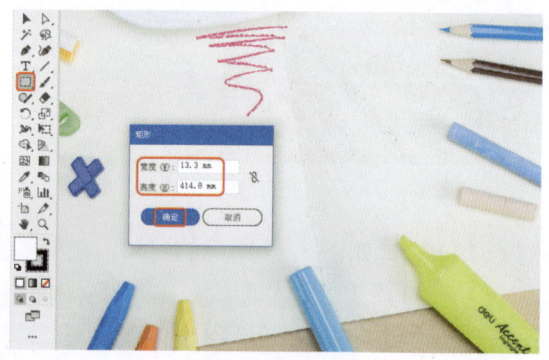

图 3-41

（3）单击工具栏中的【添加锚点工具】按钮，在矩形上方的路径上单击添加锚点，单击工具栏中的【直接选择工具】按钮将锚点调整至合适的位置，如图 3-42 所示。

（4）单击工具栏中的【选择工具】按钮，选择上一步调整的图形，按住 Alt 键的同时单击并拖曳，复制出两个图形，如图 3-43 所示。

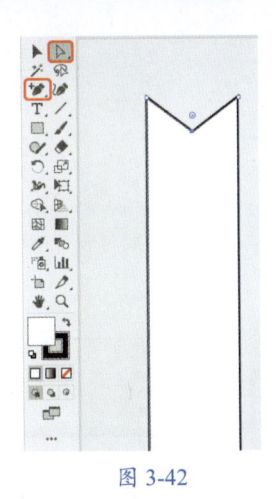

图 3-42 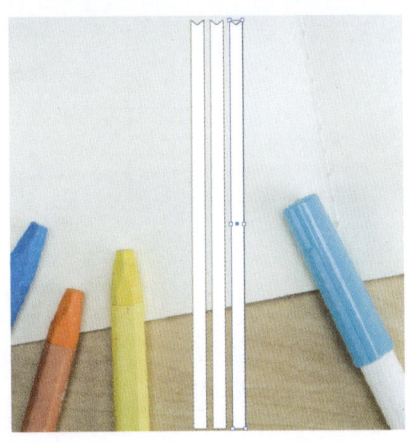   图 3-43

（5）在【颜色】面板中将左边图形【填色】的 RGB 值设置为 240、157、193，中间图形【填色】的 RGB 值设置为 227、0、127，右边图形【填色】的 RGB 值设置为 197、0、111，将【描边】均设置为无，如图 3-44 所示。

（6）单击工具栏中的【选择工具】按钮，分别选择左边的图形和右边的图形，将其宽度适当缩小，单击工具栏中的【直接选择工具】按钮调整其形状，并调整至合适的位置，效果如图 3-45 所示。

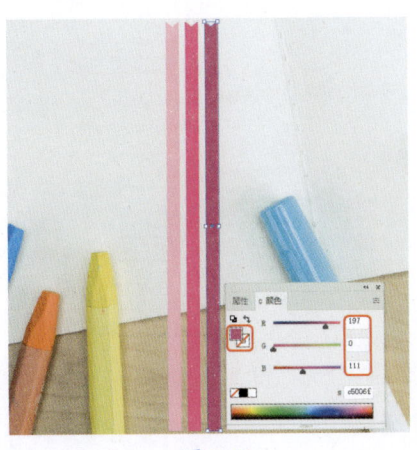

图 3-44 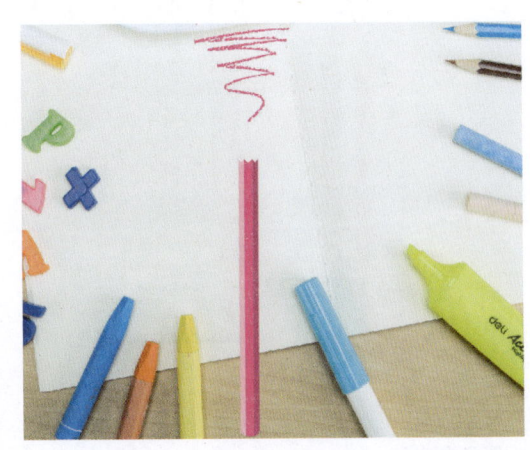   图 3-45

（7）单击工具栏中的【钢笔工具】按钮，在画板中绘制一个如图 3-46 所示的图形，在【颜色】面板中将其【填色】的 RGB 值设置为 240、213、182，将【描边】设置为无，将其调整至合适的位置，在【图层】面板中调整排列顺序。

（8）单击工具栏中的【钢笔工具】按钮，在画板中绘制一个如图 3-47 所示的三角形，在【颜色】面板中将其【填色】的 RGB 值设置为 227、0、127，将【描边】设置为无，将其调整至合适的位置。

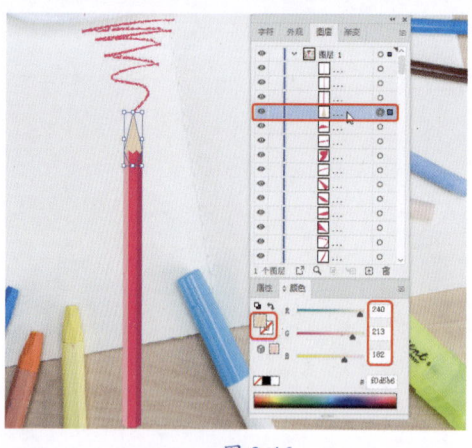

图 3-46 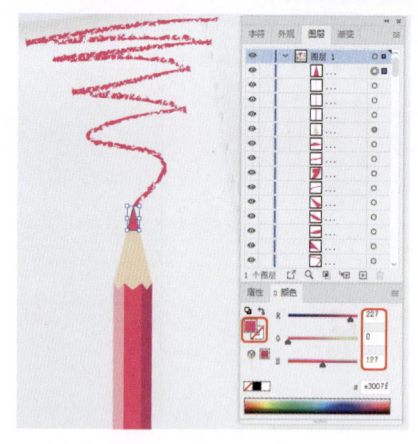　　　　　　　　　　　图 3-47

（9）使用【钢笔工具】绘制图形，将【填色】的 RGB 值设置为 110、88、100，将【描边】设置为无，如图 3-48 所示。

（10）单击工具栏中的【选择工具】按钮，选择上一步绘制的阴影，在【图层】面板中调整排列顺序，将其调整至合适的位置，如图 3-49 所示。

图 3-48 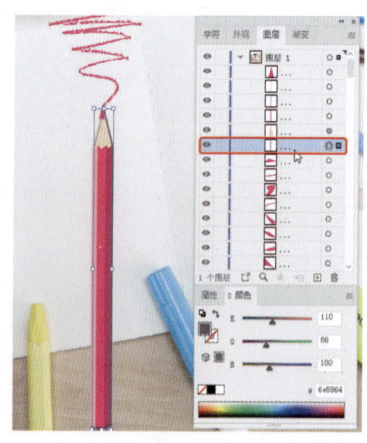　　　　　　　　　　　图 3-49

案例精讲 045　制作热气球

本案例主要介绍如何使用钢笔工具组，案例效果如图 3-50 所示。

图 3-50

图形的编辑与处理　第 03 章

（1）按 Ctrl+O 组合键，打开"素材 \Cha03\ 热气球背景 .ai"素材文件，如图 3-51 所示。

（2）单击工具栏中的【钢笔工具】按钮，绘制如图 3-52 所示的图形，将其调整至合适的位置。

图 3-51

图 3-52

（3）单击工具栏中的【选择工具】按钮，选择上一步绘制的图形，按 Ctrl+F9 组合键，在弹出的【渐变】面板中将【类型】设置为【径向渐变】，将【角度】设置为 0°，将 0 位置色标的 RGB 值设置为 128、195、130，100% 位置色标的 RGB 值设置为 102、145、203，如图 3-53 所示。

（4）用相同的方法绘制热气球的其他部分，完成后的效果如图 3-54 所示。

图 3-53

图 3-54

（5）单击工具栏中的【钢笔工具】按钮，在画板中绘制 6 个如图 3-55 所示的图形。单击控制栏中的【不透明度】按钮，将【混合模式】设置为【滤色】，将【不透明度】设置为70%，将其调整至合适的位置。

（6）单击工具栏中的【椭圆工具】按钮，在画板中绘制如图 3-56 所示的 6 个椭圆，调整至合适的位置。按 Ctrl+F9 组合键，在弹出的【渐变】面板中将【类型】设置为【径向渐变】，将【角度】设置为 -18.6°，将【长宽比】设置为 161%，将左侧色标的 RGB 值设置为 229、229、229，将其调整至 25.3% 位置处，100% 位置色标的 RGB 值设置为 4、0、0。

071

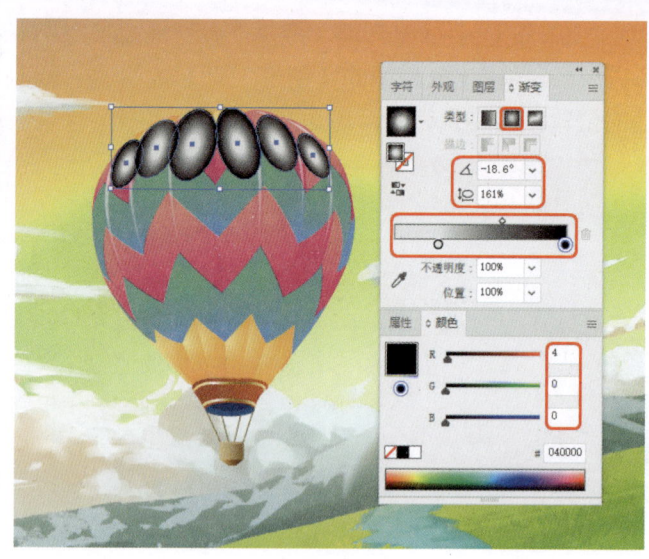

图 3-55

图 3-56

（7）单击控制栏中的【不透明度】按钮，将【混合模式】设置为【滤色】，将【不透明度】设置为50%，如图3-57所示。

（8）单击工具栏中的【钢笔工具】按钮，沿着热气球的轮廓绘制一个和它相同大小的形状。按Ctrl+F9组合键，在弹出的【渐变】面板中将【类型】设置为【线性渐变】，将【角度】设置为90°，将0位置的色标设置为黑色，将100%位置的色标设置为白色，如图3-58所示。

图 3-57

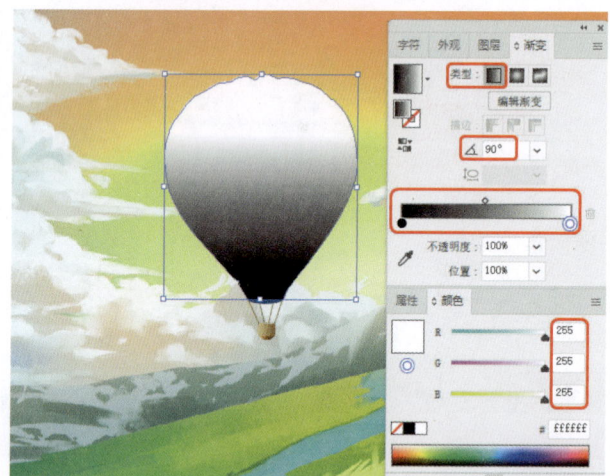

图 3-58

（9）单击工具栏中的【选择工具】按钮，选择上一步设置渐变的图形，单击控制栏中的【不透明度】按钮，将【混合模式】设置为【正片叠底】，将【不透明度】设置为10%，如图3-59所示。

（10）至此，热气球就制作完成了，最终效果如图3-60所示。

第 03 章 图形的编辑与处理

图 3-59

图 3-60

案例精讲 046　标志设计

本案例通过标志设计的制作，主要讲解【钢笔工具】的使用，通过【颜色】面板设置颜色，效果如图 3-61 所示。

（1）按 Ctrl+O 组合键，打开"素材\Cha03\标志设计素材 .ai"素材文件，如图 3-62 所示。

（2）单击工具栏中的【钢笔工具】按钮，在画板中绘制如图 3-63 所示的图形，在【颜色】面板中将其【填色】的 RGB 值设置为 211、11、26，将【描边】设置为无。

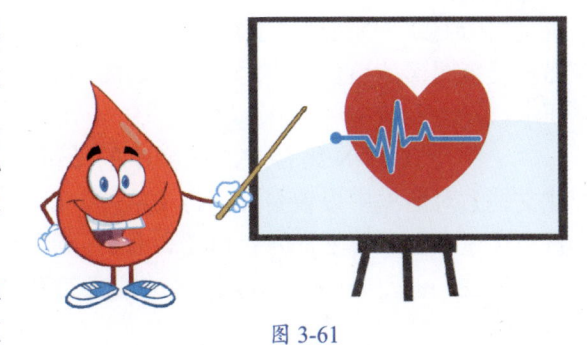

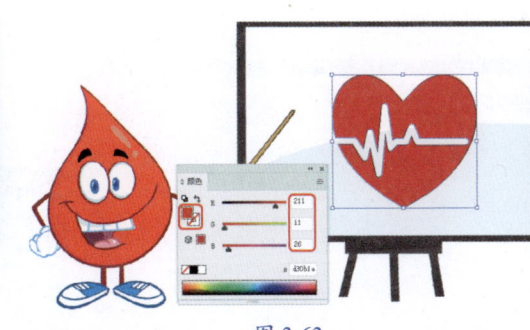

图 3-61

图 3-62

图 3-63

（3）单击工具栏中的【钢笔工具】按钮，在画板中绘制如图 3-64 所示的图形，在【颜色】面板中将其【填色】的 RGB 值设置为 35、152、216，将【描边】设置为无，将其调整至合适的位置。

（4）单击工具栏中的【椭圆工具】按钮，在画板中单击，在弹出的面板中将【宽度】和【高度】均设置为 9 mm，在【颜色】面板中将其【填色】的 RGB 值设置为 35、152、216，将【描边】设置为无，调整对象的位置，如图 3-65 所示。

073

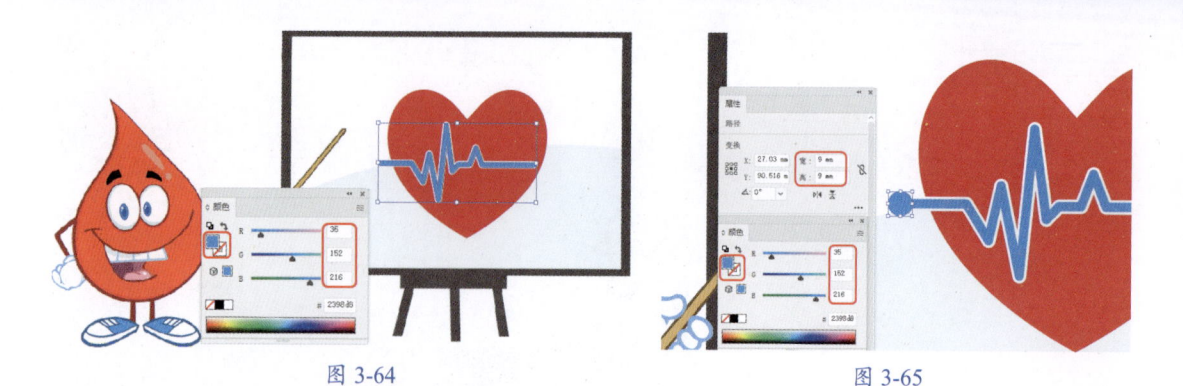

Illustrator CC 2023 平面创意设计案例课堂

图 3-64

图 3-65

案例精讲 047 制作海豚

本案例主要介绍如何使用钢笔工具组合直接选择工具，以及通过【渐变】和【颜色】面板设置图形的填色和描边，效果如图 3-66 所示。

（1）按 Ctrl+N 组合键，在弹出的【新建文档】对话框中设置名称，将【单位】设置为【毫米】，将【宽度】和【高度】分别设置为 285 mm、118 mm，将【颜色模式】设置为【RGB 颜色】，单击【创建】按钮，如图 3-67 所示。

（2）在菜单栏中选择【文件】|【置入】命令，弹出【置入】对话框，选择 "素材 \Cha03\海豚背景 .jpg" 素材文件，单击【置入】按钮，调整其大小及位置，单击【属性】面板中的【嵌入】按钮，如图 3-68 所示。

图 3-66

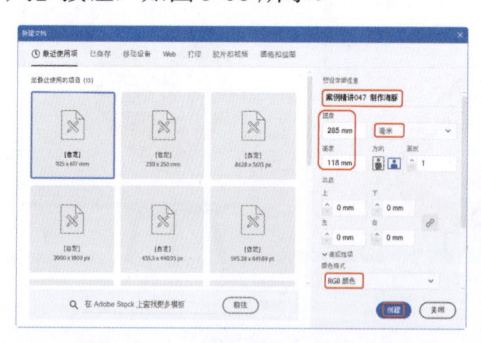

图 3-67

图 3-68

（3）单击工具栏中的【钢笔工具】按钮，绘制海豚的轮廓，在【颜色】面板中将其【填色】的 RGB 值设置为 96、157、213，将【描边】设置为无，如图 3-69 所示。

（4）单击工具栏中的【钢笔工具】按钮，绘制海豚的其他部位，将腹部【填色】的 RGB 值设置为 235、246、248，效果如图 3-70 所示。

074

图 3-69 　　　　　　　　　　　　　　　图 3-70

（5）单击工具栏中的【椭圆工具】按钮◯，在画板中绘制海豚的眼睛，将其调整至合适的位置，如图 3-71 所示。

（6）单击工具栏中的【钢笔工具】按钮，绘制海豚的轮廓，效果如图 3-72 所示。

图 3-71 　　　　　　　　　　　　　　　图 3-72

（7）选择绘制的海豚，右击鼠标，在弹出的快捷菜单中选择【编组】命令，如图 3-73 所示。

（8）打开【外观】面板，单击【添加新效果】按钮 fx，在弹出的下拉菜单中选择【风格化】|【投影】命令，弹出【投影】对话框，将【模式】设置为【正片叠底】，将【不透明度】设置为 65%，将【X 位移】设置为 2 mm，将【Y 位移】设置为 1 mm，将【模糊】设置为 1 mm，将【颜色】的 RGB 值设置为 102、102、102，单击【确定】按钮。添加投影后的效果如图 3-74 所示。

图 3-73 　　　　　　　　　　　　　　　图 3-74

075

案例精讲 048　制作玩具熊

本案例通过玩具熊的制作，介绍如何使用【钢笔工具】绘制图形，效果如图3-75所示。

（1）按Ctrl+O组合键，打开"素材\Cha03\玩具熊背景.ai"素材文件，如图3-76所示。

（2）单击工具栏中的【钢笔工具】按钮，在画板中绘制如图3-77所示的图形，在【颜色】面板中将【填色】的RGB值设置为152、83、29，将【描边】设置为无，将其调整至合适的位置。

图3-75

图3-76 　　　　　　　　　　图3-77

（3）单击工具栏中的【钢笔工具】按钮，在画板中绘制如图3-78所示的图形，在【颜色】面板中将【填色】的RGB值设置为187、114、58，将【描边】设置为无，将其调整至合适的位置。

（4）单击工具栏中的【钢笔工具】按钮，在画板中绘制如图3-79所示的图形，在【颜色】面板中将【填色】的RGB值设置为120、66、28，将【描边】设置为无，将其调整至合适的位置。

图3-78 　　　　　　　　　　图3-79

（5）单击工具栏中的【钢笔工具】按钮，在画板中绘制如图3-80所示的图形，在【颜色】面板中将【填色】的RGB值设置为213、151、88，将【描边】设置为无，将其调整至合适的位置。

（6）单击工具栏中的【钢笔工具】按钮，在画板中绘制如图3-81所示的图形，在【颜色】面板中将【填色】的RGB值设置为136、74、29，将【描边】设置为无，在【图层】面板中调整图层的顺序，将其调整至合适的位置。

图 3-80

图 3-81

（7）单击工具栏中的【钢笔工具】按钮，在画板中绘制如图3-82所示的图形，在【颜色】面板中将【填色】的RGB值设置为80、53、17，将【描边】设置为无，将其调整至合适的位置。

（8）单击工具栏中的【钢笔工具】按钮，在画板中绘制玩具熊的其他部分，将其调整至合适的位置，完成后的效果如图3-83所示。

图 3-82

图 3-83

案例精讲 049　制作剪刀

本案例通过剪刀的制作，主要介绍如何使用【钢笔工具】绘制图形，通过【渐变】和【颜色】面板设置填色和描边属性，效果如图3-84所示。

图 3-84

（1）按 Ctrl+O 组合键，打开"素材 \Cha03\ 剪刀背景 .ai"素材文件，如图 3-85 所示。

（2）单击工具栏中的【钢笔工具】按钮，绘制如图 3-86 所示的两个图形，并为其填充任意两种颜色，如图 3-86 所示。

图 3-85

图 3-86

（3）选中绘制的两个图形，按 Ctrl+8 组合键建立复合路径。继续选中该图形，按 Ctrl+F9 组合键，在弹出的【渐变】面板中将【类型】设置为【线性渐变】，将【角度】设置为 -92°，将 0 位置的 RGB 值设置为 249、194、0，将 100% 位置的 RGB 值设置为 230、56、13，在【颜色】面板中将【描边】设置为无，如图 3-87 所示。

（4）继续选中该图形，按住 Alt 键对其进行复制，并对复制的图形进行调整。选中调整后的图形，按 Ctrl+F9 组合键，在打开的【渐变】面板中将【类型】设置为【线性渐变】，将【角度】设置为 -92°，将 0 位置色标的 RGB 值设置为 247、181、0，将 100% 位置色标的 RGB 值设置为 238、129、0，在【颜色】面板中将【描边】设置为无，如图 3-88 所示。

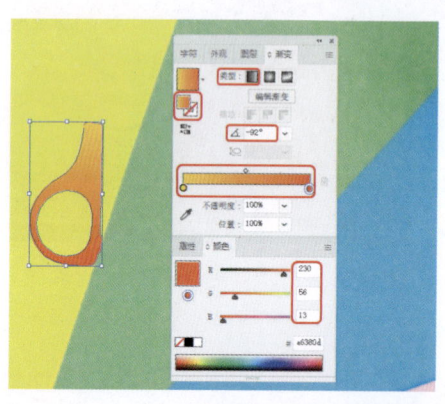

图 3-87

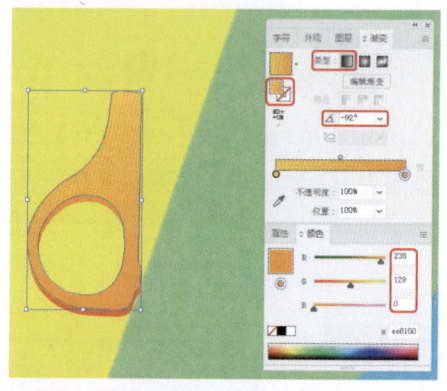

图 3-88

（5）单击工具栏中的【钢笔工具】按钮，绘制如图 3-89 所示的图形，按 Ctrl+F9 组合键，在弹出的【渐变】面板中将【类型】设置为【线性渐变】，将【角度】设置为 -90°，将 0 位置色标的 RGB 值设置为 249、192、0，将 100% 位置色标的 RGB 值设置为 245、169、0，在【颜色】面板中将【描边】设置为无。

（6）单击工具栏中的【选择工具】按钮，按住 Shift 键的同时选择所有的图形对象，单击工具栏中的【镜像工具】按钮，在画板中确定镜像中心点的位置，按住 Alt 键的同时单击，在弹出的对话框中将【轴】设置为【垂直】，将【角度】设置为 90°，单击【复制】按钮，如图 3-90 所示。

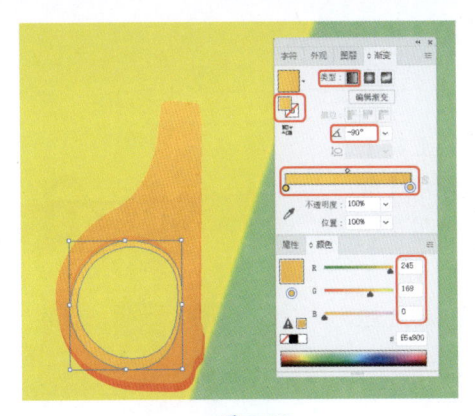

图 3-89 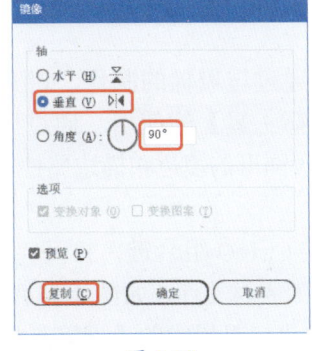　　　　　　　　　　图 3-90

（7）适当调整复制后对象的位置，单击工具栏中的【钢笔工具】按钮，在画板中绘制剪刀的上半部分，如图 3-91 所示。

（8）使用相同的方法绘制另一把剪刀，效果如图 3-92 所示。

图 3-91 　　　　　　　　　　图 3-92

（9）选择两把剪刀，按 Ctrl+G 组合键组合对象。打开【外观】面板，单击【添加新效果】按钮 fx，在弹出的下拉菜单中选择【风格化】|【投影】命令，弹出【投影】对话框，将【模式】设置为【正片叠底】，将【不透明度】设置为 50%，将【X 位移】设置为 1.5 mm，将【Y 位移】设置为 2 mm，将【模糊】设置为 2 mm，将【颜色】的 RGB 值设置为 0、0、0，单击【确定】按钮，如图 3-93 所示。

（10）添加投影后的效果如图 3-94 所示。

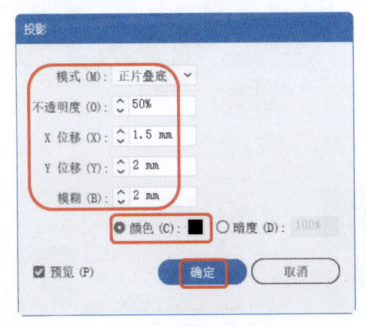

图 3-93 　　　　　　　　　　图 3-94

Illustrator CC 2023 平面创意设计案例课堂

案例精讲 050　制作垃圾桶

本案例通过垃圾桶的制作，讲解【钢笔工具】和【直接选择工具】的使用，通过【渐变】和【颜色】面板设置图形的填色和描边属性，效果如图 3-95 所示。

（1）按 Ctrl+O 组合键，打开"素材 \Cha03\ 垃圾桶背景 .ai"素材文件，如图 3-96 所示。

（2）单击工具栏中的【钢笔工具】按钮，在画板中绘制如图 3-97 所示的图形，在【颜色】面板中将其【填色】的 RGB 值设置为 60、186、66，将【描边】设置为无。

图 3-95

图 3-96

图 3-97

（3）单击工具栏中的【圆角矩形】按钮，在画板中单击，在弹出的【圆角矩形】对话框中将【宽度】设置为 135 mm，将【高度】设置为 22 mm，将【圆角半径】设置为 5 mm，单击【确定】按钮，将其调整至合适的位置，如图 3-98 所示。

（4）单击工具栏中的【选择工具】按钮，选择上一步绘制的圆角矩形，在【颜色】面板中将其【填色】的 RGB 值设置为 56、137、75，将【描边】设置为无，如图 3-99 所示。

图 3-98

图 3-99

080

(5)单击工具栏中的【钢笔工具】按钮,在画板中绘制如图3-100所示的图形,在【颜色】面板中将其【填色】的RGB值设置为60、186、66,将【描边】设置为无,将其调整至合适的位置。

(6)选中上一步绘制的图形,右击鼠标,在弹出的快捷菜单中选择【排列】|【后移一层】命令。单击工具栏中的【圆角矩形工具】按钮,在画板中单击,在弹出的【圆角矩形】对话框中将【宽度】设置为78 mm,将【高度】设置为14 mm,将【圆角半径】设置为3 mm,单击【确定】按钮。在【颜色】面板中将其【填色】的RGB值设置为67、68、68,将【描边】设置为无,将其调整至合适的位置,如图3-101所示。

图 3-100 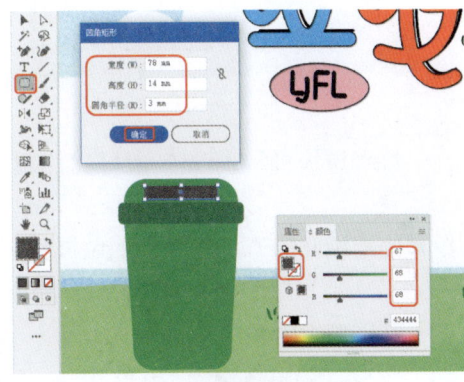　　　　　　　　图 3-101

(7)单击工具栏中的【钢笔工具】按钮,绘制如图3-102所示的图形,在【颜色】面板中将其【填色】设置为白色,将【描边】设置为无,将其调整至合适的位置。

(8)单击工具栏中的【文字工具】按钮,在画板中单击,输入"厨余垃圾",将【字体系列】设置为【迷你简综艺】,将【字体大小】设置为46 pt,将【颜色】设置为白色,如图3-103所示。

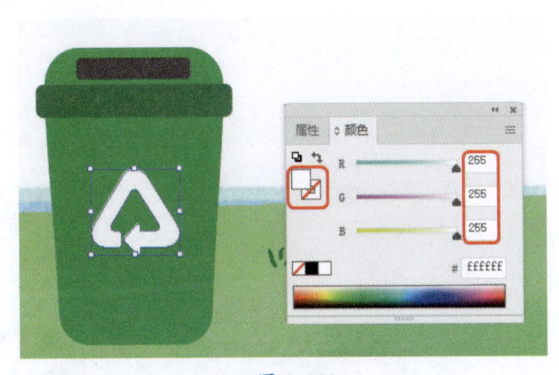

图 3-102 　　　　　　　　图 3-103

(9)在画板中绘制如图3-104所示的图形,在【颜色】面板中将其【填色】的RGB值设置为99、113、119,将【描边】设置为无,并在【图层】面板中调整其排放顺序。

(10)单击工具栏中的【选择工具】按钮,选择上一步绘制的图形,单击控制栏中的【不透明度】按钮,在弹出的面板中将【混合模式】设置为【正片叠底】,将【不透明度】设置为60%,将其调整至合适的位置,如图3-105所示。

081

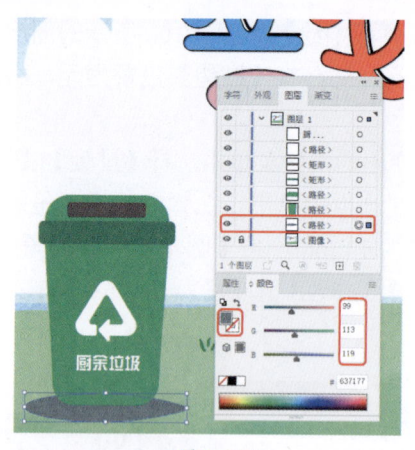

Illustrator CC 2023 平面创意设计案例课堂

图 3-104

图 3-105

（11）将"垃圾桶纹理.ai"素材文件置入文档中，嵌入素材并调整其位置，如图 3-106 所示。

（12）使用相同的方法绘制其他垃圾桶，完成后的效果如图 3-107 所示。

图 3-106

图 3-107

案例精讲 051　制作圣诞蜡烛

本案例通过圣诞蜡烛的制作来讲解如何使用【钢笔工具】、【基本绘图工具】、【渐变】和【颜色】面板，使读者进一步掌握图形对象的基本操作命令，效果如图 3-108 所示。

图 3-108

082

图形的编辑与处理　第 03 章

（1）按 Ctrl+O 组合键，打开"素材 \Cha03\ 圣诞背景 .ai"素材文件，如图 3-109 所示。
（2）单击工具栏中的【矩形工具】按钮▢，在画板中单击，在弹出的对话框中将【宽度】设置为 40.5 mm，将【高度】设置为 76.5 mm，如图 3-110 所示。

图 3-109　　　　　　　　　　　图 3-110

（3）单击工具栏中的【椭圆工具】按钮◯，在画板中单击，在弹出的对话框中将【宽度】设置为 40.5 mm，将【高度】设置为 10 mm，单击【确定】按钮，将其调整至合适的位置，如图 3-111 所示。
（4）单击工具栏中的【选择工具】按钮▶，按住 Shift 键的同时选择矩形和椭圆，按 Shift+Ctrl+F9 组合键，在弹出的【路径查找器】面板中选择【联集】命令，使其形成一个新的图形，如图 3-112 所示。

图 3-111　　　　　　　　　　　图 3-112

（5）单击工具栏中的【椭圆工具】按钮，在画板中单击，在弹出的对话框中将【宽度】设置为 40.5 mm，将【高度】设置为 10 mm，单击【确定】按钮，将其调整至圆柱体的顶端，如图 3-113 所示。
（6）选择绘制的椭圆，打开【渐变】面板，将【类型】设置为【线性渐变】，将【角度】设置为 180°，将 0 位置处的 RGB 值设置为 250、244、176，将 100% 位置处的 RGB 值设置为 203、151、75，将【描边颜色】设置为无，如图 3-114 所示。

083

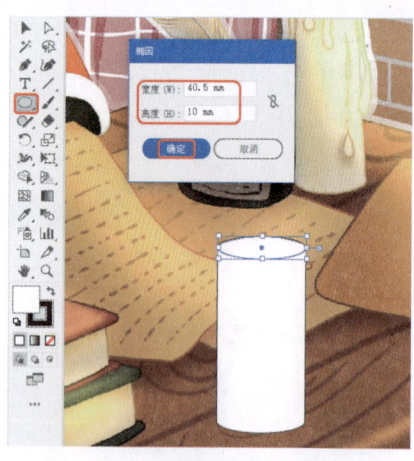

图 3-113 　　　　　　　　图 3-114

（7）选择绘制的椭圆，打开【渐变】面板，将【类型】设置为【线性渐变】，将【角度】设置为 0°，将 0 位置处的 RGB 值设置为 250、244、176，将 12% 位置处的 RGB 值设置为 203、151、75，将 65% 位置处的 RGB 值设置为 250、244、176，将 100% 位置处的 RGB 值设置为 203、151、75，将【描边颜色】设置为无，如图 3-115 所示。

（8）单击工具栏中的【钢笔工具】按钮，在画板中绘制如图 3-116 所示的图形，在绘制过程中可以使用工具栏中的【直接选择工具】对锚点进行修改。

图 3-115 　　　　　　　　图 3-116

（9）单击工具栏中的【选择工具】按钮，选择上一步绘制的图形，按 Ctrl+F9 组合键，在弹出的【渐变】面板中将【类型】设置为【线性渐变】，将【角度】设置为 0°，将 0 位置色标的 RGB 值设置为 221、77、28，将 18.5% 位置色标的 RGB 值设置为 154、30、35，将 50% 位置色标的 RGB 值设置为 215、23、24，将 74% 位置色标的 RGB 值设置为 226、115、26，将 100% 位置色标的 RGB 值设置为 215、23、24，如图 3-117 所示。

（10）单击工具栏中的【钢笔工具】按钮，在画板中绘制如图 3-118 所示的图形，在绘制过程中可以使用工具栏中的【直接选择工具】对锚点进行修改，将其调整至合适的位置。

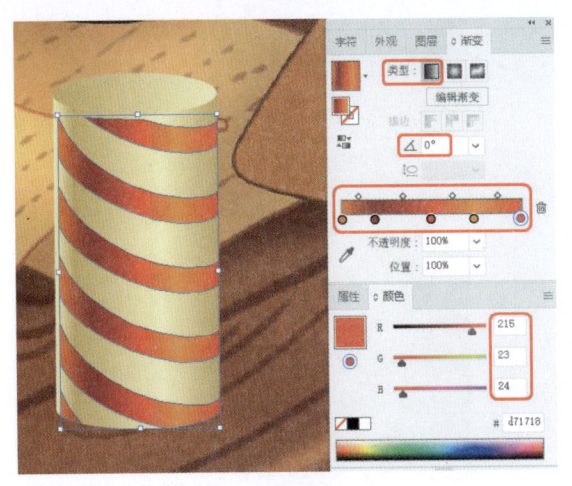

图 3-117 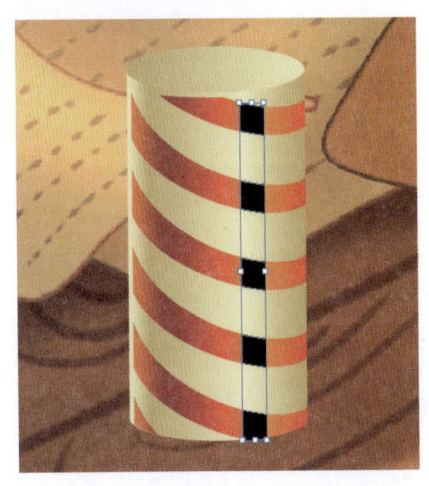　　　　　　　　　　　图 3-118

（11）单击工具栏中的【选择工具】按钮，选择上一步绘制的图形，按 Ctrl+F9 组合键，在弹出的【渐变】面板中将【类型】设置为【线性渐变】，将【角度】设置为 12°，将 0 位置色标的 RGB 值设置为 225、115、25，将 100% 位置色标的 RGB 值设置为 255、255、255，如图 3-119 所示。

（12）单击工具栏中的【钢笔工具】按钮，在画板中绘制如图 3-120 所示的图形，在绘制过程中可以使用工具栏中的【直接选择工具】对锚点进行修改，将其调整至合适的位置。

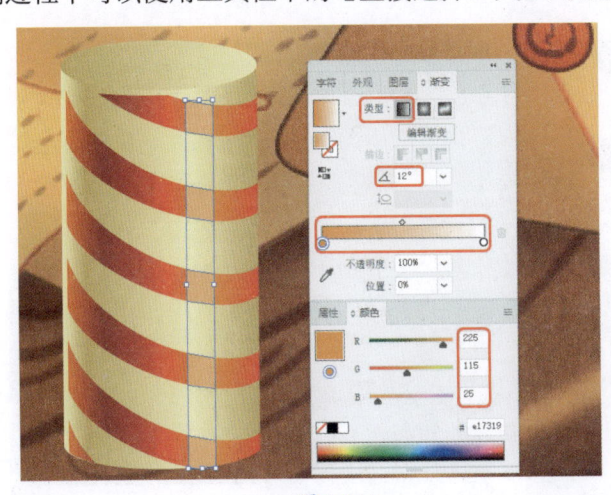

图 3-119 　　　　　　　　　　　图 3-120

（13）单击工具栏中的【选择工具】按钮，选择上一步绘制的图形，按 Ctrl+F9 组合键，在弹出的【渐变】面板中将【类型】设置为【线性渐变】，将【角度】设置为 180°，将 0 位置色标的 RGB 值设置为 219、76、26，将 100% 位置色标的 RGB 值设置为 255、255、255，如图 3-121 所示。

（14）单击工具栏中的【钢笔工具】按钮，在画板中的绘制如图 3-122 所示的图形，在【颜色】面板中将其【填色】的 RGB 值设置为 228、199、125，将【不透明度】设置为 64%。

图 3-121 　　　　　　　　　　　　图 3-122

（15）单击工具栏中的【椭圆工具】按钮，在画板中单击，在弹出的对话框中将【宽度】设置为 37.2 mm，将【高度】设置为 8.8 mm，将其调整至合适的位置，如图 3-123 所示。

（16）单击工具栏中的【选择工具】按钮，选择上一步绘制的图形，按 Ctrl+F9 组合键，在弹出的【渐变】面板中将【类型】设置为【线性渐变】，将【角度】设置为 179°，将 0 位置色标的 RGB 值设置为 203、151、76，将 100% 位置色标的 RGB 值设置为 250、243、174，如图 3-124 所示。

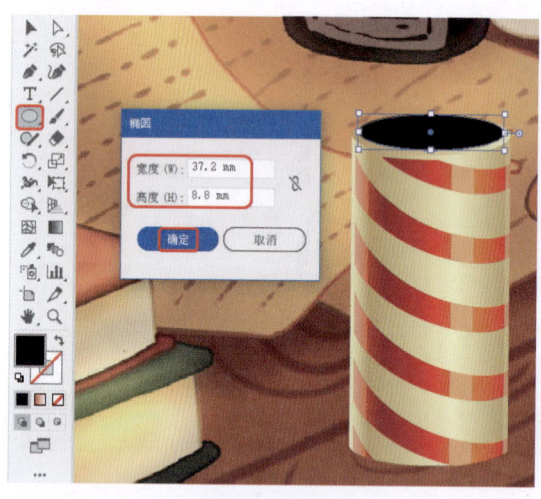

图 3-123 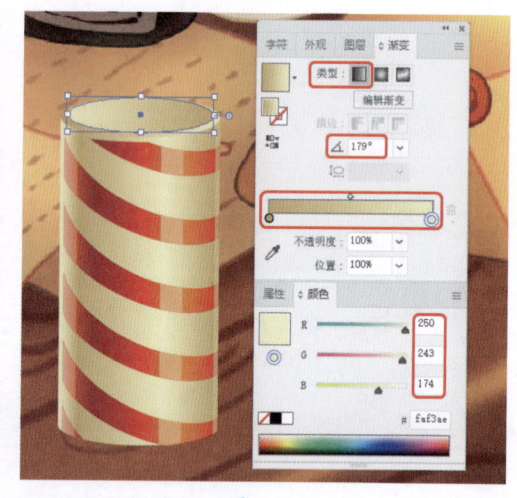　　　　　　　　　　　　图 3-124

（17）单击工具栏中的【钢笔工具】按钮，在画板中绘制如图 3-125 所示的图形，在绘制过程中可以使用工具栏中的【直接选择工具】对锚点进行修改，将其调整至合适的位置。

（18）单击工具栏中的【选择工具】按钮，选择上一步绘制的图形，按 Ctrl+F9 组合键，在弹出的【渐变】面板中将【类型】设置为【径向渐变】，将【角度】设置为 0°，将 0 位置色标的 RGB 值设置为 255、255、255，将 100% 位置色标的 RGB 值设置为 240、191、27，将渐变滑块调整至 23% 位置处，如图 3-126 所示。

图 3-125 　　　　　　　　　　　图 3-126

（19）单击工具栏中的【选择工具】按钮，选择上一步绘制的火苗，按住 Alt 键的同时单击并拖曳，使其移动并复制，复制完成后，在画板中调整其大小与位置。为了便于观察，将复制后的对象更改为黑色，如图 3-127 所示。

（20）单击工具栏中的【选择工具】按钮，选择上一步绘制的图形，按 Ctrl+F9 组合键，在弹出的【渐变】面板中将【类型】设置为【线性渐变】，将【角度】设置为 120°，将 0 位置色标的 RGB 值设置为 255、255、255，将 100% 位置色标的 RGB 值设置为 241、200、80，将渐变滑块调整至 23% 位置处，如图 3-128 所示。

图 3-127 　　　　　　　　　　　图 3-128

（21）单击工具栏中的【钢笔工具】按钮，在画板中绘制如图 3-129 所示的图形，在绘制过程中可以使用工具栏中的【直接选择工具】对锚点进行修改，将其调整至合适的位置。

（22）单击工具栏中的【选择工具】按钮，选择上一步绘制的图形，按 Ctrl+F9 组合键，在弹出的【渐变】面板中将【类型】设置为【线性渐变】，将【角度】设置为 179°，将 0 位置色标的 RGB 值设置为 203、151、76，将 28% 位置色标的 RGB 值设置为 140、77、35，将 100% 位置色标的 RGB 值设置为 250、243、174，如图 3-130 所示。

087

图 3-129 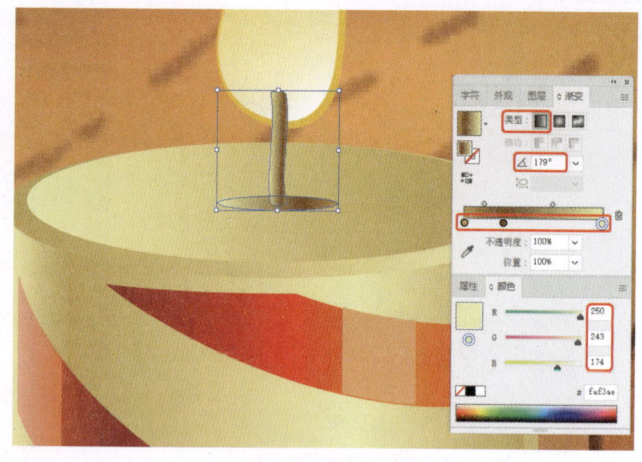　　　　　　　　　　　　　图 3-130

（23）将蜡烛进行复制，适当调整其大小及位置，效果如图 3-131 所示。

（24）选择两根蜡烛，按 Ctrl+G 组合键组合对象。打开【外观】面板，单击【添加新效果】按钮 fx.，在弹出的下拉菜单中选择【风格化】|【投影】命令，弹出【投影】对话框，将【模式】设置为【正片叠底】，将【不透明度】设置为 65%，将【X 位移】设置为 2.5 mm，将【Y 位移】设置为 3.5 mm，将【模糊】设置为 2 mm，将【颜色】的 RGB 值设置为 0、0、0。单击【确定】按钮。添加投影后的效果如图 3-132 所示。

图 3-131 　　　　　　　　　　　　　图 3-132

第04章　常用文字特效的制作与表现

本章导读：

在日常生活中所看到的海报、网页、宣传单中，随处可见一些文字特效，这些文字特效是如何出现的呢？本章着重讲解常用文字特效的制作，其中包括金属文字、粉笔文字、凹凸文字、浪漫情缘艺术字、新春贺卡、杂志页面等，通过本章的学习，读者可以对文字特效的制作有一定的了解。

案例精讲 052　制作金属文字

本案例将讲解如何制作金属质感文字，其中主要讲解了渐变色、扩展工具和蒙版的应用。完成后的效果如图 4-1 所示。

（1）启动软件后，按 Ctrl+N 组合键，在弹出的【新建文档】对话框中设置名称，将【单位】设置为【毫米】，将【宽度】设置为 300 mm，将【高度】设置为 200 mm，将【颜色模式】设置为【CMYK 颜色】，单击【创建】按钮，如图 4-2 所示。

图 4-1

（2）按 M 键激活【矩形工具】，绘制和文档同样大小的矩形，并将其【填色】设置为黑色，将【描边】设置为无，如图 4-3 所示。

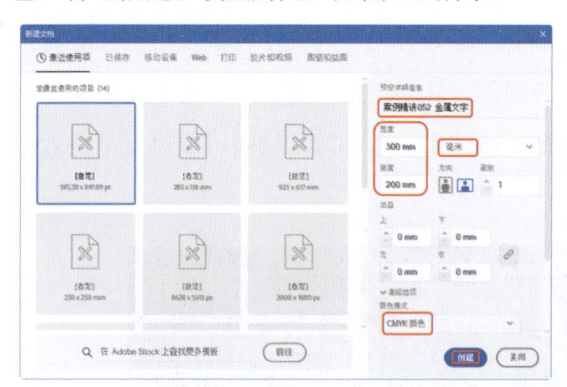

图 4-2 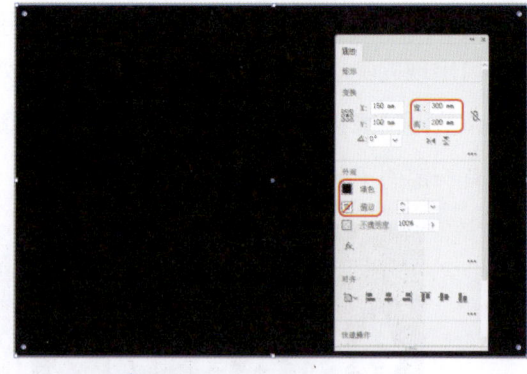　　　　　　　　　图 4-3

> **提示：**
> CMYK：CMYK 也称作印刷色彩模式，是一种依靠反光的色彩模式，和 RGB 类似，CMY 是三种印刷油墨名称的首字母：青色 Cyan、品红色 Magenta、黄色 Yellow。其中 K 是源自一种只使用黑墨的印刷版 Key Plate。从理论上来说，只需要 CMY 三种油墨就足够了，它们三个加在一起就应该得到黑色。但是由于目前制造工艺还不能制造出高纯度的油墨，CMY 相加的结果实际是一种暗红色。

（3）选择上一步创建的矩形，按 Ctrl+2 组合键将其锁定。按 T 键，激活【文字工具】，输入"AMUSING"，在【字符】面板中，将【字体系列】设置为 Clarendon Blk BT Black，将【字体大小】设置为 120 pt，将【字符间距】设置为 150，如图 4-4 所示。

（4）选择输入的文字，单击鼠标右键，在弹出的快捷菜单中选择【创建轮廓】命令，如图 4-5 所示。

（5）选择输入的文字，将其【填色】设置为渐变色。按 Ctrl+F9 组合键，在弹出的【渐变】面板中将【类型】设置为【线性】，将【角度】设置为 90°，将 0 位置处的 CMYK 值设置为46、37、35、0，将53%位置处的CMYK值设置为8.2、5.4、5.8、0，将100%位置处的CMYK值设置为67、58.6、56、6，如图4-6所示。

（6）选择输入的文字，按Ctrl+C组合键对其进行复制，按Ctrl+B组合键将文字贴在后面。选择最下层的文字，在控制栏中为其添加描边，将【描边】设置为黑色，将【描边粗细】设置为5 pt，完成后的效果如图4-7所示。

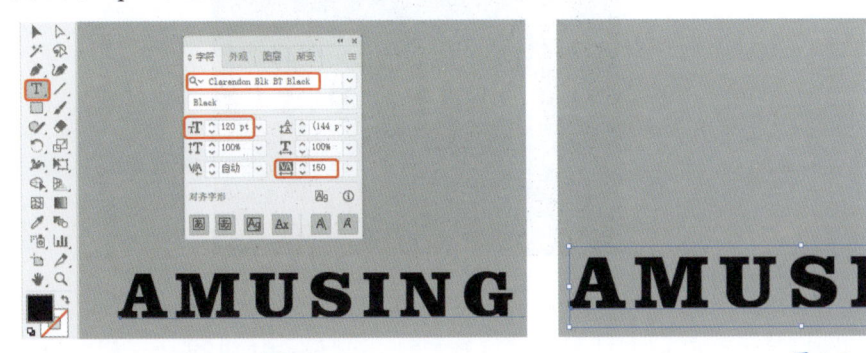

图4-4

图4-5

图4-6

图4-7

（7）在菜单栏中选择【窗口】|【色板】命令，打开【色板】面板，选择上一步创建的文字，在工具栏中确认【填色】处于上方。单击【色板】面板底部的【新建色板】按钮，弹出【新建色板】对话框，将【色板名称】设置为"金属"，单击【确定】按钮，如图4-8所示。

（8）继续选择添加描边的文字，在工具栏中将【描边】设置为在上侧，在【色板】面板中单击上一步创建的【金属】色板，对描边添加渐变色，如图4-9所示。

图4-8

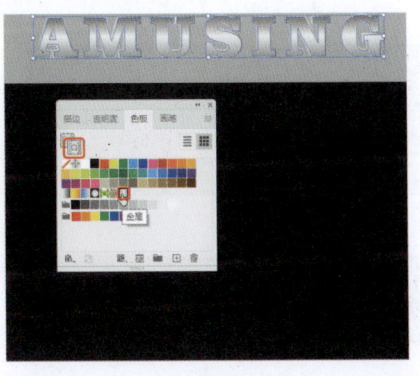

图4-9

091

（9）继续选择上一步设置描边的文字，右击鼠标，从弹出的快捷菜单中选择【取消编组】命令。在菜单栏中选择【对象】|【扩展】命令，弹出【扩展】对话框，选中【填充】和【描边】复选框，将【将渐变扩展为】设置为【渐变网格】，单击【确定】按钮，如图4-10所示。

（10）将创建的两行文字对齐放置到矩形内，如图4-11所示。

图 4-10 　　　　　　　　　　　图 4-11

（11）选择创建的两行文字，按Ctrl+G组合键将其编组。选择编组后的文字，单击鼠标右键，在弹出的快捷菜单中选择【变换】|【镜像】命令，弹出【镜像】对话框，将【轴】设置为【水平】，并单击【复制】按钮，如图4-12所示。

（12）选择镜像后的对象，并调整位置，效果如图4-13所示。

图 4-12 　　　　　　　　　　　图 4-13

（13）按M键激活【矩形工具】，在图中绘制矩形使其能覆盖镜像后的文字，如图4-14所示。

（14）选择上一步创建的矩形，将其【填色】设置为白色到黑色的渐变，将【角度】设置为-88°，将【轮廓】设置为无，如图4-15所示。

图 4-14 　　　　　　　　　　　图 4-15

常用文字特效的制作与表现　第 04 章

（15）选择创建的矩形和矩形下的文字，按 Shift+Ctrl+F10 组合键，弹出【透明度】面板，单击右上角的【菜单】按钮，在弹出的下拉菜单中选择【建立不透明蒙版】命令，如图 4-16 所示。

（16）在【透明度】面板中选择蒙版，在场景中选择矩形，使用【渐变工具】调整渐变色，如图 4-17 所示。

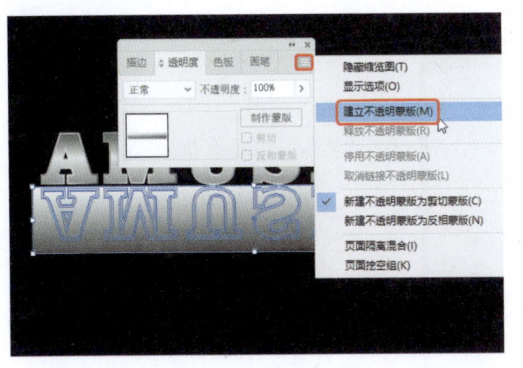

图 4-16 　　　　　　　　　　　图 4-17

案例精讲 053　制作粉笔文字

本案例将讲解如何制作粉笔文字。首先导入背景图片，然后输入文字并设置【涂抹】效果和【粗糙化】效果，完成后的效果如图 4-18 所示。

（1）按 Ctrl+O 组合键，打开"素材\Cha04\黑板.ai"素材文件，如图 4-19 所示。

（2）单击工具栏中的【文字工具】按钮，在画板中输入文字，在【字符】面板中，将【字体系列】设置为【迷你简综艺】，将【字体大小】设置为 130 pt，将【字符间距】设置为 0，将文字的【填色】和【描边】的 RGB 值都设置为 255、255、255，调整文字的位置，如图 4-20 所示。

图 4-18

图 4-19 　　　　　　　　　　　图 4-20

093

（3）使用【文字工具】输入文本，在【字符】面板中，将【字体系列】设置为【方正大标宋简体】，将【字体大小】设置为 45 pt，将【字符间距】设置为 0，将文字的【填色】和【描边】的 RGB 值都设置为 255、255、255，调整文字的位置，如图 4-21 所示。

（4）选中所有文字，在菜单栏中选择【效果】|【风格化】|【涂抹】命令，在弹出的【涂抹选项】对话框中设置涂抹参数，如图 4-22 所示。

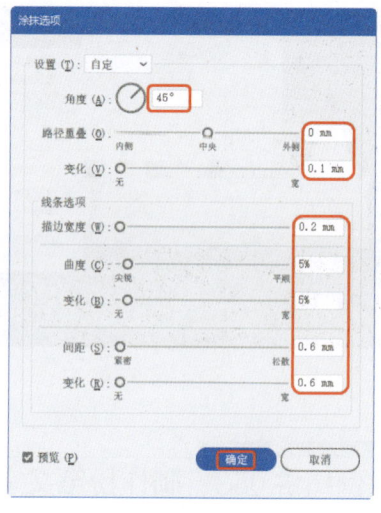

图 4-21　　　　　　　　　　　　　　　图 4-22

> **提示：**
> 在【涂抹选项】对话框中，选中【预览】复选框，可以查看设置完参数后的涂抹效果。

（5）选中所有文字，在菜单栏中选择【效果】|【扭曲和变换】|【粗糙化】命令，在弹出的【粗糙化】对话框中将【大小】、【细节】分别设置为 1.5%、1，选中【尖锐】单选按钮，单击【确定】按钮，如图 4-23 所示。

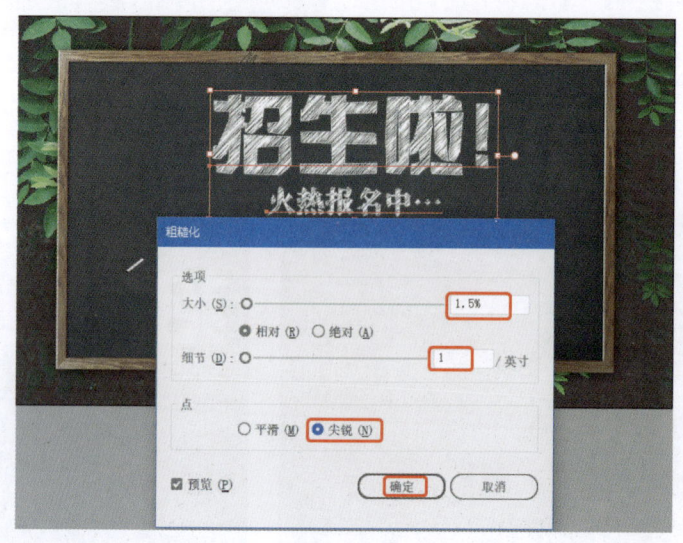

图 4-23

案例精讲 054 制作凹凸文字

本案例将讲解如何制作凹凸文字。首先打开素材，输入文字并设置文字新填色颜色的内发光效果，然后继续添加新的填色并设置填色的变换效果，完成后的效果如图 4-24 所示。

(1) 按 Ctrl+O 组合键，打开"素材\Cha04\凹凸背景 .ai"素材文件，如图 4-25 所示。

图 4-24

(2) 单击工具栏中的【文字工具】按钮 T，在画板中输入英文"U·S"，在控制栏中单击【字符】按钮，在弹出的面板中，将【字体系列】设置为 Vani，将【字体大小】设置为 72 pt，调整文字的位置，如图 4-26 所示。

图 4-25

图 4-26

(3) 在【颜色】面板中将文字的【填色】设置为无，如图 4-27 所示。

(4) 打开【外观】面板，单击【添加新填色】按钮 ▪，将添加的填色设置为 170、170、170，如图 4-28 所示。

图 4-27

图 4-28

(5) 选中文字，在菜单栏中选择【效果】|【风格化】|【内发光】命令，如图 4-29 所示。

(6) 在弹出的【内发光】对话框中，将【模式】设置为滤色，将【颜色】设置为白色，将

095

【不透明度】设置为 30%，将【模糊】设置为 1 pt，选中【中心】单选按钮，单击【确定】按钮，如图 4-30 所示。

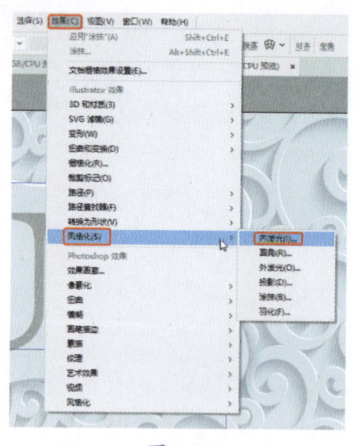

图 4-29 　　　　　　　　　　　　　图 4-30

（7）在【外观】面板中，单击【添加新填色】按钮，将添加的填色的 RGB 值设置为 193、193、193，如图 4-31 所示。

（8）选中新添加的填色，在菜单栏中选择【效果】|【扭曲和变换】|【变换】命令，在弹出的【变换效果】对话框中，将【移动】选项组中的【垂直】设置为 -0.4 px，单击【确定】按钮，如图 4-32 所示。

图 4-31 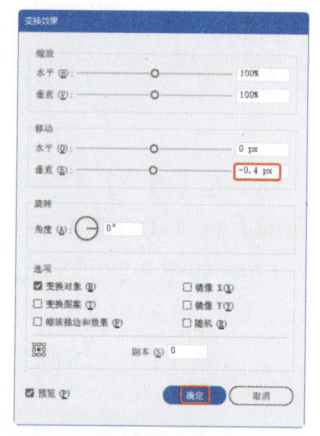　　　　　　　　　　　　　图 4-32

（9）在【外观】面板中，将新添加的填色移动至最底层，查看其效果，如图 4-33 所示。

（10）在【外观】面板中，单击【添加新填色】按钮，将添加的填色设置为白色，如图 4-34 所示。

（11）选中新添加的填色，在菜单栏中选择【效果】|【扭曲和变换】|【变换】命令，在弹出的【变换效果】对话框中，将【移动】选项组中的【垂直】设置为 0.4 px，单击【确定】按钮，如图 4-35 所示。

（12）在【外观】面板中，将新添加的填色移动至最底层。再次添加一个变换效果，将

常用文字特效的制作与表现 第 04 章

【移动】选项组中的【垂直】设置为 0.4 px，查看其效果，如图 4-36 所示。最后将场景文件保存并导出效果图片。

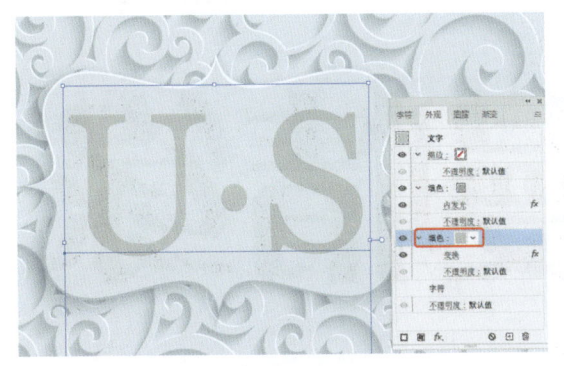

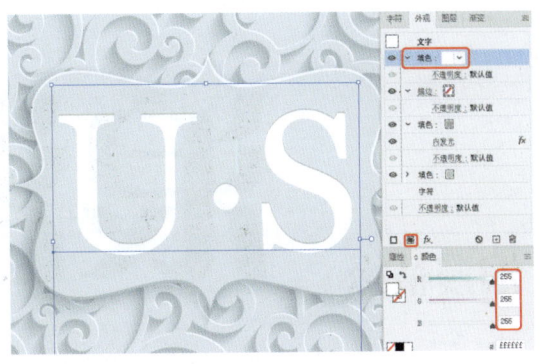

图 4-33

图 4-34

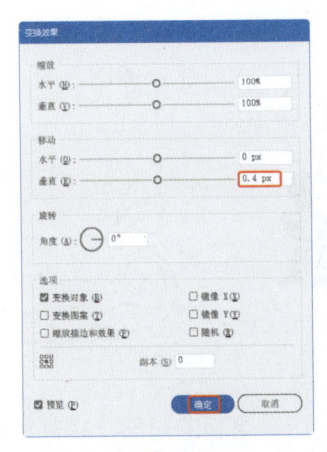

图 4-35

图 4-36

案例精讲 055　制作浪漫情缘艺术字

本案例通过【浪漫情缘】艺术字体的制作来讲解如何使用【文字工具】输入文字，使用户掌握如何使用将文字转换为轮廓的命令，并结合【钢笔工具】对文字进行变形设计的制作方法，效果如图 4-37 所示。

（1）启动软件后，按 Ctrl+N 组合键，在弹出的【新建文档】对话框中，将【单位】设置为【毫米】，将【宽度】设置为 600 mm，将【高度】设置为 600 mm，将【颜色模式】设置为【CMYK 颜色】，单击【创建】按钮。单击工具栏中的【文字工具】按钮，在画板中输入文字"浪漫情缘"。打开【字符】面板，将【字体系列】设置为【方正粗倩简体】，将【字体大小】设置为 200 pt，如图 4-38 所示。

图 4-37

097

（2）单击工具栏中的【选择工具】按钮，选择文字，在菜单栏中选择【文字】|【创建轮廓】命令或者按 Ctrl+Shift+O 组合键，将其转换为轮廓，如图 4-39 所示。

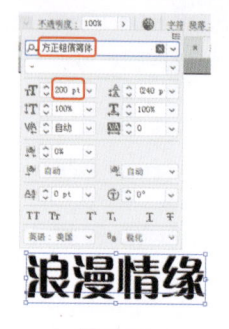

图 4-38

图 4-39

（3）单击工具栏中的【删除锚点工具】按钮，依次单击"浪"文字左侧的三点水旁图形上的锚点，将其删除，如图 4-40 所示。

（4）单击工具栏中的【钢笔工具】按钮，在画板中绘制"浪"字左侧的三点水旁，单击工具栏中的【直接选择工具】按钮进行修改，如图 4-41 所示。

图 4-40

图 4-41

（5）单击工具栏中的【选择工具】按钮，选择并拖曳上一步绘制的图形，将其移动至"良"字的左侧，在控制栏中将图形的【填色】设置为黑色，将【描边】设置为无，如图 4-42 所示。

（6）单击工具栏中的【删除锚点工具】按钮，依次单击"良"字上方的锚点，将其删除，如图 4-43 所示。

图 4-42

图 4-43

（7）单击工具栏中的【椭圆工具】按钮，按住 Shift 键的同时在画板中拖曳，绘制一个正圆，并将其拖曳到如图 4-44 所示的位置。

常用文字特效的制作与表现　第04章

（8）单击工具栏中的【钢笔工具】按钮，在页面中绘制图形，如图4-45所示。

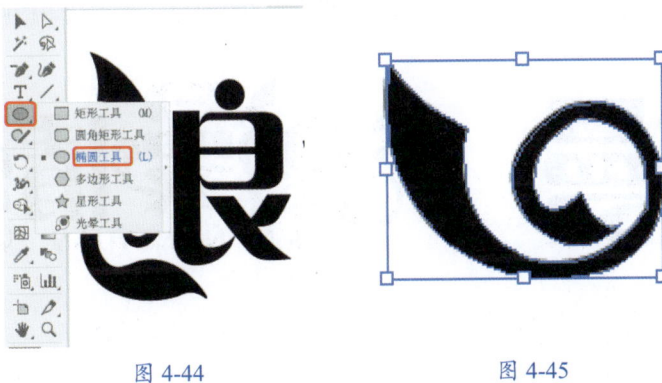

图4-44　　　　　　　　　图4-45

（9）在【颜色】面板中将【填色】设置为黑色，将【描边】设置为无。使用同样的方法将"良"字的右下方的图形删除，然后将刚刚绘制好的图形移动到如图4-46所示的位置。

（10）单击工具栏中的【删除锚点工具】按钮，依次单击锚点，删除"漫"字三点水中间的点，如图4-47所示。

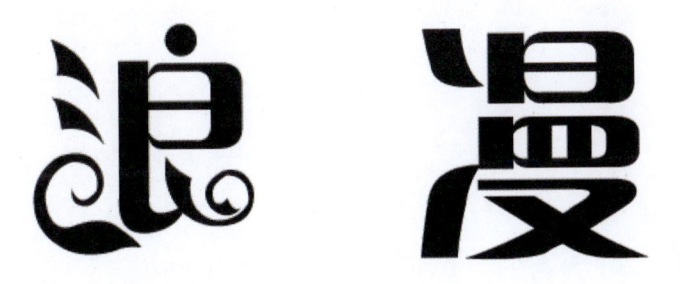

图4-46　　　　　　　　　图4-47

（11）单击工具栏中的【钢笔工具】按钮，绘制图形，在【颜色】面板中将【填色】设置为黑色，将【描边】设置为无，最后将其移动至"漫"字三点水中间的位置，如图4-48所示。

（12）选择工具栏中的【删除锚点工具】，将"漫"字三点水旁的上下两个笔划删除，如图4-49所示。

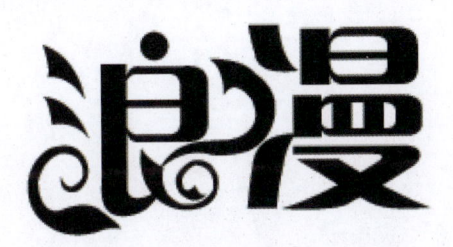

图4-48　　　　　　　　　图4-49

（13）选择工具栏中的【钢笔工具】按钮，绘制"漫"字三点水旁的上下两个笔划，在【颜色】面板中将【填色】设置为黑色，将【描边】设置为无，将其移动至如图4-50所示的位置。

099

（14）使用同样的方法对文字的其他部分进行变形。在工具栏中选择【文字工具】按钮，输入字母"LANGMANQINGYUAN"，适当地调整文字的大小，如图4-51所示。

图4-50

图4-51

（15）单击工具栏中的【选择工具】按钮，选择所有的图形，在菜单栏中选择【对象】|【编组】命令，对当前所有图形进行编组。在菜单栏中选择【文件】|【打开】命令，打开"素材\Cha04\情人节背景.ai"素材文件，如图4-52所示。

（16）将图形复制粘贴到素材文件中，对文字进行适当调整。选中图形，打开【渐变】面板，将0位置处的RGB值设置为254、72、108，将100%位置处的RGB值设置为244、40、33，将【角度】设置为6°，如图4-53所示。

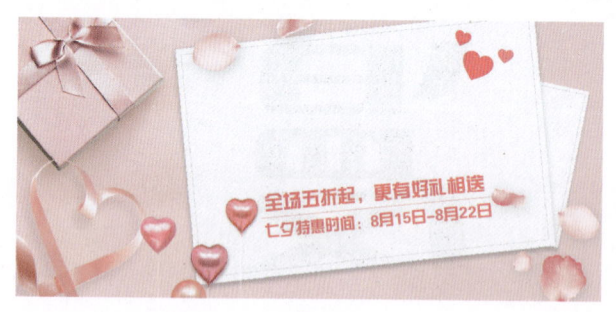

图4-52

图4-53

案例精讲 056　制作新春贺卡

贺卡是人们在喜庆的日期互相表示问候的一种卡片，人们通常赠送贺卡的日子包括生日、圣诞节、元旦、春节、母亲节、父亲节、情人节等。本案例将详细讲解如何制作新春贺卡，完成后的效果如图4-54所示。

（1）按Ctrl+O组合键，打开"素材\Cha04\贺卡背景.jpg"素材文件，如图4-55所示。

图4-54

（2）单击工具栏中的【文字工具】按钮 T，在画板中输入文字"恭贺新春"。打开【字符】面板，将【字体系列】设置为【迷你简综艺】，将【字体大小】设置为 200 pt，将【行距】设置为 215 pt，将【颜色】的 RGB 设置为 255、229、174，如图 4-56 所示。

图 4-55

图 4-56

（3）单击工具栏中的【选择工具】按钮，选择文字并右击，在弹出的快捷菜单中选择【创建轮廓】命令，或者按 Ctrl+Shift+O 组合键，将其转换为轮廓，如图 4-57 所示。

（4）创建轮廓后，再次右击文字，在弹出的快捷菜单中选择【取消编组】命令，将创建的图形取消编组，如图 4-58 所示。

图 4-57

图 4-58

（5）单击空白处，单击工具栏中的【选择工具】按钮，选择"新"字图形，单击鼠标右键，在弹出的快捷菜单中选择【释放复合路径】命令，如图 4-59 所示。

（6）单击空白处，单击工具栏中的【选择工具】按钮，选择"斤"字图形，按住 Alt 键的同时，单击并拖曳，将其移动并复制，如图 4-60 所示。

图 4-59

图 4-60

101

（7）单击工具栏中的【添加锚点工具】按钮，在复制出来的"斤"字图形的路径上单击，添加两个水平的锚点，如图 4-61 所示。

（8）单击工具栏中的【删除锚点工具】按钮，依次在复制出来的"斤"字图形的路径上单击，删除两个水平锚点下面多余的锚点，如图 4-62 所示。

图 4-61 　　　　　　　　　　　　图 4-62

（9）单击工具栏中的【添加锚点工具】按钮，在原来的"斤"字图形上添加两个水平的锚点，如图 4-63 所示。

（10）单击工具栏中的【删除锚点工具】按钮，在原来的"斤"字图形的路径上依次单击，删除两个水平锚点上多余的锚点，如图 4-64 所示。

图 4-63 　　　　　　　　　　　　图 4-64

（11）将复制的"斤"字图形调整至合适的位置，如图 4-65 所示。

（12）单击工具栏中的【文字工具】按钮，在页面中输入文字"2023"。打开【字符】面板，将【字体系列】设置为【迷你简综艺】，将【字体大小】设置为 20 pt，将【字符间距】设置为 0，将【颜色】的 RGB 设置为 255、229、174，如图 4-66 所示。

图 4-65 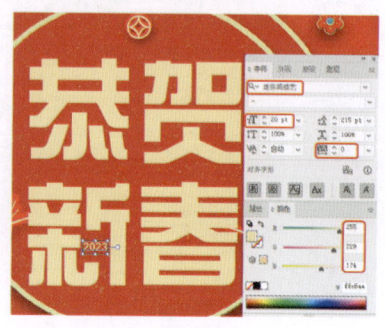　　　　　　　　　　　　图 4-66

常用文字特效的制作与表现　第 04 章

（13）将鼠标放到数字四周，当出现旋转箭头时，按住 Shift 键的同时单击鼠标并拖曳让其旋转 90°，调整至合适的位置，如图 4-67 所示。

（14）打开【外观】面板，单击【添加新效果】按钮 fx，在弹出的下拉菜单中选择【风格化】|【投影】命令，弹出【投影】对话框，将【模式】设置为【正片叠底】，将【不透明度】设置为 100%，将【X 位移】设置为 0 mm，将【Y 位移】设置为 1 mm，将【模糊】设置为 1 mm，将【颜色】的 RGB 值设置为 81、1、16，单击【确定】按钮，如图 4-68 所示。

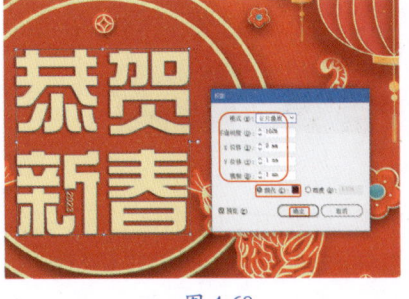

图 4-67

图 4-68

案例精讲 057　制作杂志页面

本案例将详细讲解如何制作杂志页面。首先使用【矩形工具】制作出杂志页面的背景，然后使用【文字工具】输入段落文本，制作出杂志页面的内容，完成后的效果如图 4-69 所示。

（1）启动软件后，按 Ctrl+N 组合键，在弹出的【新建文档】对话框中输入名称，将【单位】设置为【毫米】，将【宽度】设置为 476 mm，将【高度】设置为 220 mm，将【颜色模式】设置为【CMYK 颜色】，单击【创建】按钮，如图 4-70 所示。

（2）单击工具栏中的【矩形工具】按钮，绘制一个与画板同样大小的矩形，在【颜色】面板中将【填色】的 CMYK 值设置为 10、8、8、0，将【描边】设置为无，如图 4-71 所示。

图 4-69

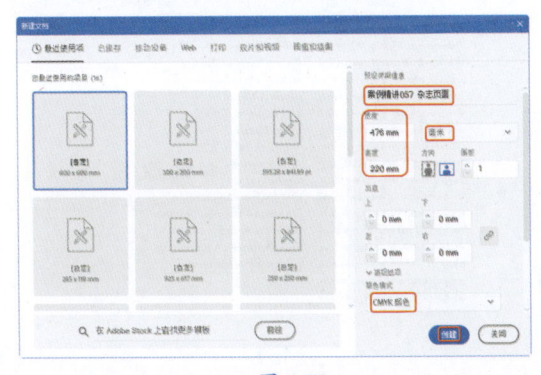

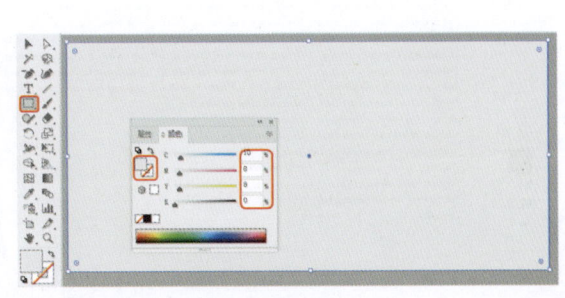

图 4-70

图 4-71

103

（3）打开"素材\Cha04\商务背景.jpg"素材文件，如图4-72所示。

（4）在工具栏中选择【选择工具】选择素材图片，按Ctrl+C组合键复制图片，返回杂志页面中按Ctrl+V组合键粘贴素材图片，并调整其位置和大小，如图4-73所示。

图 4-72

图 4-73

（5）单击工具栏中的【钢笔工具】按钮，沿矩形路径画一个四边形，如图4-74所示。

（6）按住Shift键的同时单击素材图片，选中四边形和图片，单击鼠标右键，在弹出的快捷菜单中选择【建立剪切蒙版】命令，如图4-75所示。

图 4-74

图 4-75

（7）单击工具栏中的【文字工具】按钮，在页面左侧的空白处单击并拖曳，绘制出三个大小相同、间距相等的矩形文本框，在文本框中输入内容，如图4-76所示。

（8）单击工具栏中的【文字工具】按钮，输入文本"NO.1 Part /01"，在【字符】面板中将【字体系列】设置为Impact，将【字体大小】设置为48 pt，设置文本的颜色，如图4-77所示。

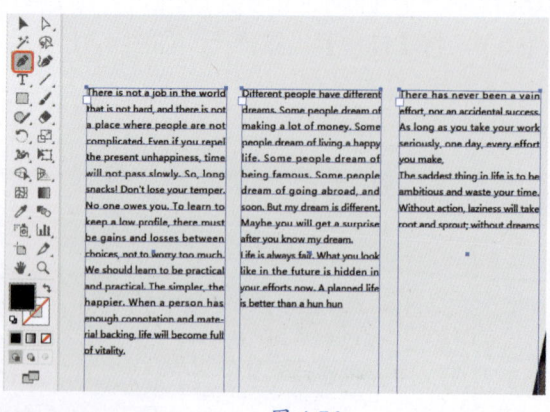

图 4-76

图 4-77

第 05 章　图标和按钮的设计

本章导读：

　　我们在浏览网页时，会发现很多按钮图标，本章将详细介绍一些按钮图标的制作流程，其中包括播放按钮、日历图标、锁屏图标、指纹图标等，通过本章的学习，读者可以对按钮图标的制作有一定的了解。

案例精讲 058　播放按钮

本案例将讲解如何制作透明的播放按钮，其重点是学习基本图形的绘制，掌握渐变色和不透明度工具的使用。完成后的效果如图 5-1 所示。

（1）启动软件后，按 Ctrl+N 组合键，在弹出的【新建文档】对话框中设置名称，将【单位】设置为【毫米】，将【宽度】设置为 250 mm，将【高度】设置为 250 mm，将【颜色模式】设置为 RGB 颜色，单击【创建】按钮，如图 5-2 所示。

（2）单击工具栏中的【圆角矩形工具】按钮，在画板中单击，弹出【圆角矩形】对话框，将【宽度】和【高度】都设置为 111 mm，将【圆角半径】设置为 10 mm，单击【确定】按钮，如图 5-3 所示。

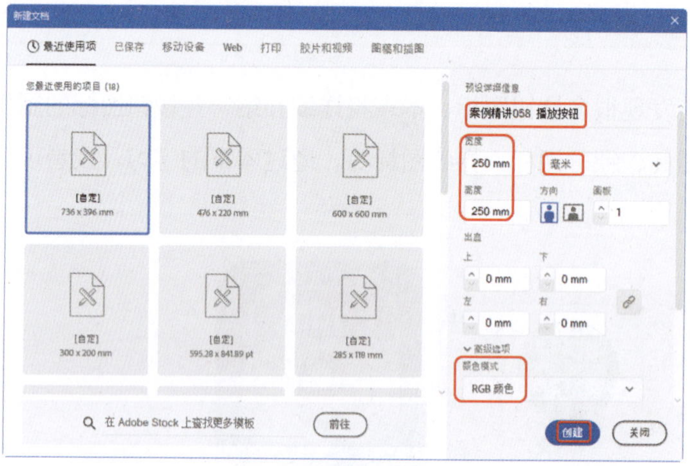

图 5-1

图 5-2 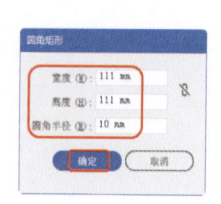　　　　　　图 5-3

（3）将圆角矩形的【填色】设置为渐变，按 Ctrl+F9 组合键，在弹出的【渐变】面板中将【类型】设置为【线性】，将【角度】设置为 90°，将 0 位置色标的 RGB 值设置为 255、255、255，将 100% 位置色标的 RGB 值设置为 77、77、77，效果如图 5-4 所示。

（4）将圆角矩形的【描边】设置为渐变，按 Ctrl+F9 组合键，在弹出的【渐变】面板中将【类型】设置为【线性】，【角度】设置为 -90°，将 0 位置色标的 RGB 值设置为 255、255、255，将 100% 位置色标的 RGB 值设置为 77、77、77，如图 5-5 所示。

（5）单击工具栏中的【选择工具】按钮，选择上一步绘制的圆角矩形，按住 Alt 键的同时拖曳鼠标，对其进行复制。在【颜色】面板中将复制的矩形的【填色】设置为黑色，将【描边】设置为无，并将其放置到渐变矩形的正上方，如图 5-6 所示。

（6）单击工具栏中的【选择工具】按钮，选择上一步复制的矩形，在菜单栏中选择【效果】|【风格化】|【外发光】命令，弹出【外发光】对话框，将【模式】设置为【正常】，将【发光颜色】的 RGB 值设置为 7、7、7，将【不透明度】设置为 100%，将【模糊】设置为 10 mm，单击【确定】按钮，如图 5-7 所示。

106

图 5-4　　　　　　　　　　　　　　图 5-5

图 5-6　　　　　　　　　　　　　　图 5-7

（7）单击工具栏中的【选择工具】按钮，选择第一步创建的渐变圆角矩形，按住 Alt 键的同时拖曳鼠标，对其进行复制，修改其渐变填色颜色。按 Ctrl+F9 组合键，在弹出的【渐变】面板中将【类型】设置为【线性】，将【角度】设置为 -90°，将 0 位置色标的 RGB 值设置为 255、255、255，将 100% 位置色标的 RGB 值设置为 190、190、190，并对其进行调整，如图 5-8 所示。

（8）单击工具栏中的【圆角矩形工具】按钮，在画板中单击，弹出【圆角矩形】对话框，将【宽度】和【高度】分别设置为 100 mm、70 mm，将【圆角半径】设置为 12 mm，单击【确定】按钮，如图 5-9 所示。

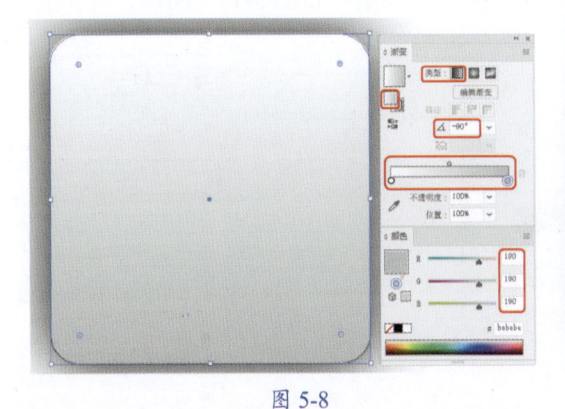

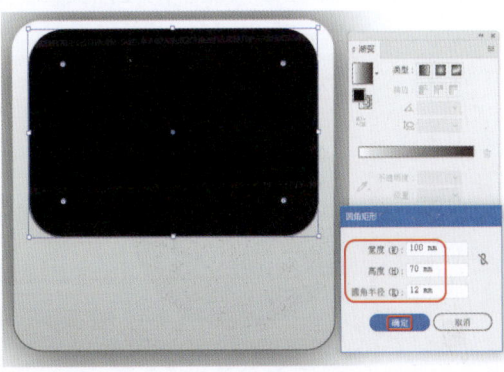

图 5-8　　　　　　　　　　　　　　图 5-9

（9）将上一步创建的矩形的【填色】设置为渐变，按 Ctrl+F9 组合键，在弹出的【渐变】面板中将【类型】设置为【线性】，将【角度】设置为 -90°，将 0 位置色标的 RGB 值设置为 255、255、255，将 100% 位置色标的 RGB 值设置为 0、0、0，将【描边】设置为无，如图 5-10 所示。

（10）单击工具栏中的【选择工具】按钮，选择上一步填色的圆角矩形，在控制栏中单击【不透明度】按钮，将【混合模式】设置为【叠加】，将【不透明度】设置为 15%，效果如图 5-11 所示。

> 提示：
> 【叠加】：作用于图像像素与周围像素之间，导致图像反差增大或减小，是一个基色决定混合效果的模式，由基色的明暗决定了混合色的混合方式。使用"叠加"混合模式后一般不会产生色阶溢出，不会导致图像细节损失，当调换基色和混合色的位置时结果色不相同。

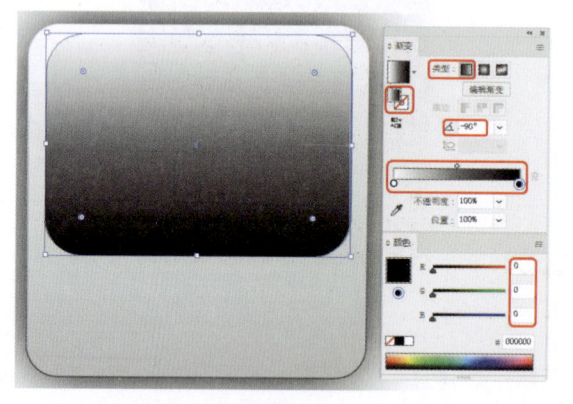

图 5-10 　　　　　　　　　　　　　　　图 5-11

（11）单击工具栏中的【椭圆工具】按钮，在画板中单击，在弹出的【椭圆】对话框中将【宽度】和【高度】都设置为 91.5 mm，单击【确定】按钮，如图 5-12 所示。

（12）单击工具栏中的【选择工具】按钮，选择上一步创建的正圆，为其设置渐变。按 Ctrl+F9 组合键，在弹出的【渐变】面板中将【类型】设置为【线性】，将【角度】设置为 90°，将 0 位置色标的 RGB 值设置为 255、255、255，将 100% 位置色标的 RGB 值设置为 178、178、178，单击工具栏中的【渐变工具】对渐变进行调整，如图 5-13 所示。

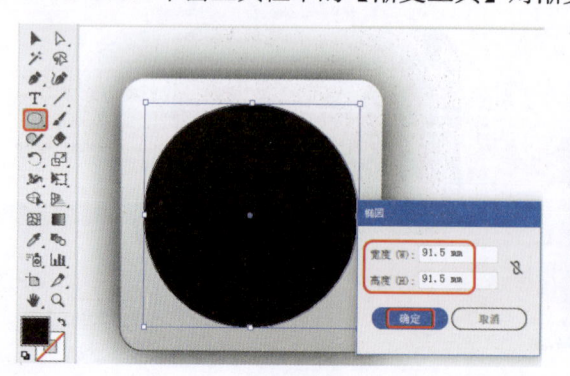

图 5-12 　　　　　　　　　　　　　　　图 5-13

（13）单击工具栏中的【椭圆工具】按钮，在画板中单击，弹出【椭圆】对话框，将【宽度】和【高度】都设置 87 mm，单击【确定】按钮，将其放置到上一步绘制的圆的正上方，如图 5-14 所示。

（14）单击工具栏中的【选择工具】按钮，选择上一步创建的正圆，为其设置渐变。按 Ctrl+F9 组合键，在弹出的【渐变】面板中将【类型】设置为【线性】，将【角度】设置为 90°，将 0% 位置色标的 RGB 值设置为 163、163、163，将 100% 位置色标的 RGB 值设置为 0、0、0，单击工具栏中的【渐变工具】对渐变进行调整，如图 5-15 所示。

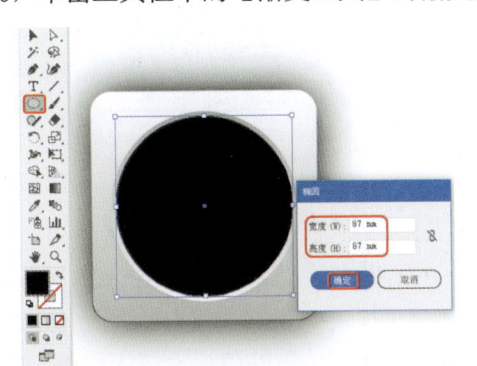

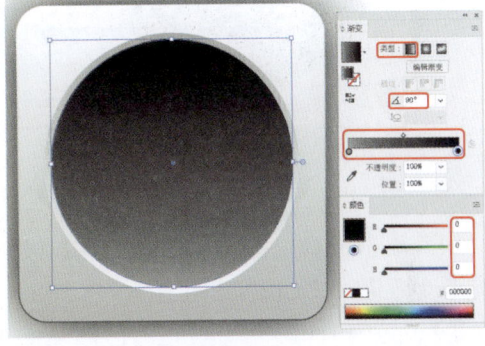

图 5-14

图 5-15

（15）单击工具栏中的【椭圆工具】按钮，在画板中单击，弹出【椭圆】对话框，将【宽度】和【高度】都设置为 83mm，单击【确定】按钮，如图 5-16 所示。

（16）单击工具栏中的【选择工具】按钮，选择上一步创建的正圆，为其设置渐变。按 Ctrl+F9 组合键，在弹出的【渐变】面板中，将【类型】设置为【径向】，将【角度】设置为 0°，将 0 位置色标的 RGB 值设置为 20、255、114，将 54% 位置色标的 RGB 值设置为 0、214、28，将 100% 位置色标的 RGB 值设置为 0、127、30，如图 5-17 所示。

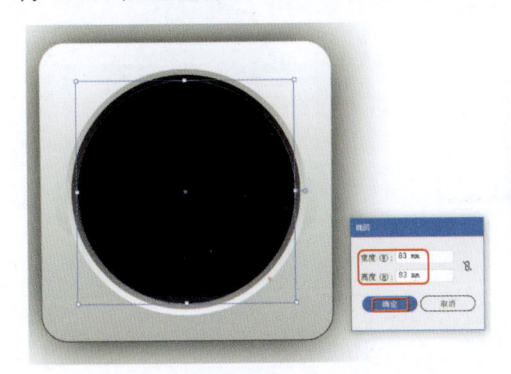

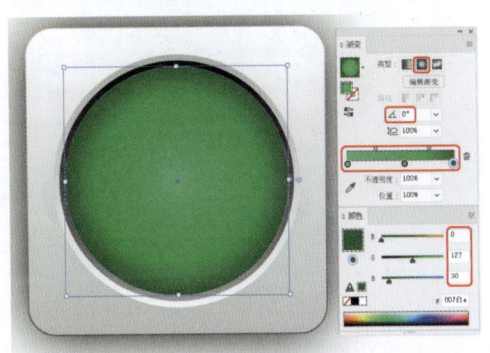

图 5-16

图 5-17

（17）单击工具栏中的【选择工具】按钮，选择上一步创建的圆形，单击并拖曳鼠标复制出一个相同的圆形，修改复制后圆形的渐变。按 Ctrl+F9 组合键，在弹出的【渐变】面板中，将【类型】设置为【径向】，将【角度】设置为 0°，将 86% 位置色标的 RGB 值设置为 0、0、0，将 100% 位置色标的 RGB 值为 53、255、123，将上方的渐变滑块调整到 77% 位置处，如图 5-18 所示。

（18）选择上一步设置渐变的正圆，在控制栏中单击【不透明度】按钮，将模式设置为【滤色】，如图 5-19 所示。

图 5-18　　　　　　　　　　图 5-19

（19）单击工具栏中的【钢笔工具】按钮，在画板中绘制如图 5-20 所示的图形，为其填充渐变效果。按 Ctrl+F9 组合键，在弹出的【渐变】面板中，将【类型】设置为【线性】，将【角度】设置为 180°，将 0 位置的色标设置为白色，将 100% 位置的色标设置为黑色，将【描边】设置为无，如图 5-20 所示。

（20）单击工具栏中的【选择工具】按钮，选择上一步创建的图形，在控制栏中单击【不透明度】按钮，将模式设置为【滤色】，将【不透明度】设置为 50%，效果如图 5-21 所示。

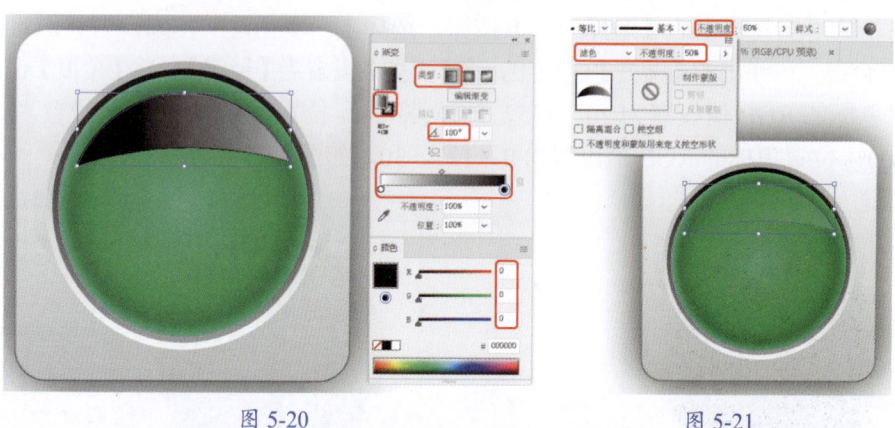

图 5-20　　　　　　　　　　图 5-21

（21）单击工具栏中的【钢笔工具】按钮，绘制如图 5-22 所示的图形。单击工具栏中的【选择工具】按钮，框选绘制的图形，单击鼠标右键，在弹出的快捷菜单中选择【编组】命令，使其变成一个整体图形。

（22）对上一步创建的图形填充渐变，按 Ctrl+F9 组合键，在弹出的【渐变】面板中，将【类型】设置为【线性】，将【角度】设置为 0°，将 16.3% 位置色标的 RGB 值设置为 0、0、0，将 55.6% 位置色标的 RGB 值设置为 127、178、255，将 100% 位置色标的 RGB 值设置为 0、0、0，将两个色标滑块的位置分别设置为 37.7%、65.8%。在控制栏中单击【不透明度】

按钮，将【混合模式】设置为【滤色】，将【不透明度】设置为 70%，然后将其排列顺序后移一位，如图 5-23 所示。

图 5-22 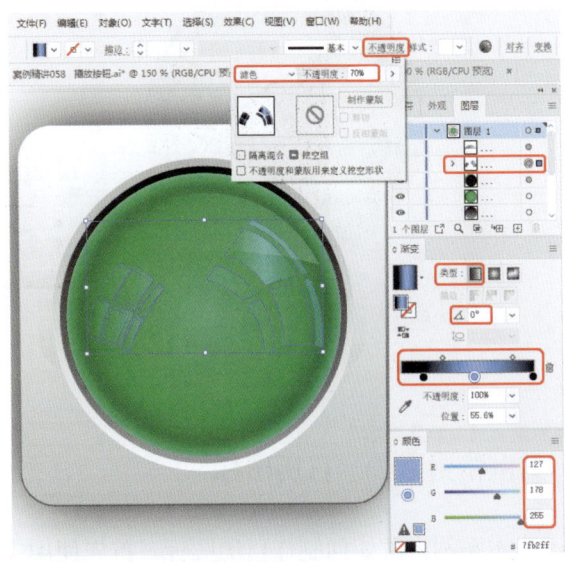　　　　　　　　　　　　　　　　　图 5-23

（23）单击工具栏中的【椭圆工具】按钮，在画板中单击，在弹出的对话框中将【宽度】和【高度】都设置为 72 mm，并对其进行填色渐变。打开【渐变】面板，将【类型】设置为【径向】，将【角度】设置为 0°，将 0 位置色标的 RGB 值设置为 149、255、187，将 33% 位置色标的 RGB 值设置为 117、255、150，将 100% 位置的色标设置为黑色，如图 5-24 所示。

（24）选择上一步创建的渐变圆形，在控制栏中单击【不透明度】按钮，将【混合模式】设置为【滤色】，完成后的效果如图 5-25 所示。

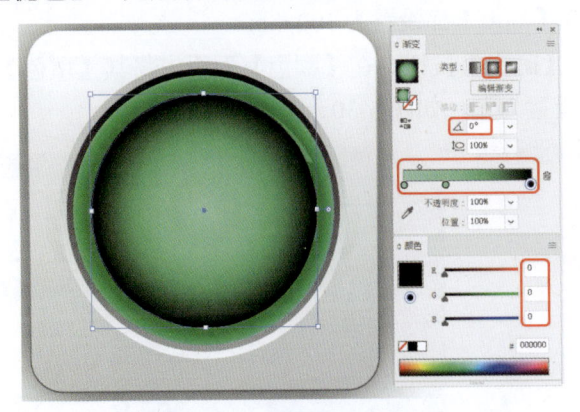

图 5-24 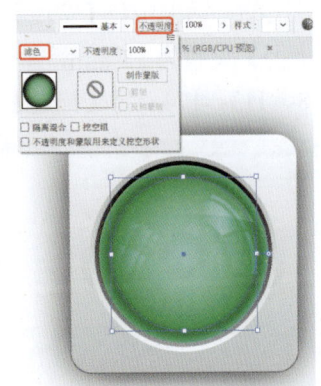　　　　　　　　　　　　　　　　　图 5-25

（25）单击工具栏中的【钢笔工具】按钮，绘制出一个三角形，将其调整至合适大小，在【颜色】面板中将其【填色】的 RGB 值设置为 12、56、0，并移动至合适的位置，如图 5-26 所示。

（26）单击工具栏中的【选择工具】按钮，选择上一步创建的三角形，在控制栏中单击【不透明度】按钮，将【不透明度】设置为 40%，完成后的效果如图 5-27 所示。

111

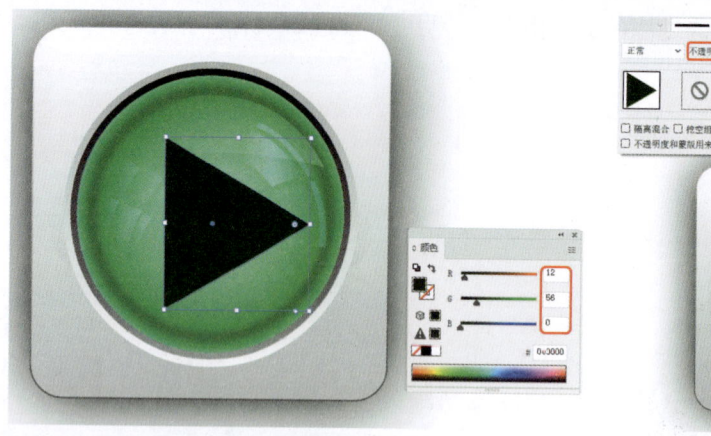

Illustrator CC 2023 平面创意设计案例课堂

图 5-26

图 5-27

案例精讲 059　日历图标

本案例讲解如何制作日历图标，首先使用【圆角矩形工具】、【钢笔工具】制作图标的背景，然后使用【文字工具】绘制日历中的星期和日期，完成后的效果如图 5-28 所示。

（1）启动软件后，按 Ctrl+N 组合键，在弹出的【新建文档】对话框中设置名称，将【单位】设置为【毫米】，将【宽度】和【高度】都设置为 250 mm，将【颜色模式】设置为【RGB 颜色】，单击【创建】按钮，如图 5-29 所示。

（2）单击工具栏中的【圆角矩形工具】按钮，在画板中单击，在弹出的对话框中将【宽度】和【高度】都设置为 100 mm，将【圆角半径】设置为 15 mm，单击【确定】按钮。在【颜色】面板中将其【填色】的 RGB 值设置为 8、113、174，将【描边】设置为无，如图 5-30 所示。

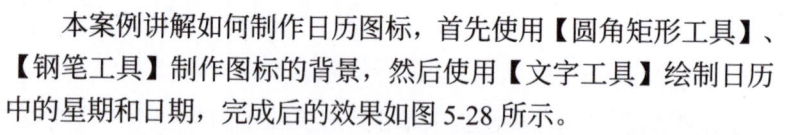

图 5-28

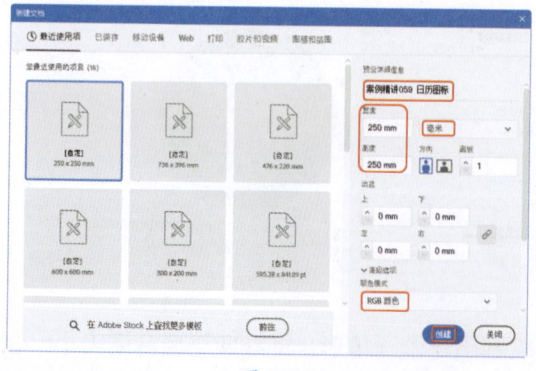

图 5-29

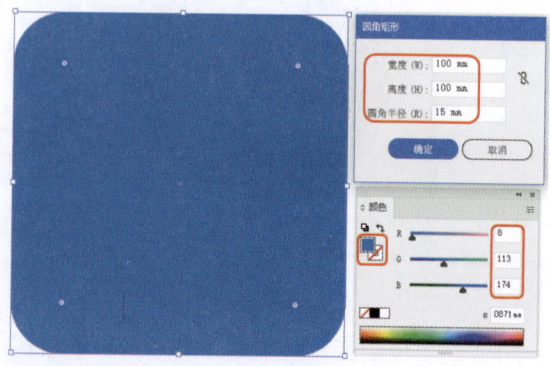

图 5-30

（3）单击工具栏中的【圆角矩形工具】按钮，在画板中单击，在弹出的对话框中将【宽度】和【高度】都设置为 100 mm，将【圆角半径】设置为 15 mm，单击【确定】按钮。在

112

【颜色】面板中将其【填色】的 RGB 值设置为 23、0、27，将【描边】设置为无，在控制栏中将【不透明度】设置为 50%，调整图层的顺序并调整至合适的位置，如图 5-31 所示。

（4）单击工具栏中的【钢笔工具】按钮，绘制如图 5-32 所示的图形。按 Ctrl+F9 组合键，在弹出的【渐变】面板中将【类型】设置为【线性】，将【角度】设置为 45°，将 0 位置色标的 RGB 值设置为 160、160、160，将 50% 位置色标的 RGB 值设置为 255、255、255，将 100% 位置色标的 RGB 值设置为 160、160、160，将两个渐变滑块的位置分别设置为 25%、75%，最后将图形调整至合适的位置，如图 5-32 所示。

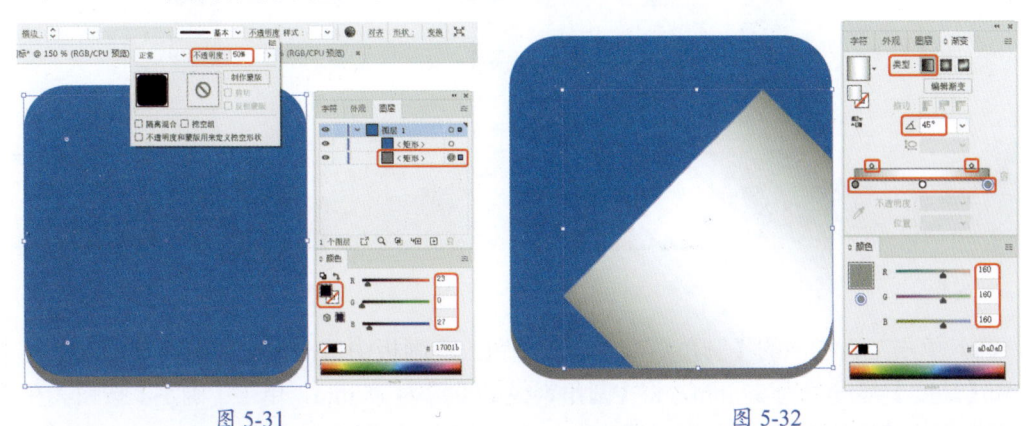

图 5-31　　　　　　　　　　　图 5-32

（5）单击工具栏中的【选择工具】按钮，选择上一步设置渐变的图形，单击控制栏中的【不透明度】按钮，在弹出的面板中将【混合模式】设置为【正片叠底】，如图 5-33 所示。

（6）单击工具栏中的【圆角矩形工具】按钮，在画板中单击，在弹出的对话框中将【宽度】和【高度】都设置为 70 mm，将【圆角半径】设置为 15 mm，单击【确定】按钮。在【颜色】面板中将【填色】、【描边】的 RGB 值均设置为 192、192、192，将【描边宽度】设置为 4 pt，如图 5-34 所示。

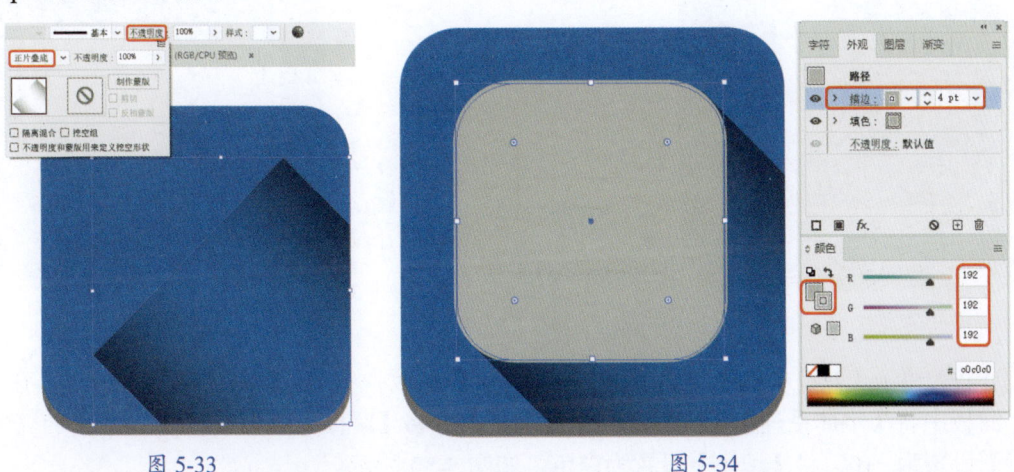

图 5-33　　　　　　　　　　　图 5-34

（7）单击工具栏中的【圆角矩形】按钮，在画板中单击，在弹出的对话框中将【宽度】和【高度】都设置为 70 mm，将【圆角半径】设置为 15 mm，单击【确定】按钮。按 Ctrl+F9 组合键，在弹出的【渐变】面板中将【类型】设置为【线性】，将【角度】设置为 0°，将 0

113

位置色标的 RGB 值设置为 255、255、255，将 100% 位置色标的 RGB 值设置为 213、213、213，将渐变滑块的位置设置为 50%，将其调整至合适的位置，如图 5-35 所示。

（8）在【颜色】面板中将【描边】设置为白色，将【描边粗细】设置为 4 pt，如图 5-36 所示。

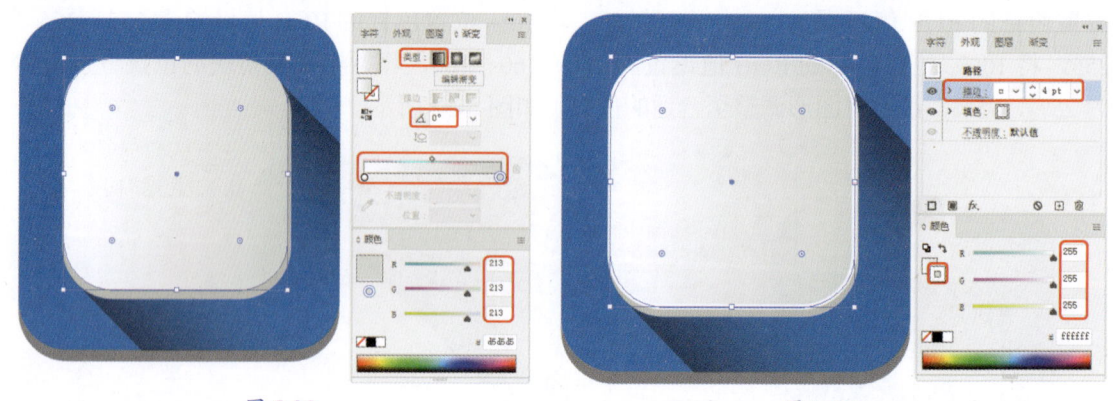

图 5-35   图 5-36

（9）单击工具栏中的【圆角矩形工具】按钮，在画板中单击，在弹出的对话框中将【宽度】和【高度】都设置为 68 mm，将【圆角半径】设置为 15 mm，单击【确定】按钮。在【颜色】面板中将【填色】的 RGB 值设置为 8、113、174，如图 5-37 所示。

（10）单击工具栏中的【添加锚点工具】按钮，在上一步绘制的圆角矩形的路径上单击，添加两个水平的锚点。单击工具栏中的【剪刀工具】按钮，单击新添加的两个锚点，将其分成两个图形，删除下面的图形，如图 5-38 所示。

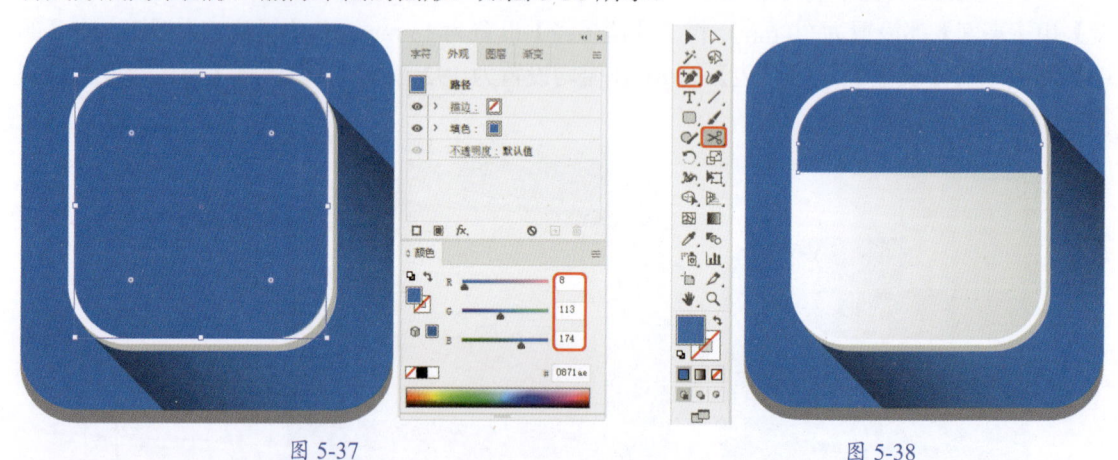

图 5-37   图 5-38

（11）单击工具栏中的【文字工具】按钮，在画板中单击，输入英文"Friday"，在【字符】面板中将【字体系列】设置为【迷你简综艺】，将【字体大小】设置为 50 pt，将【字体间距】设置为 -10，将【填色】设置为白色，如图 5-39 所示。

（12）单击工具栏中的【文字工具】按钮，在画板中单击，输入数字"5"，在【字符】面板中将【字体系列】设置为【迷你简综艺】，将【字体大小】设置为 140pt，将【字体间距】设置为 -10，将其【填色】的 RGB 值设置为 112、116、117，如图 5-40 所示。

第 05 章　图标和按钮的设计

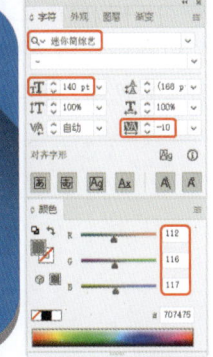

图 5-39

图 5-40

案例精讲 060　锁屏图标

本案例将讲解如何制作锁屏图标，其重点学习基本图形的绘制，熟悉并掌握【路径查找器】面板的使用，完成后的效果如图 5-41 所示。

（1）按 Ctrl+O 组合键，打开"素材\Cha05\锁屏背景.ai"素材文件，如图 5-42 所示。

（2）单击工具栏中的【圆角矩形工具】按钮◯，在画板中单击，在弹出的对话框中将【宽度】设置为 17mm，将【高度】设置为 11.34 mm，将【圆角半径】设置为 2 mm，单击【确定】按钮。在【颜色】面板中将其【填色】设置为白色，将【描边】设置为无，如图 5-43 所示。

图 5-41

图 5-42

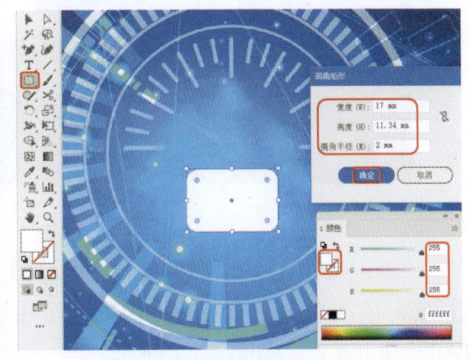

图 5-43

（3）单击工具栏中的【椭圆工具】按钮◯，在画板中单击，在弹出的对话框中将【宽度】和【高度】都设置为 3 mm，单击【确定】按钮，将其调整至合适的位置，如图 5-44 所示。

115

（4）单击工具栏中的【选择工具】按钮，按住 Shift 键的同时单击前两步绘制的圆角矩形和圆形并将其选中，按 Shift+Ctrl+F9 组合键，在弹出的【路径查找器】面板中单击【减去顶层】按钮，如图 5-45 所示。

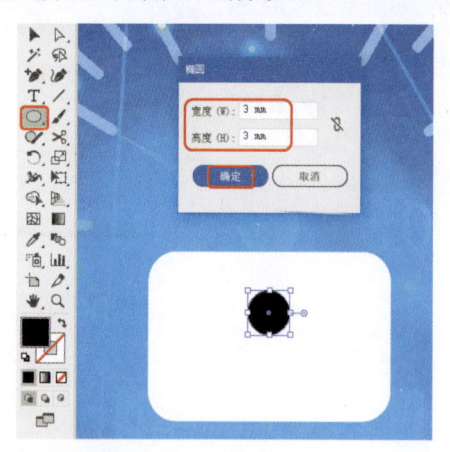

图 5-44 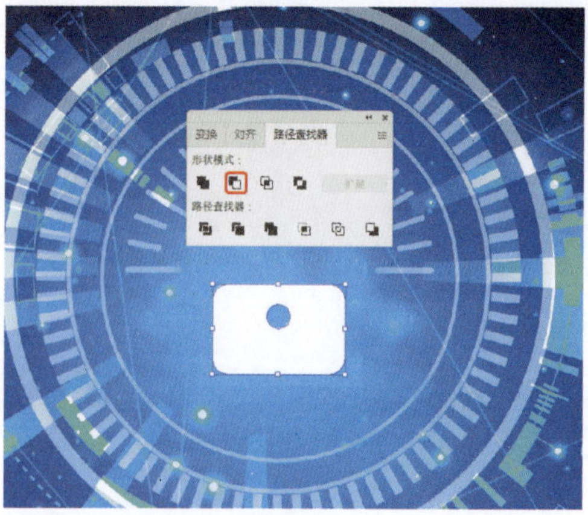　　　　　　　　　　　　　　图 5-45

（5）单击工具栏中的【椭圆工具】按钮，在画板中单击，在弹出的对话框中将【宽度】设置为 15.5 mm，将【高度】设置为 20 mm，单击【确定】按钮，如图 5-46 所示。

（6）单击工具栏中的【椭圆工具】按钮，在画板中单击，在弹出的对话框中将【宽度】设置为 12.16 mm，将【高度】设置为 14.57 mm，单击【确定】按钮，如图 5-47 所示。

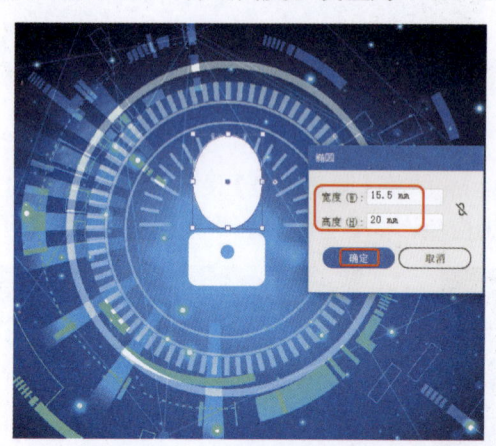

图 5-46 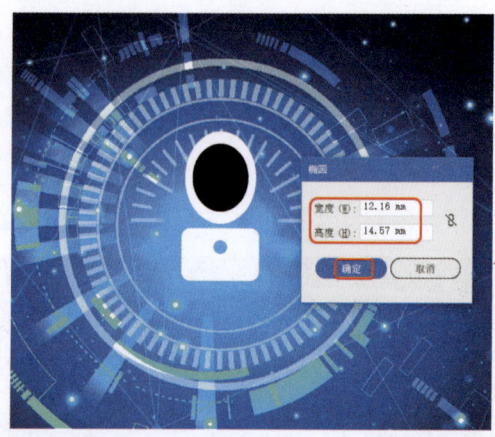　　　　　　　　　　　　　　图 5-47

（7）单击工具栏中的【选择工具】按钮，选择大椭圆，在工具栏中单击【剪刀工具】按钮，依次单击大椭圆左、右两侧的锚点，将其剪成一个半圆，删除下面多余的半圆。小椭圆的绘制同上，如图 5-48 所示。

（8）单击工具栏中的【选择工具】按钮，按住 Shift 键的同时单击选择上一步绘制的半圆，按 Shift+Ctrl+F9 组合键，在弹出的【路径查找器】面板中单击【减去顶层】按钮，效果如图 5-49 所示。

图 5-48 　　　　　　　　　　　　　　图 5-49

（9）单击工具栏中的【椭圆工具】按钮，绘制两个相同大小的正圆，在画板中单击，在弹出的对话框中将【宽度】和【高度】都设置为 1.7 mm，单击【确定】按钮，将它们调整至合适的位置，如图 5-50 所示。

（10）单击工具栏中的【选择工具】按钮，按住 Shift 键的同时单击选择两个圆形和弧形，按 Shift+Ctrl+F9 组合键，在弹出的【路径查找器】面板中单击【联集】按钮，如图 5-51 所示。

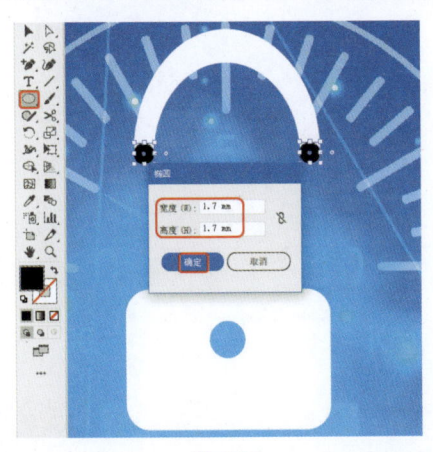

图 5-50 　　　　　　　　　　　　　　图 5-51

（11）单击工具栏中的【选择工具】按钮，选择上一步创建的图形，在【颜色】面板中将【填色】设置为白色，适当调整其大小，将其调整至合适的位置，如图 5-52 所示。

（12）单击工具栏中的【圆角矩形工具】按钮，在画板中单击，在弹出的对话框中将【宽度】设置为 1.4 mm，将【高度】设置为 4.2 mm，将【圆角半径】设置为 0.7 mm，单击【确定】按钮，如图 5-53 所示。

（13）单击工具栏中的【选择工具】按钮，按住 Shift 键的同时单击选择两个圆角矩形，按 Shift+Ctrl+F9 组合键，在弹出的【路径查找器】面板中单击【减去顶部】按钮，如图 5-54 所示。

（14）单击工具栏中的【选择工具】按钮，按住 Shift 键的同时单击锁的两部分图形，右击，在弹出的快捷菜单中选择【编组】命令，在控制栏中单击【不透明度】按钮，将【不透明度】设置为 80%，如图 5-55 所示。

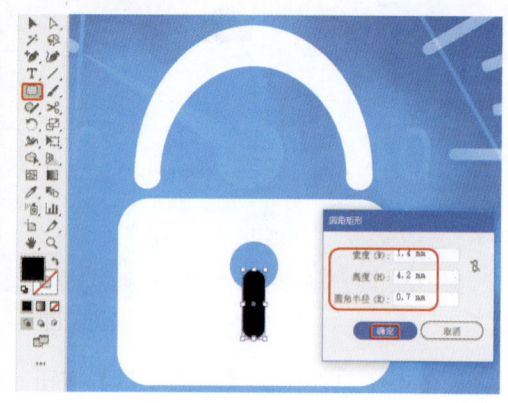

图 5-52

图 5-53

图 5-54

图 5-55

案例精讲 061　指纹图标

本案例将讲解如何制作指纹图标，重点学习基本图形的绘制，熟悉并掌握混合工具、直接选择工具的使用。完成后的效果如图 5-56 所示。

图 5-56

第 05 章　图标和按钮的设计

（1）按 Ctrl+O 组合键，打开"素材 \Cha05\ 指纹解锁背景 .ai"素材文件，如图 5-57 所示。

（2）单击工具栏中的【椭圆工具】按钮，在画板中单击，在弹出的【属性】面板中将【宽度】和【高度】都设置为 1000 mm，单击【确定】按钮，将【填色】设置为无，将【描边】设置为白色，将【描边粗细】设置为 8 pt，如图 5-58 所示。

图 5-57 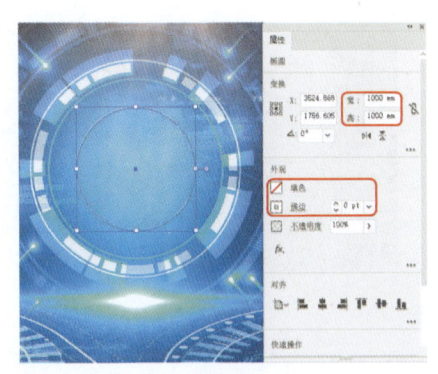　　　　　　　　　　　　　图 5-58

（3）单击工具栏中的【椭圆工具】按钮，在画板中单击，在弹出的【属性】面板中将【宽度】和【高度】都设置为 100 mm，单击【确定】按钮，将【填色】设置为无，将【描边】设置为白色，将【描边粗细】设置为 8 pt，如图 5-59 所示。

（4）单击工具栏中的【选择工具】按钮，按住 Shift 键的同时单击大圆和小圆。单击工具栏中的【混合工具】按钮，按住 Alt 键的同时单击小圆的轮廓，在弹出的对话框中将【间距】设置为【指定的步数】，将【步数】设置为 8，将【取向】设置为【对齐路径】，单击【确定】按钮，如图 5-60 所示。

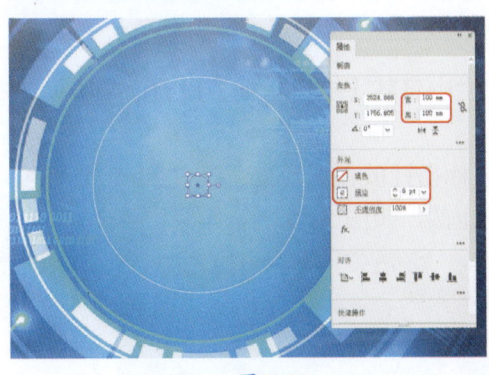

图 5-59 　　　　　　　　　　　　　图 5-60

（5）单击大圆的轮廓，小圆和大圆之间会出现 8 个等距的圆环，如图 5-61 所示。

（6）单击工具栏中的【选择工具】按钮，选择所有圆环，在菜单栏中选择【对象】|【扩展】命令，如图 5-62 所示。

（7）在打开的对话框中保持默认设置单击【确定】按钮。圆环上右击，在弹出的快捷菜单中选择【取消编组】命令。单击工具栏中的【选择工具】按钮，按住 Shift 键的同时依次单击内圈的 5 个小圆，按住 Alt 键的同时单击鼠标并拖曳，使其移动并复制，如图 5-63 所示。

119

（8）单击工具栏中的【直接选择工具】按钮，左键单击拖曳框选线条，删除多余的线条，如图 5-64 所示。

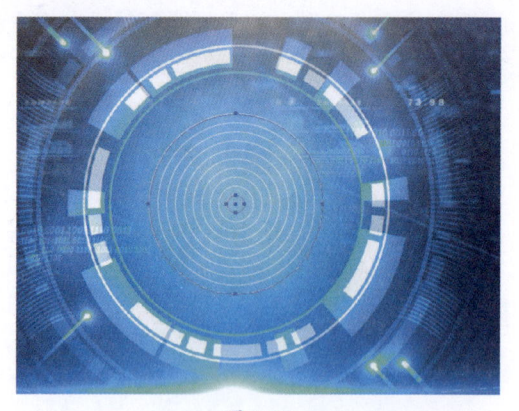

图 5-61

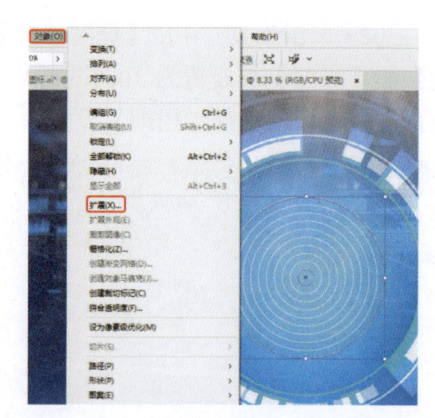

图 5-62

图 5-63

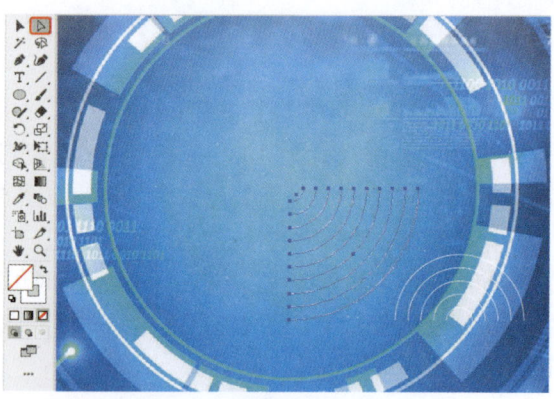

图 5-64

（9）将两部分线条调整至合适的位置，在控制栏中将其【描边粗细】设置为 15 pt，拼合后的图形如图 5-65 所示。

（10）单击工具栏中的【椭圆工具】按钮，将鼠标指针放在锚点处，按住 Shift 键和 Alt 键的同时单击并拖曳，绘制一个和外轮廓同样大小的正圆，如图 5-66 所示。

图 5-65

图 5-66

(11）单击工具栏中的【选择工具】按钮，按住 Shift 键的同时依次选择大圆环的线段，单击工具栏中的【添加锚点工具】按钮，在圆形和线段的交汇处单击添加锚点，如图 5-67 所示。

（12）单击工具栏中的【删除锚点工具】按钮，在线段末端单击删除锚点，如图 5-68 所示。

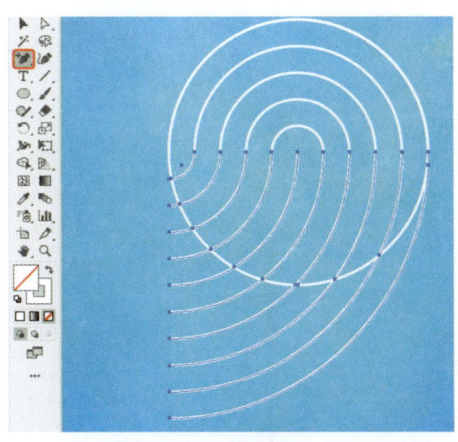

图 5-67 　　　　　　　　　　　　图 5-68

（13）单击工具栏中的【剪刀工具】按钮，单击圆形两侧的锚点，删除下面多余的半圆，适当调整指纹节点，并调整指纹的大小和位置，如图 5-69 所示。

（14）单击工具栏中的【橡皮擦工具】按钮，在线段中擦出一些断口，将【描边粗细】设置为 40 pt，如图 5-70 所示。

图 5-69 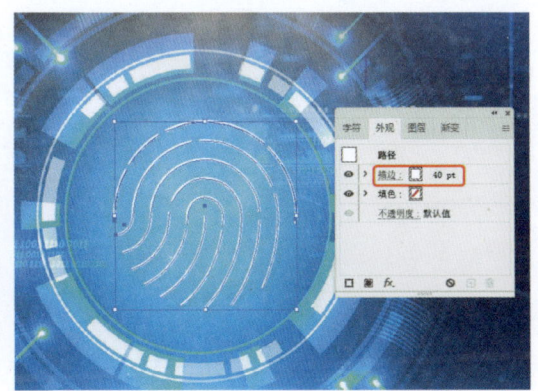　　　　　　　　　　　　图 5-70

第 06 章　插画设计

本章导读：

　　插画又称插图，是一种艺术形式，它以直观的形象性、真实的生活感和美的感染力，在现代设计中占有重要的地位，已广泛应用于现代设计的多个领域。本章就来介绍一下插画的设计。

案例精讲 062　万圣节插画

本案例将介绍万圣节插画的绘制，首先使用【钢笔工具】绘制城堡，然后通过【渐变】和【颜色】面板设置颜色，完成后的效果如图 6-1 所示。

（1）按 Ctrl+O 组合键，打开"素材\Cha06\万圣节插画素材 .ai"素材文件，如图 6-2 所示。

（2）在工具栏中选择【钢笔工具】，绘制图形，将【填色】设置为黑色，将【描边】设置为无，如图 6-3 所示。

图 6-1

图 6-2 　　　　　　　　　　图 6-3

（3）继续使用【钢笔工具】绘制图形，并选择绘制的图形，在【渐变】面板中将【类型】设置为【线性】，将【角度】设置为 -83°，将左侧渐变滑块的颜色设置为 #fad97c，将右侧渐变滑块的颜色设置为 #df3900，将上方节点的位置设置为 61%，如图 6-4 所示。

（4）使用【直线段工具】绘制两条直线，并选择绘制的直线，将【填色】设置为无，将【描边】设置为黑色，将【描边粗细】设置为 2 pt，如图 6-5 所示。

图 6-4 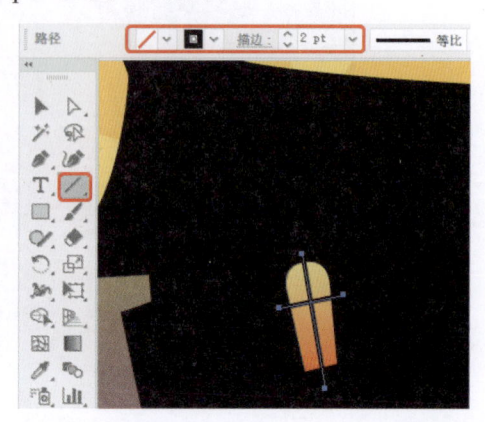　　　　　　　　　　图 6-5

124

> **提示：**
> 在按住 Shift 键的同时单击属性栏中的填色色块或描边色块，可以在打开的面板中设置颜色参数。

（5）使用【钢笔工具】绘制图形，并选择绘制的图形，将【填色】设置为 #ffeec6，将【描边】设置为无，如图 6-6 所示。

（6）使用同样的方法，绘制其他图形对象并进行编组，效果如图 6-7 所示。

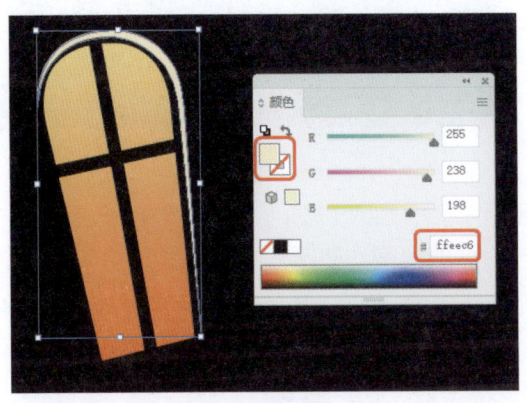

图 6-6

图 6-7

（7）使用【钢笔工具】绘制图形，并选择绘制的图形，将【填色】设置为 #4a2034，将【描边】设置为无，如图 6-8 所示。

（8）使用【钢笔工具】绘制图形，并选择绘制的图形，将【填色】设置为 #6b2f49，将【描边】设置为无，如图 6-9 所示。

图 6-8

图 6-9

（9）使用【椭圆工具】绘制图形，并选择绘制的图形，将【填色】设置为 #4a2034，将【描边】设置为无，如图 6-10 所示。

（10）使用同样的方法绘制其他图形对象，效果如图 6-11 所示。

125

图 6-10　　　　　　　　　　　　　　图 6-11

（11）在【图层】面板中调整城堡的图层顺序，如图 6-12 所示。
（12）在【图层】面板中调整编组后窗户的图层顺序，如图 6-13 所示。

图 6-12　　　　　　　　　　　　　　图 6-13

案例精讲 063　圣诞驯鹿

本案例介绍圣诞驯鹿插画的绘制方法，首先使用【钢笔工具】和【椭圆工具】绘制出驯鹿的形状，然后进行填色，完成后的效果如图 6-14 所示。

（1）启动 Illustrator 2023 软件后，在菜单栏中选择【文件】|【新建】命令，弹出【新建文档】对话框，将【单位】设置为【毫米】，将【宽度】和【高度】分别设置为 1000 mm、680 mm，将【颜色模式】设置为【RGB 颜色】，单击【创建】按钮，如图 6-15 所示。

图 6-14

（2）使用【钢笔工具】绘制鹿角图形，将【填色】设置为#594d43，将【描边】设置为无，如图6-16所示。

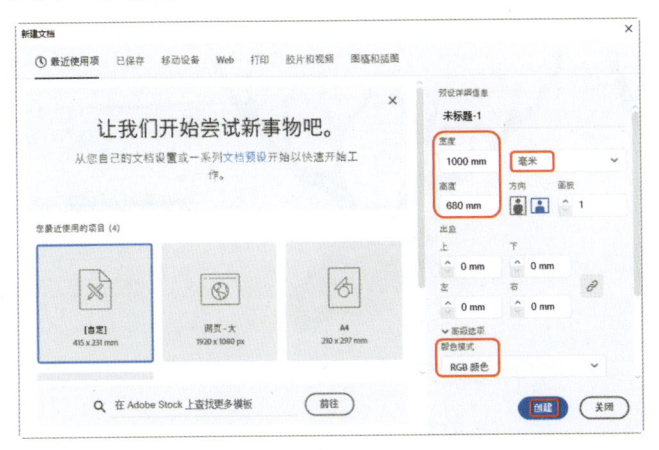

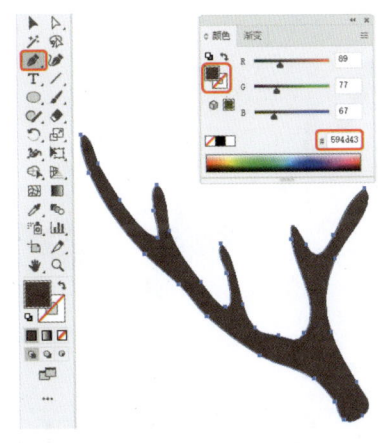

图 6-15

图 6-16

（3）再次使用【钢笔工具】绘制图形，将【填色】设置为#594d43，将【描边】设置为无，将透明度的【混合模式】设置为【正片叠底】，将【不透明度】设置为40%，调整图形的位置，如图6-17所示。

（4）选中绘制的图形，右击鼠标，在弹出的快捷菜单中选择【编组】命令。选中图形的情况下，右击鼠标，在弹出的快捷菜单中选择【变换】|【镜像】命令，弹出【镜像】对话框，选中【垂直】单选按钮，单击【复制】按钮，效果如图6-18所示。

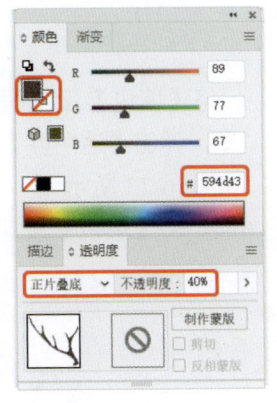

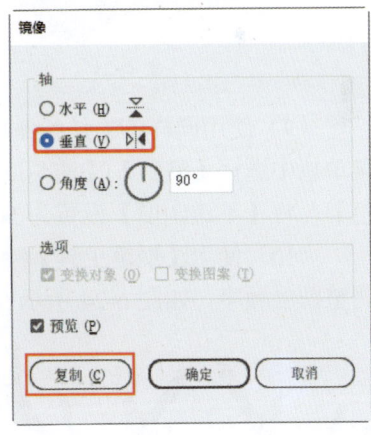

图 6-17

图 6-18

（5）调整复制的图形的角度，效果如图6-19所示。

（6）使用【钢笔工具】绘制头部图形，将【填色】设置为#97623c，将【描边】设置为无，调整图层顺序，如图6-20所示。

（7）使用【钢笔工具】绘制图形，将【填色】设置为#6c4322，将【描边】设置为无，将【不透明度】设置为50%。使用同样的方法绘制图形，将【不透明度】设置为70%，效果如图6-21所示。

127

（8）继续使用【钢笔工具】绘制图形，将【填色】设置为 #6c4322，将【描边】设置为无。使用同样的方法绘制其他图形，并调整图层顺序，如图 6-22 所示。

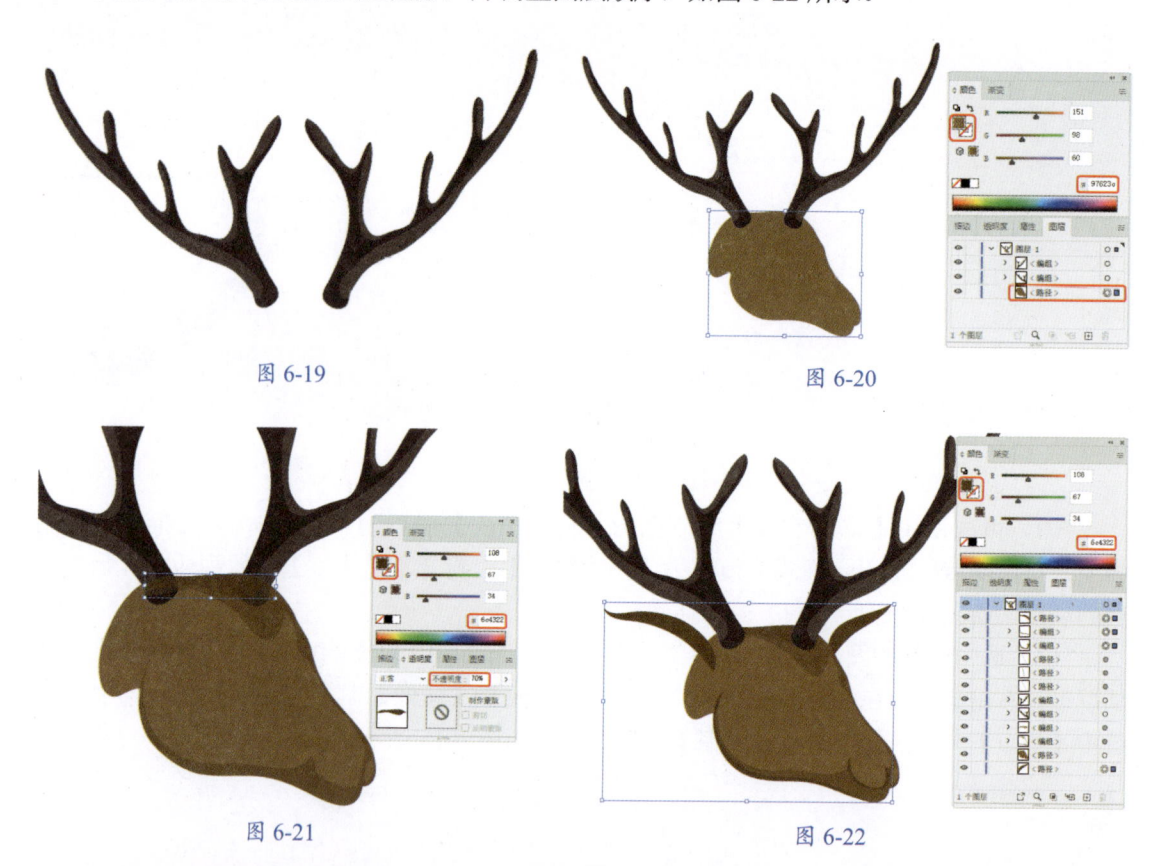

图 6-19

图 6-20

图 6-21

图 6-22

（9）使用同样的方法绘制图形，将【填色】设置为 #6c4322，将【描边】设置为无。在菜单栏中选择【窗口】|【透明度】命令，弹出【透明度】卷展栏，将【混合模式】设置为【滤色】，将【不透明度】设置为 50%，如图 6-23 所示。

（10）使用【钢笔工具】绘制图形，将【填色】设置为 #dabba4，将【描边】设置为无，调整图层顺序，如图 6-24 所示。

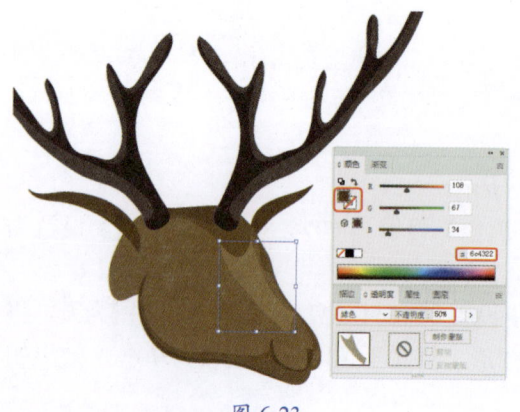

图 6-23

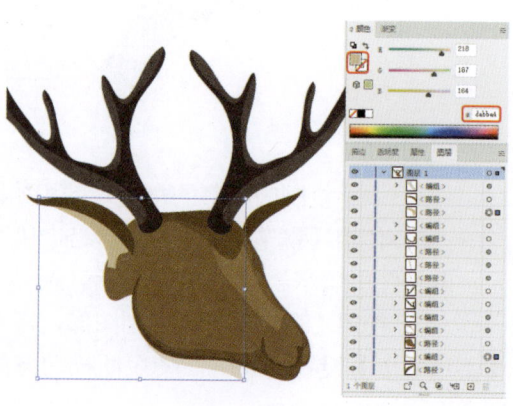

图 6-24

（11）再次使用【钢笔工具】绘制耳部图形，将【填色】设置为#dabba4，将【描边】设置为无。在菜单栏中选择【窗口】|【透明度】命令，弹出【透明度】卷展栏，将【混合模式】设置为【正片叠底】，将【不透明度】设置为50%，调整图层顺序，如图6-25所示。

（12）使用同样的方法绘制图形，调整图层顺序，将【填色】设置为#e0c3ac，将【描边】设置为无，如图6-26所示。

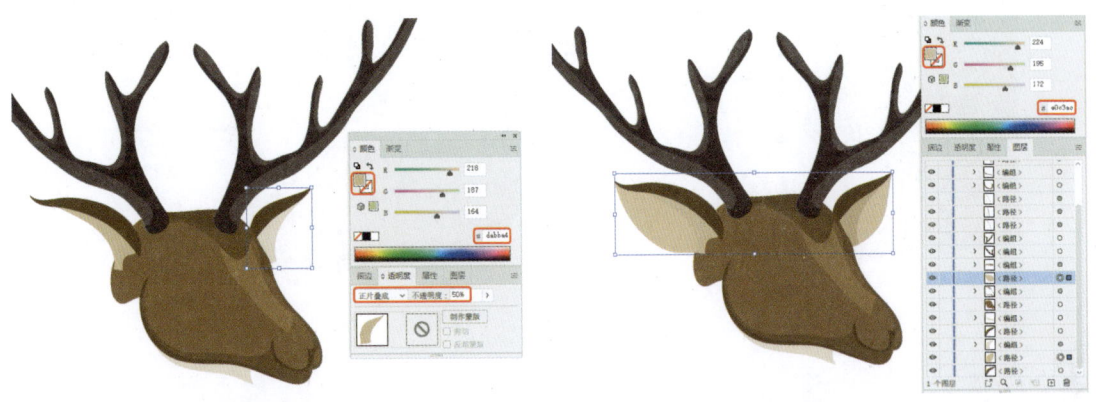

图 6-25

图 6-26

（13）使用【椭圆工具】绘制左眼图形，将【填色】设置为#2d241d，将【描边】设置为无，将【混合模式】设置为【正片叠底】，将【不透明度】设置为73%。再使用【钢笔工具】绘制右眼图形，将【填色】设置为#594d43，将【描边】设置为无，将【混合模式】设置为【正片叠底】，将【不透明度】设置为87%，完成后的效果如图6-27所示。

（14）使用【椭圆工具】绘制椭圆图形，调整其位置，将【填色】设置为白色，将【描边】设置为无，如图6-28所示。

图 6-27

图 6-28

（15）使用【钢笔工具】绘制鼻部图形，将【填色】设置为#6c4322，将【描边】设置为无，使用同样的方法绘制图形，将【混合模式】设置为【正片叠底】，如图6-29所示。

（16）再次使用【钢笔工具】绘制图形，将【填色】设置为#d62621，将【描边】设置为无，如图6-30所示。

（17）使用同样的方法绘制图形，将【填色】设置为#b0302a，将【描边】设置为无，将【混合模式】设置为【正片叠底】，如图6-31所示。

（18）使用同样的方法绘制如图 6-32 所示的图形，将【填色】设置为 #cf2f1a，将【描边】设置为无，将【混合模式】设置为【滤色】，将【不透明度】设置为 70%，调整鼻子部分的图层顺序。

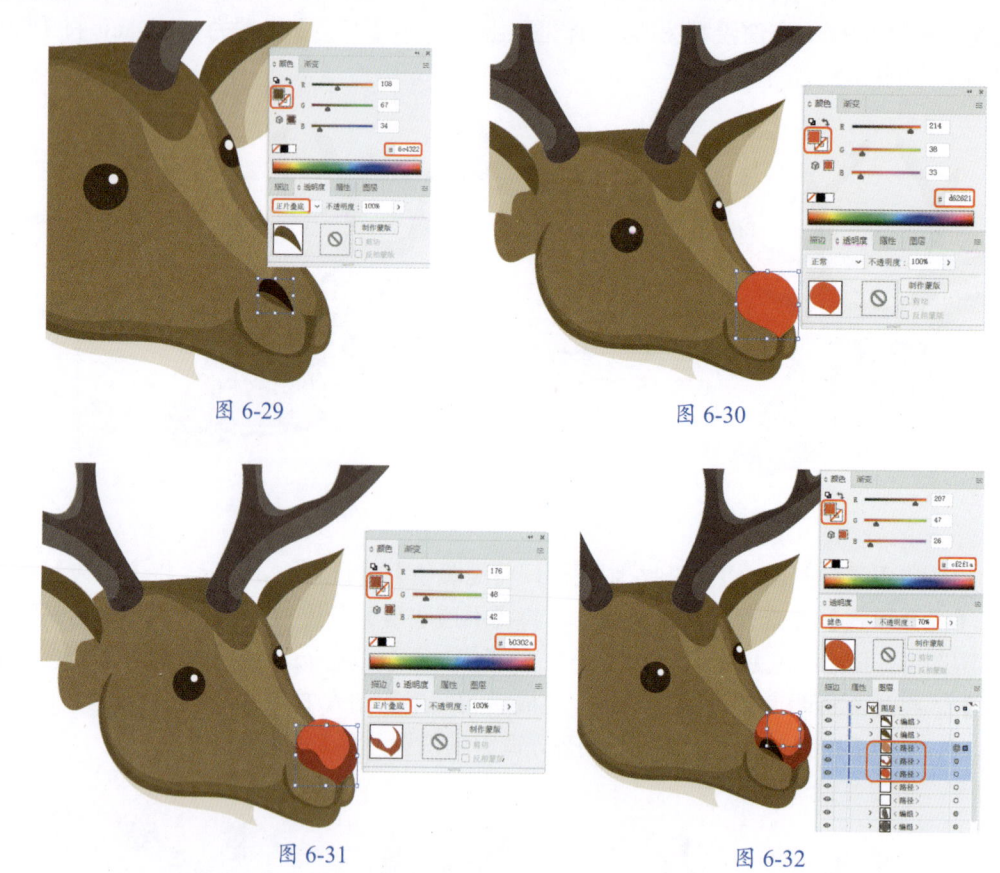

图 6-29

图 6-30

图 6-31

图 6-32

（19）使用【钢笔工具】绘制如图 6-33 所示的图形，将【填色】设置为 # f6c4c4，将【描边】设置为无。

（20）使用【钢笔工具】绘制身体图形，将【填色】设置为 #97623c，将【描边】设置为无，调整图层顺序，如图 6-34 所示。

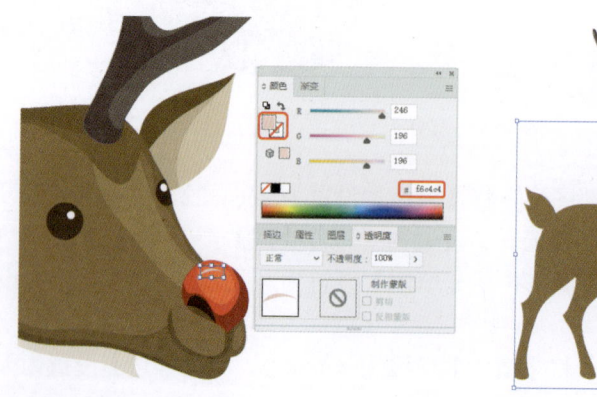

图 6-33

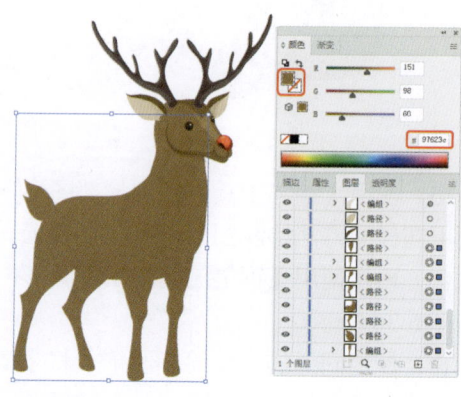

图 6-34

（21）使用同样的方法绘制图形，将【填色】设置为 # 6c4322，将【描边】设置为无，调整图层顺序，如图 6-35 所示。

（22）使用【钢笔工具】绘制图形，将【填色】设置为 #e0c3ac，将【描边】设置为无，调整图层顺序，如图 6-36 所示。

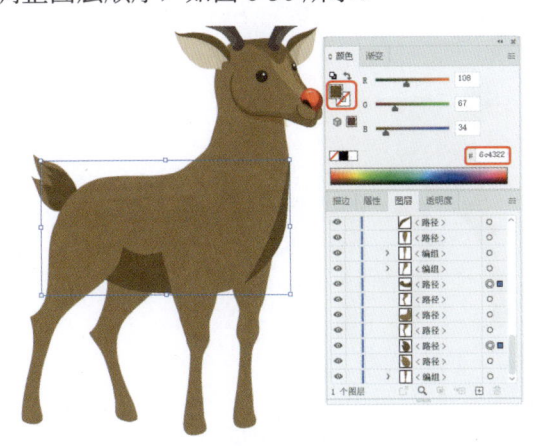

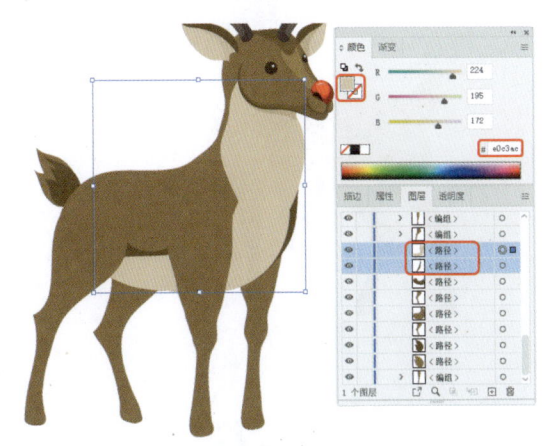

图 6-35　　　　　　　　　　　图 6-36

（23）再次使用【钢笔工具】绘制图形，将【填色】设置为 # f2e6dd，将【描边】设置为无，如图 6-37 所示。

（24）使用同样的方法绘制图形，将【填色】设置为 #caab98，将【描边】设置为无，调整图层顺序，如图 6-38 所示。

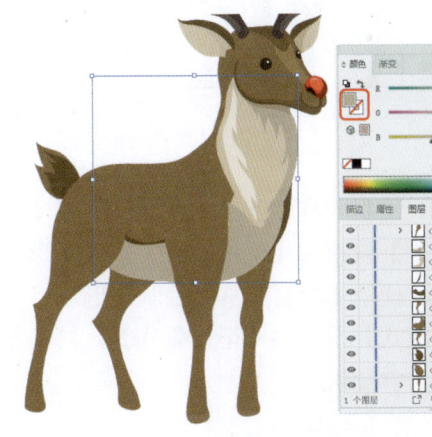

图 6-37　　　　　　　　　　　图 6-38

（25）使用【钢笔工具】绘制图形，将【填色】设置为 # 6c4322，将【描边】设置为无，调整图层顺序，如图 6-39 所示。

（26）继续使用【钢笔工具】绘制图形，将【填色】设置为 #6c4322，将【描边】设置为无，将其【不透明度】设置为 50%，调整图层顺序，如图 6-40 所示。

（27）继续使用【钢笔工具】绘制图形，将【填色】设置为 #cb7d4c，将【描边】设置为无，如图 6-41 所示。

131

（28）继续使用【钢笔工具】绘制图形，将【填色】设置为 #6c4322，将【描边】设置为无，如图 6-42 所示。

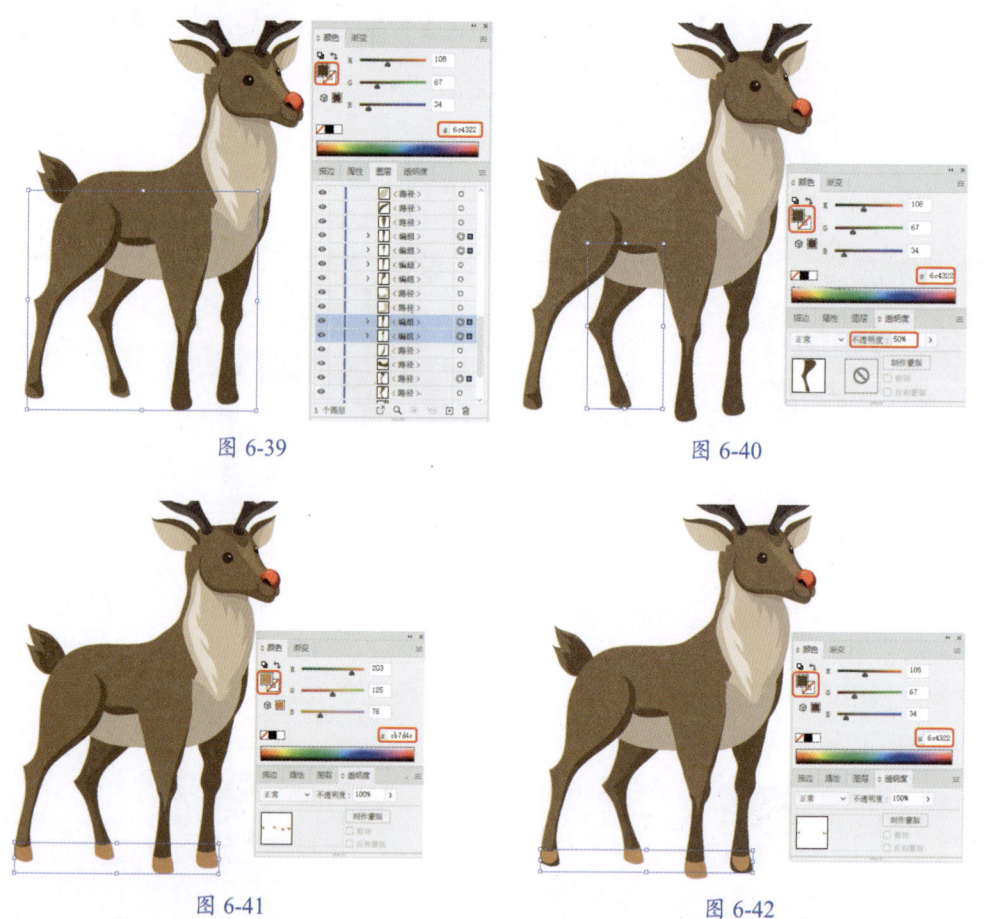

图 6-39

图 6-40

图 6-41

图 6-42

（29）使用同样的方法绘制图形，将【填色】设置为 #6c4322，将【描边】设置为无，将【混合模式】设置为【正片叠底】，【不透明度】设置为 50%，如图 6-43 所示。

（30）使用【钢笔工具】绘制图形，将【填色】设置为 #c28361，将【描边】设置为无，将【混合模式】设置为【正片叠底】，将【不透明度】设置为 0，如图 6-44 所示。

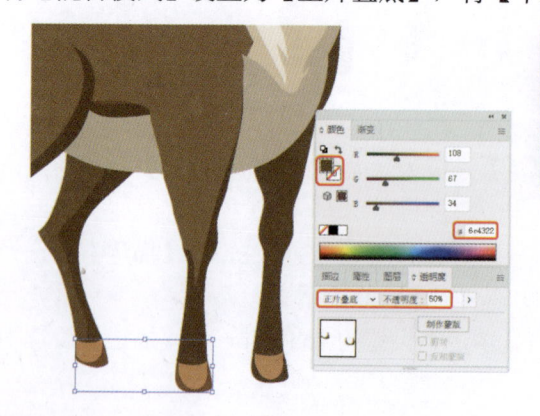

图 6-43

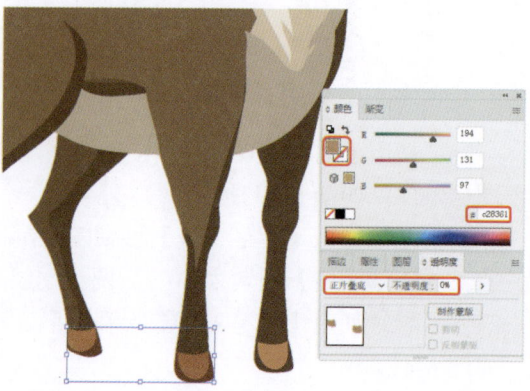

图 6-44

（31）使用【钢笔工具】绘制图形，将【填色】设置为#cb7d4c，将【描边】设置为无，将【混合模式】设置为【滤色】，将【不透明度】设置为90%，效果如图6-45所示。

（32）使用【钢笔工具】绘制图形，将【填色】设置为#ff1948，将【描边】设置为无，如图6-46所示。

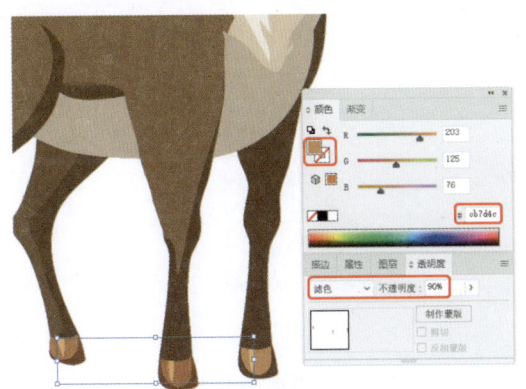

图6-45

图6-46

（33）使用同样的方法绘制图形，将【填色】设置为#e44f41，将【描边】设置为无，调整图层顺序，如图6-47所示。

（34）使用【钢笔工具】绘制图形，将【填色】设置为#ad1246，将【描边】设置为无。使用同样的方法绘制图形，将【填色】设置为#d81249，将【描边】设置为无，如图6-48所示。

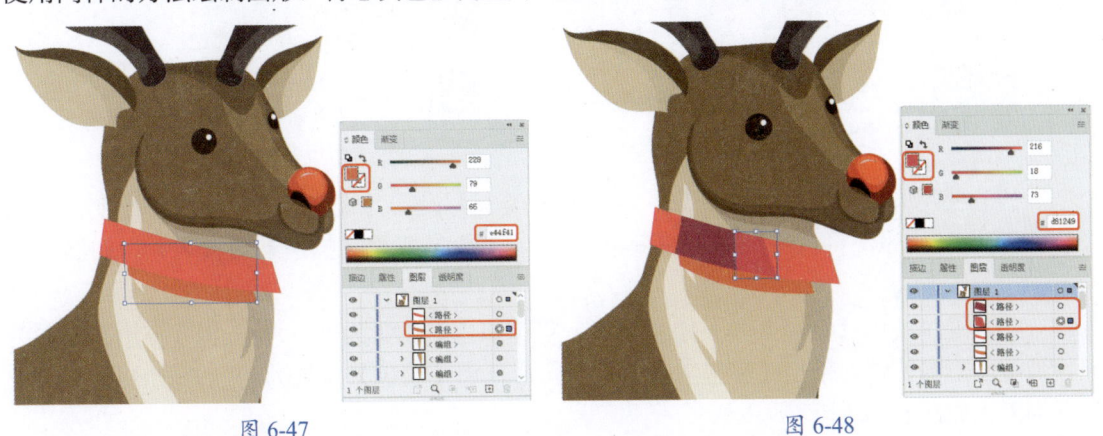

图6-47

图6-48

（35）使用【钢笔工具】绘制图形，将【填色】设置为#ffd593，将【描边】设置为无，调整图层顺序，如图6-49所示。

（36）选中绘制的图形，右击鼠标，在弹出的快捷菜单中选择【编组】命令，如图6-50所示。

（37）继续使用【钢笔工具】绘制图形，将【填色】设置为#ffbd46，将【描边】设置为无。使用同样的方法绘制图形，将【填色】设置为#f2883a，将【描边】设置为无，如图6-51所示。

（38）继续使用【钢笔工具】绘制图形，将【填色】设置为# de5b3a，将【描边】设置为无，调整图形位置。使用【椭圆工具】绘制圆形，将【填色】设置为# ffcc59，将【描边】

133

设置为无。使用【钢笔工具】绘制半圆，将【填色】设置为#f2883a，将【描边】设置为无，效果如图6-52所示。

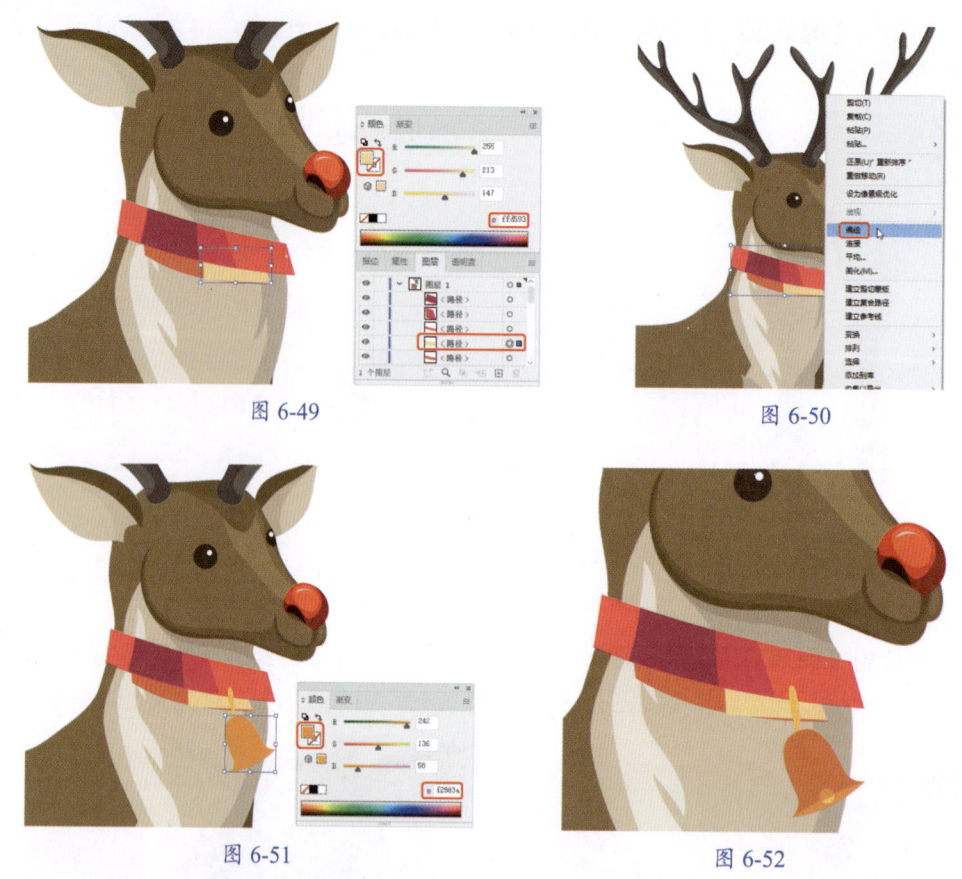

图6-49

图6-50

图6-51

图6-52

（39）使用同样的方法绘制图形，将【渐变类型】设置为【线性】，将左侧渐变滑块的颜色设置为#ffcc59，将右侧渐变滑块颜色设置为#f9703a，将【描边】设置为无，如图6-53所示。

（40）继续使用【钢笔工具】绘制图形，将【填色】设置为#ffe959，将【描边】设置为无，调整图形的位置。使用【钢笔工具】绘制图形，将【填色】设置为#f2883a，将【描边】设置为无，如图6-54所示。

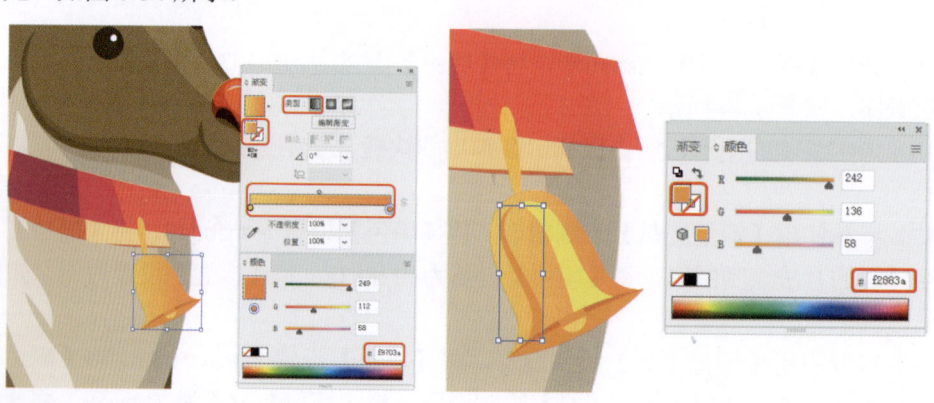

图6-53

图6-54

（41）选中所有图层，右击鼠标，在弹出的快捷菜单中选择【编组】命令，如图6-55所示。

（42）选择菜单栏中的【文件】|【打开】命令，弹出【打开】对话框，选择"素材\Cha06\圣诞驯鹿素材.ai"素材文件，单击【打开】按钮，效果如图6-56所示。

（43）复制训鹿对象到"圣诞驯鹿素材.ai"文件中，并调整图层顺序和驯鹿位置，如图6-57所示。

图6-55　　　　　图6-56　　　　　图6-57

案例精讲 064　可爱雪人

首先打开"可爱雪人插画背景"素材文件，然后使用【椭圆工具】绘制两个圆形，制作出雪人的轮廓。使用【椭圆工具】、【圆角矩形工具】和【钢笔工具】制作出雪人的帽子，并填充相应的颜色。使用【钢笔工具】制作出雪人的鼻子、嘴巴以及装饰，并填充渐变颜色，丰富雪人的层次感，完成后的效果如图6-58所示。

图6-58

（1）按Ctrl+O组合键，打开"素材\Cha03\可爱雪人素材.ai"素材文件，如图6-59所示。

（2）在工具栏中单击【椭圆工具】按钮，在画板中绘制一个圆形，在【属性】面板中将【宽】、【高】分别设置为446 px、443 px，将【填色】设置为白色，将【描边】设置为无，并在画板中调整其位置，如图6-60所示。

135

图 6-59 　　　　　　　　　　　　　　　　　　　图 6-60

（3）使用【椭圆工具】在画板中绘制一个圆形，在【属性】面板中将【宽】、【高】均设置为 298 px，并在画板中调整其位置，如图 6-61 所示。

（4）在画板中选中绘制的两个圆形，在【路径查找器】面板中单击【联集】按钮，如图 6-62 所示。

图 6-61 　　　　　　　　　　　　　　　　　　　图 6-62

（5）使用【椭圆工具】在画板中绘制一个圆形，在【属性】面板中将【宽】、【高】分别设置为 286 px、113 px，将【角度】设置为 32°，在【颜色】面板中将【填色】设置为 #28272c，并在画板中调整其位置，如图 6-63 所示。

（6）选中新绘制的圆形，按 Ctrl+C 组合键进行复制，按 Shift+Ctrl+V 组合键进行就地粘贴，在【颜色】面板中将【填色】设置为 #022459，在画板中调整其位置，如图 6-64 所示。

（7）在工具栏中单击【圆角矩形工具】，在画板中绘制一个圆角矩形，在【变换】面板中将【宽】、【高】分别设置为 158 px、175 px，将【角度】设置为 32°，将所有的圆角半径均设置为 24 px，在【颜色】面板中将【填色】设置为 #28272c，并调整其位置，如图 6-65 所示。

（8）在工具栏中单击【钢笔工具】，在画板中绘制一个图形，在【颜色】面板中将【填色】设置为 #f4363e，在画板中调整其位置，如图 6-66 所示。

136

图 6-63

图 6-64

图 6-65

图 6-66

（9）使用【椭圆工具】在画板中绘制两个圆形，在【属性】面板中将【宽】、【高】均设置为 32 px，在【颜色】面板中将【填色】设置为 #28272c，并在画板中调整其位置，如图 6-67 所示。

（10）使用【钢笔工具】在画板中绘制一个图形，在【渐变】面板中单击【线性渐变】按钮，将【角度】设置为 3°，将左侧渐变滑块的位置设置为 8%，将其颜色值设置为 #ff434b，将右侧渐变滑块的位置设置为 94%，将其颜色值设置为 #ce0910，如图 6-68 所示。

图 6-67

图 6-68

137

（11）使用同样的方法在画板中绘制嘴巴与围脖，并填充相同的渐变颜色，如图 6-69 所示。

（12）使用【钢笔工具】在画板中绘制两个图形，并进行相应的设置，效果如图 6-70 所示。

图 6-69　　　　　　　　　　　　图 6-70

第 07 章　手机 APP 的 UI 设计

本章导读：

UI 是指用户界面，好的用户界面，对软件的人机交互、操作逻辑等方面的体验至关重要，本章将介绍如何制作手机用户界面。

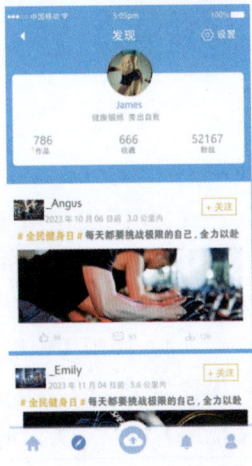

Illustrator CC 2023 平面创意设计案例课堂

案例精讲 065　个人中心 UI 界面设计

本案例将介绍如何制作个人中心 UI 界面，在制作个人主页界面时，应遵循简洁的原则，使人看上去一目了然。首先利用【矩形工具】与【文字工具】制作个人中心 UI 界面的版式与文字内容，并置入相应的素材，然后为置入的素材添加【投影】效果，使素材看起来更加立体，完成后的效果如图 7-1 所示。

（1）按 Ctrl+N 组合键，在弹出的对话框中将【单位】设置为【像素】，将【宽度】、【高度】分别设置为 750 px、1334 px，将【颜色模式】设置为【RGB 颜色】，如图 7-2 所示。

（2）设置完成后，单击【创建】按钮。在工具栏中单击【矩形工具】▢，在画板中绘制一个矩形，在【属性】面板中将【宽】、【高】分别设置为 750 px、1334 px，将【填色】设置为 #f2f2f2，将【描边】设置为无，在画板中调整其位置，效果如图 7-3 所示。

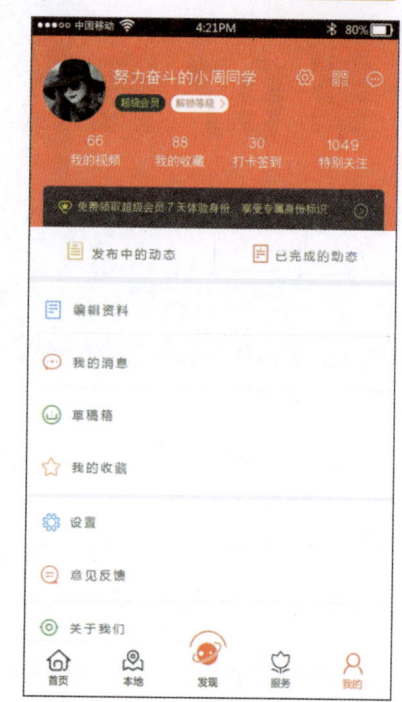

图 7-1

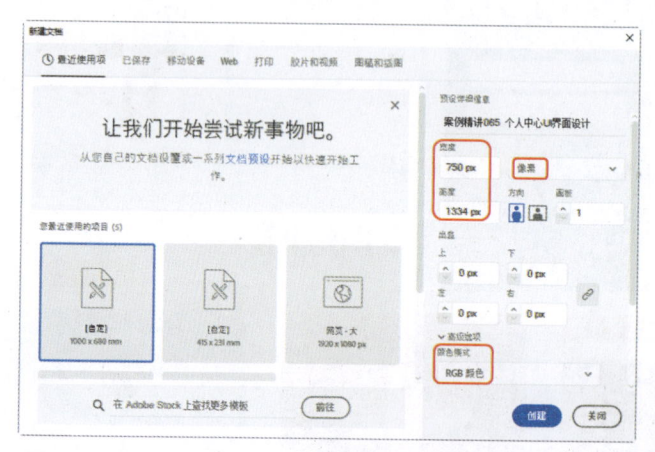

图 7-2

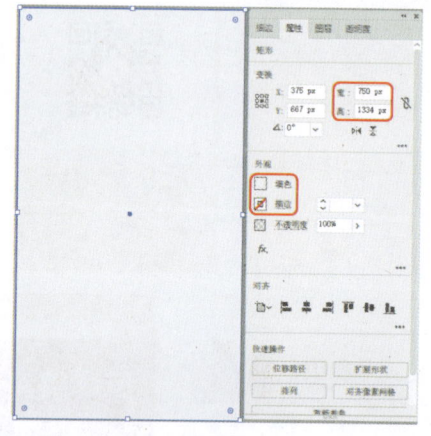

图 7-3

（3）再次使用【矩形工具】在画板中绘制一个矩形，在【属性】面板中将【宽】、【高】分别设置为 750 px、417 px，将 X、Y 分别设置为 375 px、208.5 px，将【填色】设置为 #ff4c4d，将【描边】设置为无，效果如图 7-4 所示。

（4）使用【矩形工具】在画板中绘制一个矩形，在【属性】面板中将【宽】、【高】分别设置为 750 px、40 px，将 X、Y 分别设置为 375 px、20 px，将【填色】设置为 #000000，将【描边】设置为无，将【不透明度】设置为 85%，效果如图 7-5 所示。

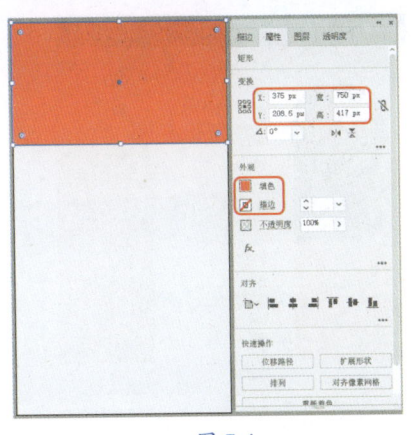

手机 APP 的 UI 设计　第 07 章

图 7-4 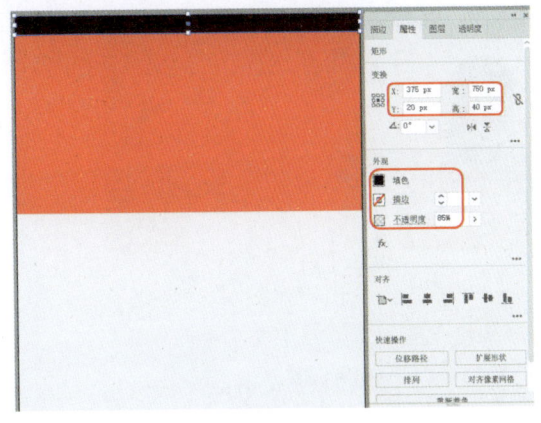　　　　　　　　　　　　　　图 7-5

（5）按 Shift+Ctrl+P 组合键，在弹出的对话框中选择"素材 \Cha07\ 个人中心素材 01.png"素材文件，单击【置入】按钮，在画板中单击鼠标，将选中的素材文件置入文档中，在【属性】面板中将 X、Y 分别设置为 375 px、20 px，单击【嵌入】按钮，如图 7-6 所示。

（6）使用同样的方法将"个人中心素材 02.jpg"素材文件置入文档中，并将其嵌入文档，在【属性】面板中将【宽】、【高】分别设置为 132 px、198 px，将 X、Y 分别设置为 89.2 px、176 px，效果如图 7-7 所示。

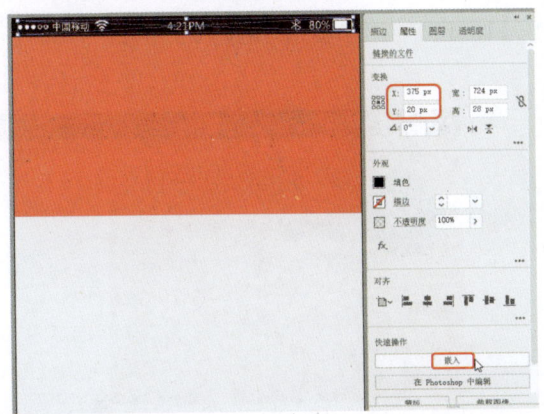

图 7-6 　　　　　　　　　　　　　　图 7-7

（7）在工具栏中单击【椭圆工具】，在画板中按住 Shift 键绘制一个正圆，在【属性】面板中将【宽】、【高】均设置为 125 px，将 X、Y 分别设置为 88.5 px、147.5 px，为其填充任意一种颜色，将【描边】设置为无，效果如图 7-8 所示。

（8）在画板中选择置入的素材文件与绘制的圆形，右击鼠标，在弹出的快捷菜单中选择【建立剪切蒙版】命令，如图 7-9 所示。

> 提示：
> 剪切蒙版是一个可以用其形状遮盖其他图稿的对象，因此使用剪切蒙版，只能看到蒙版形状内的区域，从效果上来说，就是将图稿裁剪成蒙版的形状。剪切蒙版和遮盖的对象称为剪切组合。可以通过选择的两个或多个对象或者一个组或图层中的所有对象来建立剪切组合。

141

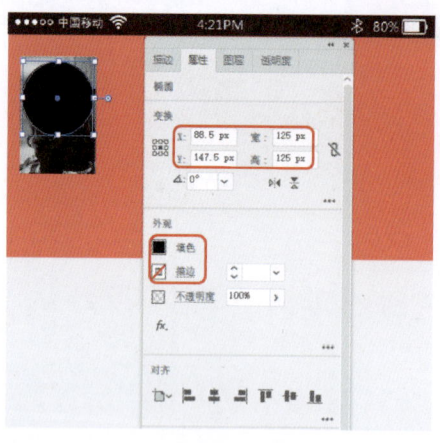

图 7-8 　　　　　　　　　　　　　　　　图 7-9

　　（9）在工具栏中单击【文字工具】，在画板中单击鼠标，输入文字。选中输入的文字，在【属性】面板中将【填色】设置为白色，将【字体系列】设置为【汉标中黑体】，将【字体大小】设置为 36 pt，将【字符间距】设置为 -100，将 X、Y 分别设置为 311 px、119 px，效果如图 7-10 所示。

　　（10）在工具栏中单击【圆角矩形工具】，在画板中绘制一个圆角矩形，在【变换】面板中将【宽】、【高】分别设置为 102 px、34 px，将 X、Y 分别设置为 221 px、171 px，将所有的圆角半径均设置为 17 px，在【颜色】面板中将【填色】设置为 #2b4237，将【描边】设置为无，如图 7-11 所示。

图 7-10 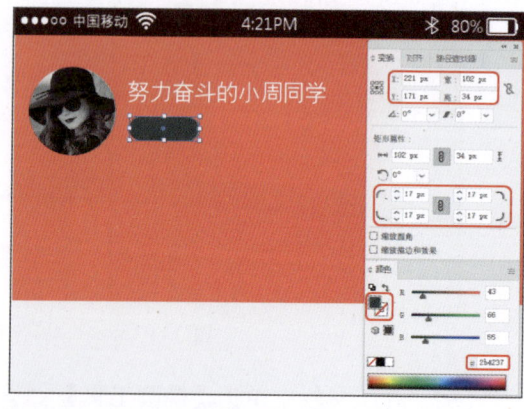　　　　　　　　　　　　　　　　图 7-11

　　（11）在工具栏中单击【文字工具】，在画板中单击鼠标，输入文字。选中输入的文字，在【属性】面板中将【填色】设置为 #f6d44f，将【字体系列】设置为【汉标中黑体】，将【字体大小】设置为 22 pt，将【字符间距】设置为 -100，效果如图 7-12 所示。

　　（12）在工具栏中单击【圆角矩形工具】，在画板中绘制一个圆角矩形，在【变换】面板中将【宽】、【高】分别设置为 118 px、34 px，将 X、Y 分别设置为 343 px、171 px，将所有的圆角半径均设置为 17 px，在【颜色】面板中将【填色】设置为 #fffeff，将【描边】设置为无，如图 7-13 所示。

手机 APP 的 UI 设计　第 07 章

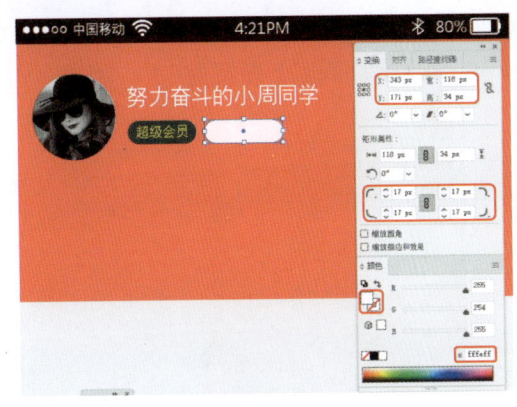

图 7-12

图 7-13

（13）在工具栏中单击【文字工具】，在画板中单击鼠标，输入文字。选中输入的文字，在【属性】面板中将【填色】设置为 #d0807d，将【字体系列】设置为【汉标中黑体】，将【字体大小】设置为 22 pt，将【字符间距】设置为 -100，效果如图 7-14 所示。

（14）在工具栏中单击【矩形工具】，在画板中绘制一个矩形，在【变换】面板中将【宽】、【高】均设置为 11 px，在【颜色】面板中将【填色】设置为无，将【描边】设置为 #ff5e56，在【描边】面板中将【粗细】设置为 1 pt，单击【圆头端点】按钮和【圆角连接】按钮，如图 7-15 所示。

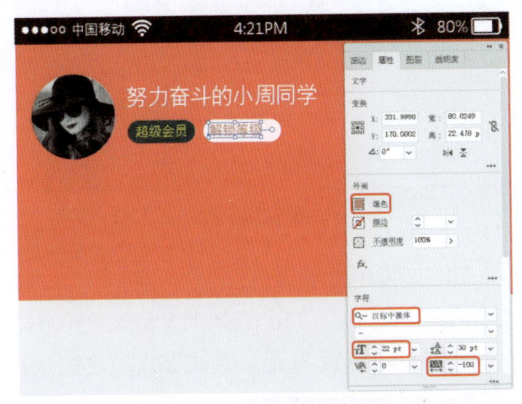

图 7-14

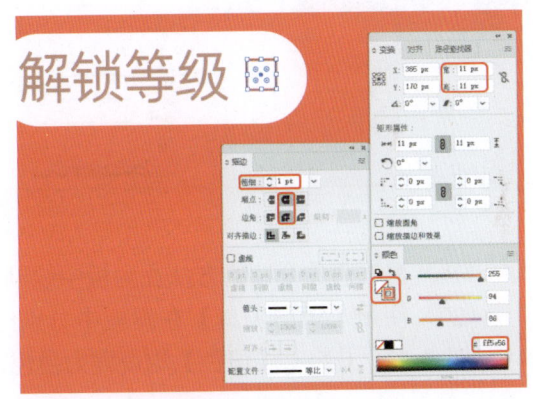

图 7-15

（15）选中绘制的矩形，在【属性】面板中将【旋转】设置为 45°，在工具栏中单击【直接选择工具】，选中左侧的锚点，按 Delete 键将选中的锚点删除，效果如图 7-16 所示。

（16）根据前面介绍的方法输入文字，并将"个人中心素材 03.png"素材文件置入文档中，将其嵌入文档，在画板中调整其位置，效果如图 7-17 所示。

（17）在工具栏中单击【圆角矩形工具】，在画板中绘制一个圆角矩形，在【变换】面板中将【宽】、【高】分别设置为 695 px、81 px，将 X、Y 分别设置为 375.5 px、376.5 px，将圆角半径分别设置为 10 px、10 px、0 px、0 px，在【颜色】面板中将【填色】设置为 #393939，将【描边】设置为无，如图 7-18 所示。

（18）将"个人中心素材 04.ai"素材文件置入文档中，将其嵌入文档。在工具栏中单击【文字工具】，在画板中单击鼠标，输入文字。选中输入的文字，在【属性】面板中将

143

【填色】设置为#e8bd80,将【字体系列】设置为【汉标中黑体】,将【字体大小】设置为24 pt,将【字符间距】设置为-75,将 X、Y 分别设置为 351 px、376 px,效果如图 7-19 所示。

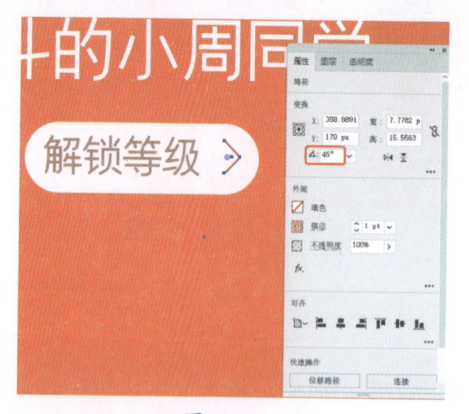

图 7-16

图 7-17

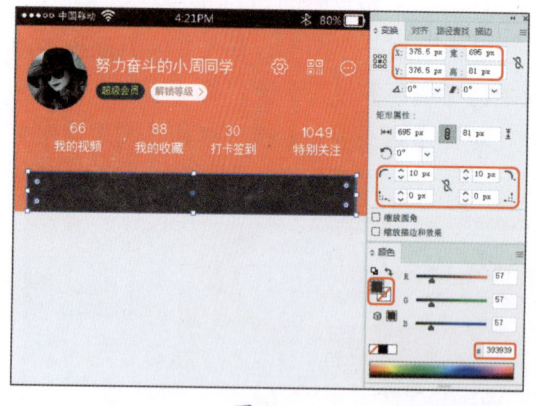

图 7-18

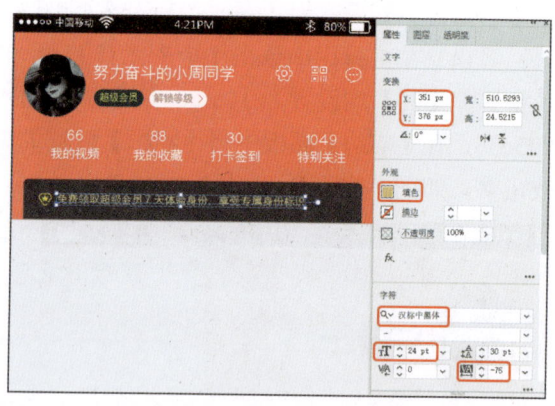

图 7-19

(19)根据前文介绍的方法在画板中绘制图形,如图 7-20 所示。

(20)使用【矩形工具】在画板中分别绘制 750 px×97 px、750 px×415 px、750 px×294 px 的矩形,并将其【填色】均设置为白色,将【描边】均设置为无,效果如图 7-21 所示。

图 7-20

图 7-21

144

(21)将"个人中心素材 05.png"素材文件置入文档中,将其嵌入文档,并调整其位置,如图 7-22 所示。

(22)使用【文字工具】在画板中输入其他文字,在【字符】面板中将【字体系列】设置为【微软雅黑】,将【字体大小】设置为 24 pt,将【字符间距】设置为 200,在【颜色】面板中将【填色】设置为 #666666,将【描边】设置为无,并在画板中调整文字的位置,效果如图 7-23 所示。

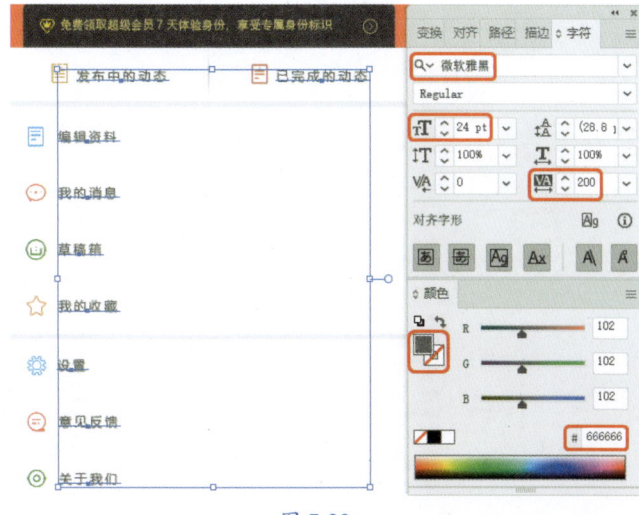

图 7-22

图 7-23

(23)在工具栏中单击【直线段工具】,在画板中按住 Shift 键绘制一条水平直线,在【属性】面板中将【宽】设置为 720 px,将【填色】设置为无,将【描边】设置为 #ebebeb,将【描边粗细】设置为 1.5 pt,效果如图 7-24 所示。

(24)在工具栏中单击【选择工具】,在画板中选中绘制的直线,按住 Alt 键对直线进行多次复制,效果如图 7-25 所示。

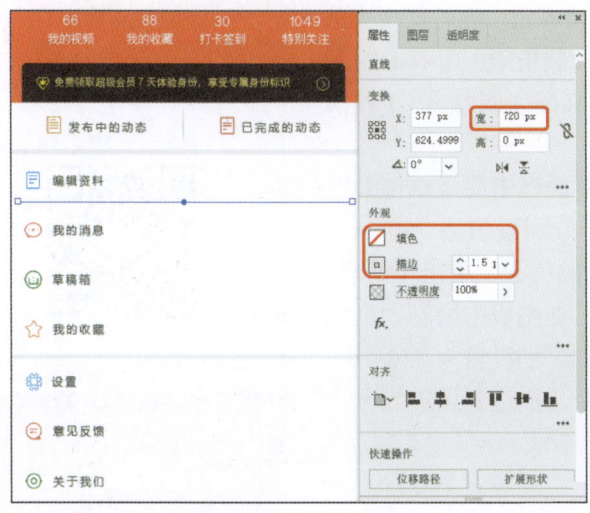

图 7-24

图 7-25

145

(25）将"个人中心素材 06.png"素材文件置入文档中，将其嵌入文档，并调整其位置。选中置入的素材文件，在【外观】面板中单击【添加新效果】按钮，在弹出的下拉菜单中选择【风格化】|【投影】命令，如图 7-26 所示。

（26）在弹出的【投影】对话框中将【模式】设置为【正片叠底】，将【不透明度】设置为 6%，将【X 位移】、【Y 位移】、【模糊】分别设置为 0 px、-2 px、3 px，将【颜色】设置为 #000000，如图 7-27 所示。

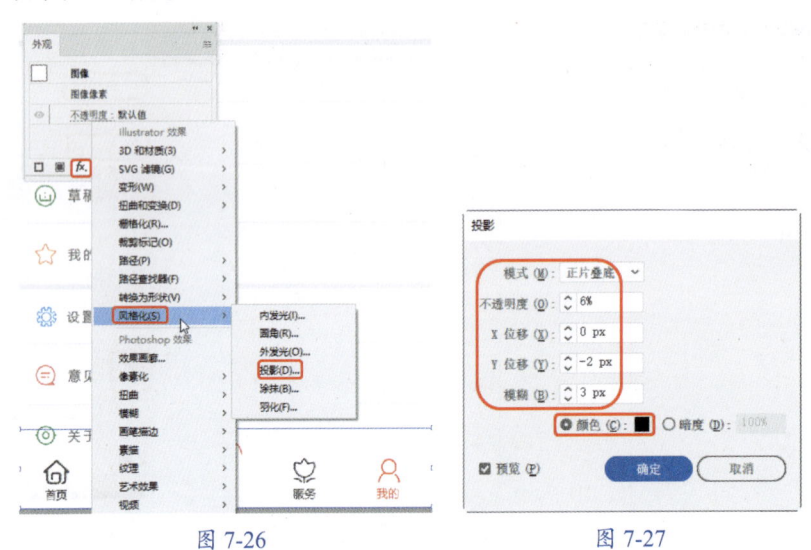

图 7-26　　　　　　图 7-27

（27）设置完成后单击【确定】按钮，对完成后的文档进行保存即可。

案例精讲 066　收款 UI 界面设计

本案例将介绍如何制作收款 UI 界面，首先使用【矩形工具】制作 UI 界面的背景，并为其填充渐变颜色；然后使用【钢笔工具】绘制图形制作背景纹理，使用【圆角矩形工具】绘制收款码背景，最后输入文字、置入素材文件完成收款 UI 界面的制作，效果如图 7-28 所示。

（1）按 Ctrl+N 组合键，在弹出的对话框中将【单位】设置为【像素】，将【宽度】、【高度】分别设置为 750 px、1334 px，将【颜色模式】设置为【RGB 颜色】，单击【创建】按钮。在工具栏中单击【矩形工具】，在画板中绘制一个矩形，在【变换】面板中将【宽】、【高】分别设置为 750 px、1334 px，将【填色】设置为 #f39800，将【描边】设置为无，如图 7-29 所示。

图 7-28

（2）在工具栏中单击【钢笔工具】，在画板中绘制一个图形，在【渐变】面板中将【类型】设置为【线性渐变】，将【角度】设置为 -177.8°，将左侧色标的颜色值设置为 #ffffff，将右侧色标的颜色值设置为 #ffffff，将右侧色标的【不透明度】设置为 0，将【描边】设置为无，如图 7-30 所示。

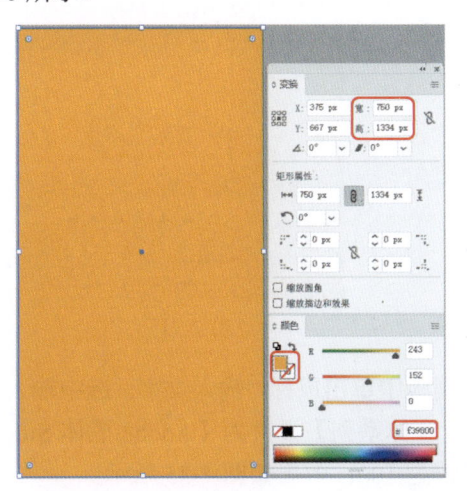

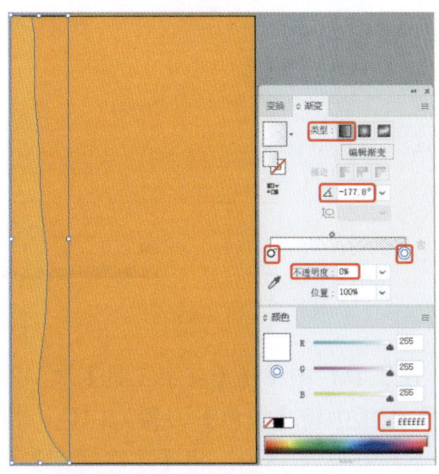

图 7-29　　　　　　　　　　图 7-30

（3）使用同样的方法在画板中绘制其他图形，并填充渐变颜色，效果如图 7-31 所示。

（4）将"收款素材 01.ai"素材文件置入文档中，将其嵌入文档，并在画板中调整其位置，效果如图 7-32 所示。

图 7-31　　　　　　　　　　图 7-32

（5）在工具栏中单击【矩形工具】，在画板中绘制一个矩形，在【变换】面板中将【宽】、【高】均设置为 17 px，将 X、Y 分别设置为 28 px、100 px，在【颜色】面板中将【填色】设置为无，将【描边】设置为白色，在【描边】面板中将【粗细】设置为 4 pt，单击【圆头端点】按钮和【圆角连接】按钮，如图 7-33 所示。

（6）选中绘制的矩形，在【属性】面板中将【旋转】设置为 45°，在工具栏中单击【直接选择工具】，选中右侧的锚点，按 Delete 键将选中的锚点删除，效果如图 7-34 所示。

147

图 7-33 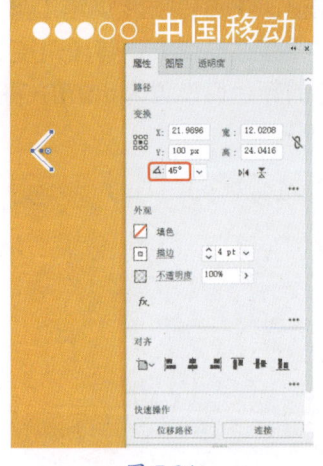　　　　　　　　　　　　　图 7-34

（7）在工具栏中单击【文字工具】，在画板中单击鼠标，输入文字。选中输入的文字，在【属性】面板中将【填色】设置为白色，将【字体系列】设置为【Adobe 黑体 Std R】，将【字体大小】设置为 35 pt，将【字符间距】设置为 100，效果如图 7-35 所示。

（8）在工具栏中单击【椭圆工具】，在画板中绘制 3 个【宽】、【高】均为 8 px 的圆形，将其【填色】设置为白色，将【描边】设置为无，并在画板中调整其位置，效果如图 7-36 所示。

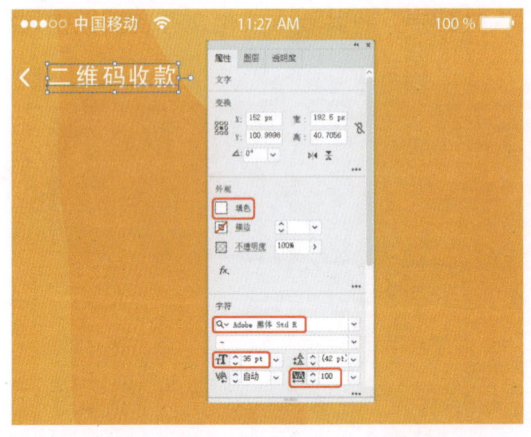

图 7-35 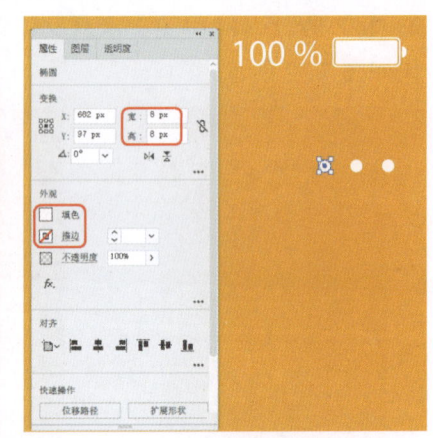　　　　　　　　　　　　　图 7-36

（9）在工具栏中单击【圆角矩形工具】，在画板中绘制一个圆角矩形，在【变换】面板中将【宽】、【高】分别设置为 701 px、760 px，将 X、Y 分别设置为 374.5 px、570 px，将圆角半径均设置为 20 px，在【颜色】面板中将【填色】设置为 #ffffff，将【描边】设置为无，如图 7-37 所示。

（10）再次使用工具栏中的【圆角矩形工具】，在画板中绘制一个圆角矩形，在【变换】面板中将【宽】、【高】分别设置为 701 px、120 px，将 X、Y 分别设置为 374.5 px、250 px，将圆角半径分别设置为 12 px、12 px、0 px、0 px，在【颜色】面板中将【填色】设置为 #f7f7f7，将【描边】设置为无，如图 7-38 所示。

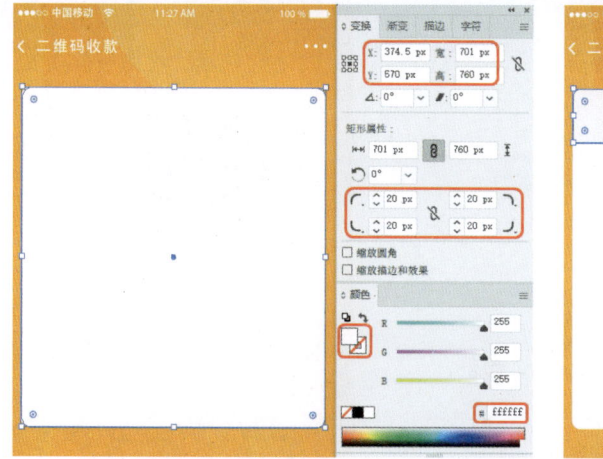

图 7-37 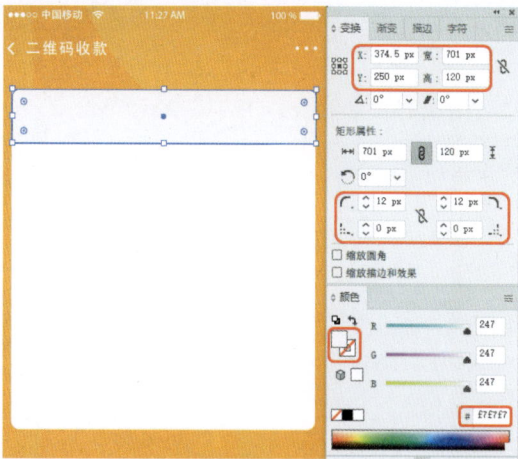　　　　　　　　　　　　图 7-38

（11）将"收款素材 02.ai"素材文件置入文档中，在工具栏中单击【文字工具】，在画板中单击鼠标，输入文字。选中输入的文字，在【属性】面板中将【填色】设置为 #f39800，将【字体系列】设置为【汉标中黑体】，将【字体大小】设置为 36 pt，将【字符间距】设置为 0，效果如图 7-39 所示。

（12）将前面绘制的圆形进行复制，在【属性】面板中将【宽】、【高】均设置为 7 px，将【填色】设置为 #c7c7c7，在画板中调整其位置，效果如图 7-40 所示。

图 7-39 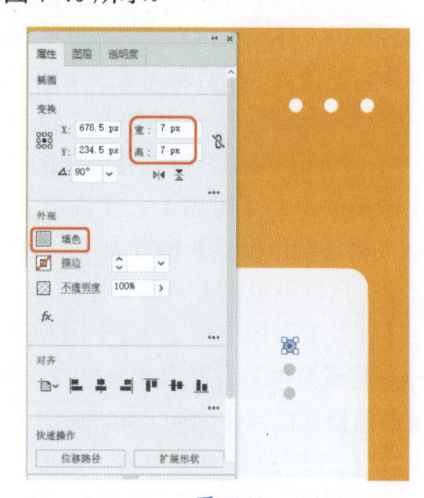　　　　　　　　　　　　图 7-40

（13）在工具栏中单击【文字工具】，在画板中单击鼠标，输入文字。选中输入的文字，在【属性】面板中将【填色】设置为 #4f4f4f，将【字体系列】设置为【Adobe 黑体 Std R】，将【字体大小】设置为 30 pt，将【字符间距】设置为 100，效果如图 7-41 所示。

（14）根据前面介绍的方法置入素材文件，并创建其他图形与文字内容，效果如图 7-42 所示。

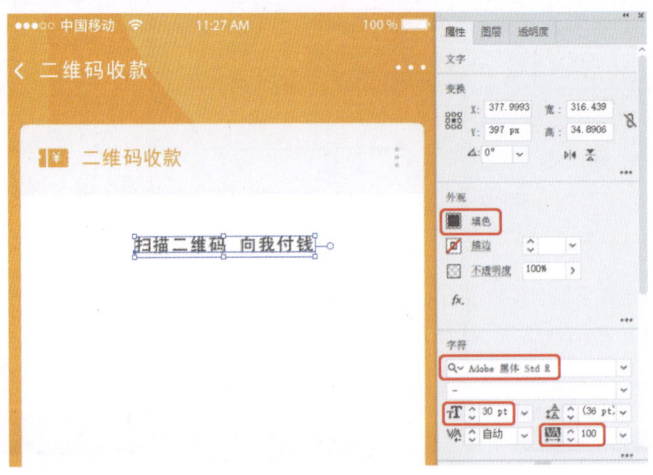

Illustrator CC 2023 平面创意设计案例课堂

图 7-41

图 7-42

案例精讲 067　手机 UI 登录界面设计

本案例将介绍如何制作手机 UI 登录界面，首先绘制一个矩形作为登录界面的背景，然后置入素材图片，在素材图片的上方绘制一个黑白渐变的矩形，为黑白渐变的矩形与图片创建【蒙版】效果，并设置素材图片的混合模式与不透明度，使图片与背景完美结合，最后利用【圆角矩形工具】与【文字工具】完善手机 UI 登录界面，效果如图 7-43 所示。

（1）按 Ctrl+N 组合键，在弹出的对话框中将【单位】设置为【像素】，将【宽度】、【高度】分别设置为 750 px、1334 px，将【颜色模式】设置为【RGB 颜色】，单击【创建】按钮。在工具栏中单击【矩形工具】，在画板中绘制一个矩形，在【属性】面板中将【宽】、【高】分别设置为 750 px、1334 px，将【填色】设置为 #257192，将【描边】设置为无，在画板中调整其位置，如图 7-44 所示。

（2）在【图层】面板中将"矩形"图层锁定，将"登录素材 01.jpg"素材文件置入文档中，嵌入素材，在【属性】面板中将【宽】、【高】分别设置为 750 px、500 px，将 X、Y 分别设置为 375 px、250 px，如图 7-45 所示。

图 7-43

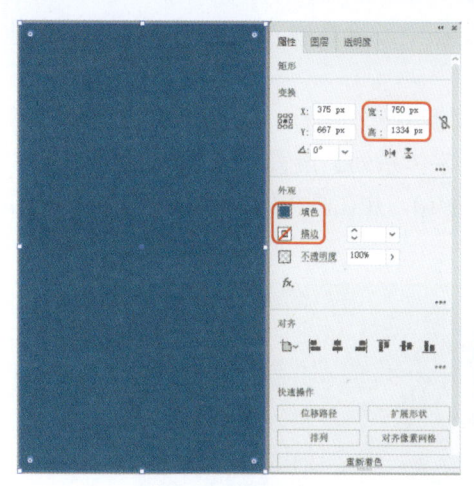

手机 APP 的 UI 设计　第 07 章

图 7-44 　　　　　　　　　　　　图 7-45

> **提示：**
> 除了使用上述方法锁定对象外，还可以通过以下操作锁定对象。
> 　　锁定所选对象：如果要锁定当前选择的对象，选择【对象】|【锁定】|【所示对象】命令，即可锁定所选对象。
> 　　锁定所有图层：如果要锁定所有图层，可在【图层】面板中选择所有的图层，单击【图层】面板右上角的 ≡ 按钮，在弹出的下拉菜单中选择【锁定所有图层】命令，即可将全部图层锁定。

（3）在工具栏中单击【矩形工具】 ▭，在画板中绘制一个矩形，在【变换】面板中将【宽】、【高】分别设置为 750 px、500 px，将 X、Y 分别设置为 375 px、250 px，在【渐变】面板中将【类型】设置为【线性渐变】，将【角度】设置为 90°，将左侧色标的颜色值设置为 #ffffff，将右侧色标的颜色值设置为 #000000，将上方的渐变滑块位置调整至 64％处，效果如图 7-46 所示。

（4）按 Ctrl+A 组合键选中画板中的所有对象，在【透明度】面板中单击【制作蒙版】按钮，勾选【反相蒙版】复选框，将【混合模式】设置为【叠加】，将【不透明度】设置为 50％，如图 7-47 所示。

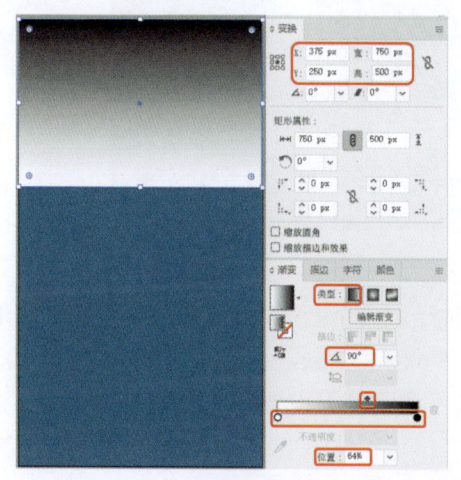

图 7-46 　　　　　　　　　　　　图 7-47

151

（5）将"登录素材 02.ai"素材文件置入文档中，将其嵌入文档，并在画板中调整其位置，效果如图 7-48 所示。

（6）在工具栏中单击【文字工具】，在画板中单击鼠标，输入文字。选中输入的文字，在【属性】面板中将【填色】设置为白色，将【字体系列】设置为【Adobe 黑体 Std R】，将【字体大小】设置为 37 pt，将【字符间距】设置为 10，并在画板中调整其位置，效果如图 7-49 所示。

图 7-48 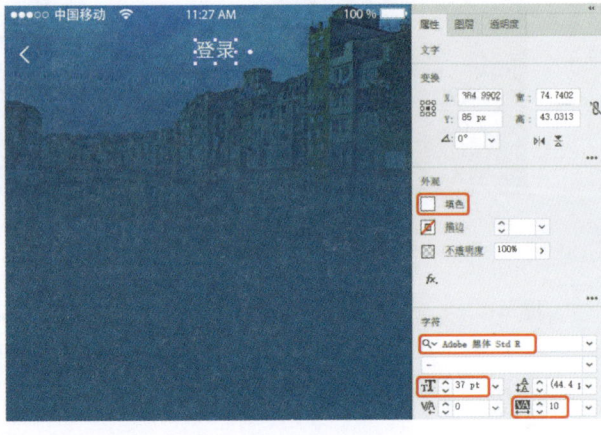　　　　　　　　　　　　图 7-49

（7）使用【文字工具】，在画板中单击鼠标，输入文字。选中输入的文字，在【属性】面板中将【填色】设置为白色，将【字体系列】设置为【Adobe 黑体 Std R】，将【字体大小】设置为 25 pt，将【字符间距】设置为 10，并在画板中调整其位置，效果如图 7-50 所示。

（8）在工具栏中单击【椭圆工具】，在画板中按住 Shift 键绘制一个圆形，在【属性】面板中将【宽】、【高】均设置为 220 px，将 X、Y 分别设置为 385 px、337 px，将【填色】设置为白色，将【描边】设置为无，将【不透明度】设置为 70%，如图 7-51 所示。

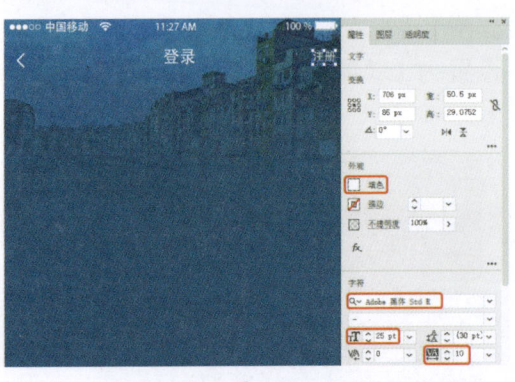

图 7-50 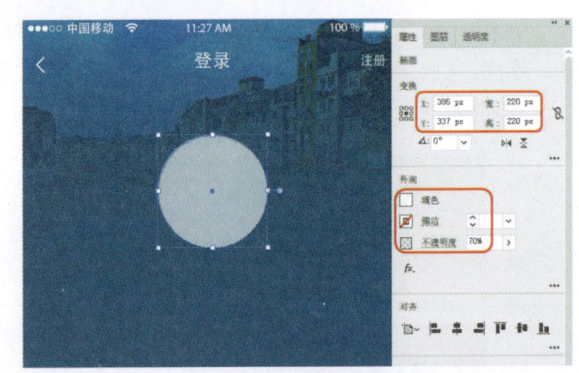　　　　　　　　　　　　图 7-51

（9）使用【椭圆工具】在画板中按住 Shift 键绘制一个圆形，在【变换】面板中将【宽】、【高】均设置为 196 px，将 X、Y 分别设置为 385 px、337 px，在【外观】面板中将【描边】设置为白色，将【描边粗细】设置为 6 pt，将【不透明度】设置为 70%，将【填色】设置为白色，如图 7-52 所示。

（10）将"登录素材 03.jpg"素材文件置入文档中，并将其嵌入文档，在【属性】面板中将【宽】、【高】分别设置为 282 px、352.5 px，将 X、Y 分别设置为 385 px、382 px，效果如图 7-53 所示。

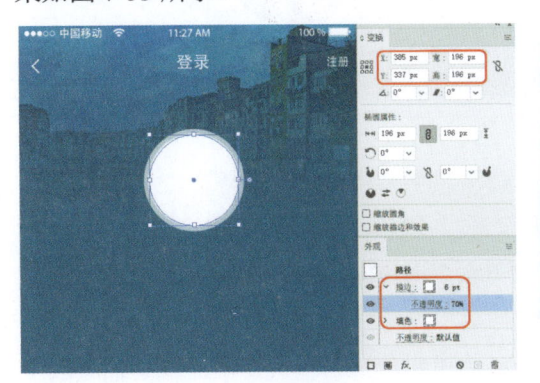

图 7-52 　　　　　　　　　　　图 7-53

（11）在工具栏中单击【椭圆工具】，在画板中按住 Shift 键绘制一个圆形，在【属性】面板中将【宽】、【高】均设置为 182 px，将 X、Y 分别设置为 385 px、337 px，将【填色】设置为白色，将【描边】设置为无，如图 7-54 所示。

（12）在画板中选中新绘制的圆形以及新置入的素材文件，右击鼠标，在弹出的快捷菜单中选择【建立剪切蒙版】命令，如图 7-55 所示。

图 7-54 　　　　　　　　　　　图 7-55

（13）在工具栏中单击【圆角矩形工具】，在画板中绘制一个圆角矩形，在【变换】面板中将【宽】、【高】分别设置为 575 px、93 px，将 X、Y 分别设置为 377.5 px、565.5 px，将所有的圆角半径均设置为 10 px，在【颜色】面板中将【填色】设置为白色，将【描边】设置为无，效果如图 7-56 所示。

（14）将"登录素材 04.png"素材文件置入文档中，并将其嵌入文档，在工具栏中单击【直线段工具】，在画板中按住 Shift 键绘制一条垂直直线，在【属性】面板中将【高】设置为 33 px，将【填色】设置为无，将【描边】设置为 #b5b5b5，将【描边粗细】设置为 1 pt，在画板中调整其位置，效果如图 7-57 所示。

153

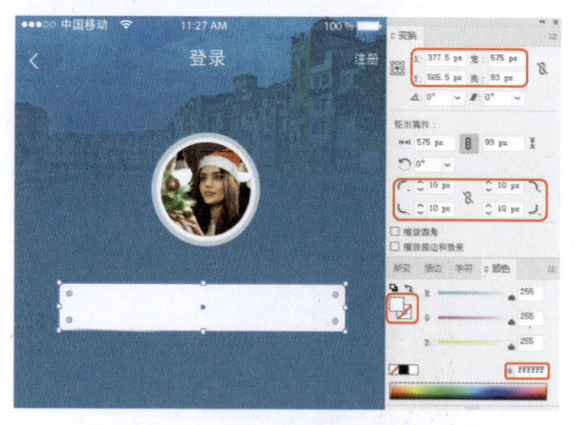

Illustrator CC 2023 平面创意设计案例课堂

图 7-56

图 7-57

（15）在工具栏中单击【文字工具】 T，在画板中单击鼠标，输入文字。选中输入的文字，在【属性】面板中将【填色】设置为 #acacac，将【字体系列】设置为【汉标中黑体】，将【字体大小】设置为 28 pt，将【字符间距】设置为 0，如图 7-58 所示。

（16）复制前面制作的图形与文字内容，并对文字内容进行修改，将"登录素材 05.png"素材文件置入文档中，将其嵌入文档，如图 7-59 所示。

图 7-58

图 7-59

（17）在工具栏中单击【文字工具】 T，在画板中单击鼠标，输入文字。选中输入的文字，在【属性】面板中将【填色】设置为 #bbbbbb，将【字体系列】设置为【汉标中黑体】，将【字体大小】设置为 20 pt，将【字符间距】设置为 0，在画板中调整其位置，如图 7-60 所示。

（18）在工具栏中单击【圆角矩形工具】 ，在画板中绘制一个圆角矩形，在【变换】面板中将【宽】、【高】分别设置为 277 px、86 px，将所有的圆角半径均设置为 43 px，在【颜色】面板中将【填色】设置为 #2ebdff，将【描边】设置为无，在画板中调整其位置，效果如图 7-61 所示。

（19）在工具栏中单击【文字工具】 T，在画板中单击鼠标，输入文字。选中输入的文字，在【属性】面板中将【填色】设置为白色，将【字体系列】设置为【Adobe 黑体 Std R】，将【字体大小】设置为 30 pt，将【字符间距】设置为 100，在画板中调整其位置，如图 7-62 所示。

（20）在画板中选择蓝色圆角矩形与新输入的文字，按住 Alt 键对选中的对象进行复制，选中复制的圆角矩形，在【属性】面板中将【填色】设置为 #ffb400，然后将复制的文字内容进行修改，效果如图 7-63 所示。

图 7-60

图 7-61

图 7-62

图 7-63

（21）在工具栏中单击【文字工具】，在画板中单击鼠标，输入文字。选中输入的文字，在【属性】面板中将【填色】设置为 #d5d5d5，将【字体系列】设置为【Adobe 黑体 Std R】，将【字体大小】设置为 20 pt，将【字符间距】设置为 0，在画板中调整其位置，如图 7-64 所示。

（22）在工具栏中单击【直线段工具】，在画板中绘制两条水平直线，并将【填色】设置为无，将【描边】设置为白色，将【描边粗细】设置为 1 pt，并根据前面介绍的方法置入"登录素材 06.png"素材文件，效果如图 7-65 所示。

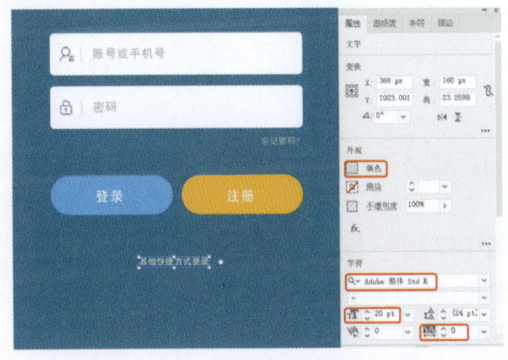

图 7-64

图 7-65

案例精讲 068 手机出票 UI 界面设计

本案例将介绍如何制作手机出票 UI 界面，首先使用【矩形工具】与【椭圆工具】绘制图形，然后为绘制的图形建立复合路径，最后为建立的复合路径添加投影效果，效果如图 7-66 所示。

（1）按 Ctrl+N 组合键，在弹出的对话框中将【单位】设置为【像素】，将【宽度】、【高度】分别设置为 750 px、1334 px，将【颜色模式】设置为【RGB 颜色】，单击【创建】按钮。在工具栏中单击【矩形工具】，在画板中绘制一个矩形，在【属性】面板中将【宽】、【高】分别设置为 750 px、810 px，将【填色】设置为 #68b1e8，将【描边】设置为无，在画板中调整其位置，如图 7-67 所示。

（2）在工具栏中单击【矩形工具】，在画板中绘制一个矩形，在【属性】面板中将【宽】、【高】分别设置为 750 px、541 px，将【填色】设置为 #edf1fa，将【描边】设置为无，在画板中调整其位置，效果如图 7-68 所示。

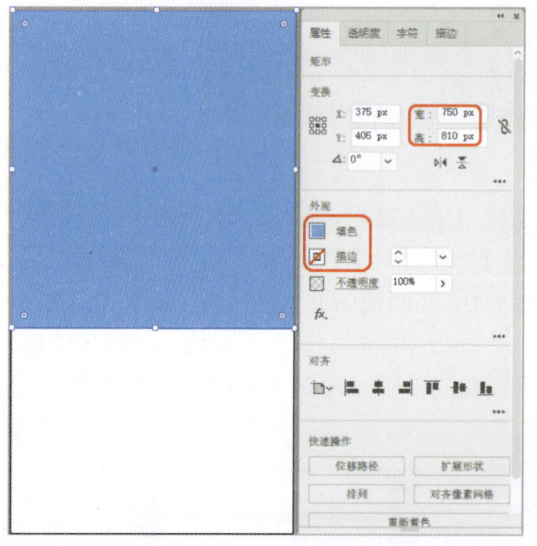

图 7-66

图 7-67 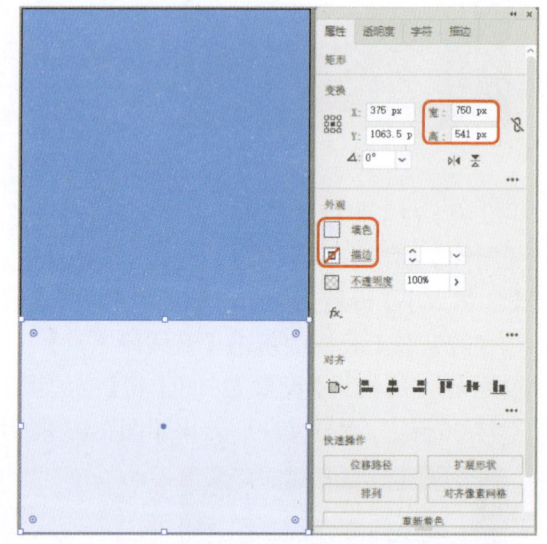　　　　　　　　　图 7-68

（3）将"出票素材 01.ai"与"出票素材 02.ai"素材文件置入文档中，并将其嵌入文档，在画板中调整其位置，效果如图 7-69 所示。

（4）在工具栏中单击【矩形工具】，在画板中绘制一个矩形，在【属性】面板中将【宽】、【高】分别设置为 678 px、931 px，将 X、Y 分别设置为 379 px、824.5 px，将【填色】设置为 #fdfdfd，将【描边】设置为无，效果如图 7-70 所示。

手机 APP 的 UI 设计　第 07 章

图 7-69 　　　　　　　　　　　　　　图 7-70

（5）在工具栏中单击【椭圆工具】，在画板中按住 Shift 键绘制一个正圆，在【属性】面板中将【宽】、【高】均设置为 55 px，将 X、Y 分别设置为 40.5 px、1016.5 px，将【填色】设置为#0099ff，将【描边】设置为无，效果如图 7-71 所示。

（6）在工具栏中单击【选择工具】，选中绘制的圆形，按 Alt+Shift 组合键向右进行水平复制，如图 7-72 所示。

图 7-71 　　　　　　　　　　　　　　图 7-72

（7）在画板中选择两个蓝色圆形与白色矩形，在【路径查找器】面板中单击【减去顶层】按钮，减去后的效果如图 7-73 所示。

（8）使用【椭圆工具】在画板中绘制多个【宽】、【高】均为 23.5 px 的正圆，并为其填充任意一种颜色，效果如图 7-74 所示。

（9）在画板中选择绘制的所有圆形与白色矩形，在【路径查找器】面板中单击【减去顶层】按钮，减去后的效果如图 7-75 所示。

（10）选中白色矩形，在【外观】面板中单击【添加新效果】按钮，在弹出的下拉菜单中选择【风格化】|【投影】命令，如图 7-76 所示。

157

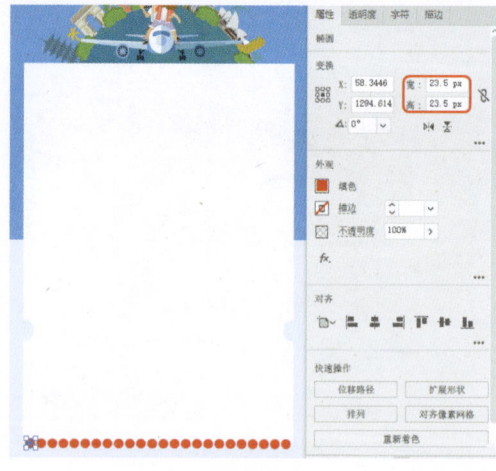

Illustrator CC 2023 平面创意设计案例课堂

图 7-73

图 7-74

图 7-75

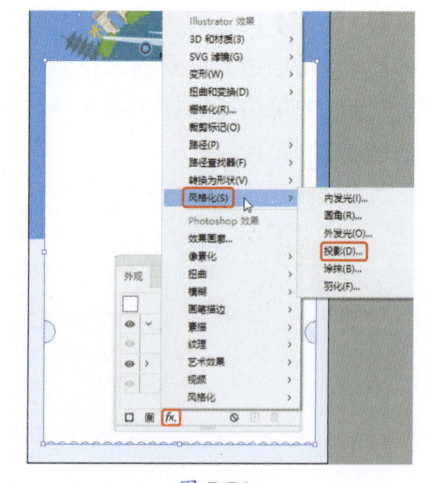

图 7-76

（11）在弹出的【投影】对话框中将【模式】设置为【正片叠底】，将【不透明度】设置为 23%，将【X 位移】、【Y 位移】、【模糊】分别设置为 0 px、11 px、8 px，将【颜色】设置为 #0b7aec，如图 7-77 所示。

（12）设置完成后单击【确定】按钮。在工具栏中单击【圆角矩形工具】 ▭ ，在【变换】面板中将【宽】、【高】分别设置为 164 px、43 px，将 X、Y 分别设置为 170.5 px、436.5 px，将所有的圆角半径均设置为 21.5 px，在【颜色】面板中将【填色】设置为无，将【描边】设置为 #7ed321，在【描边】面板中将【粗细】设置为 0.7 pt，如图 7-78 所示。

（13）在工具栏中单击【文字工具】 T ，在画板中单击鼠标，输入文字。选中输入的文字，在【属性】面板中将【填色】设置为 #76be26，将【字体系列】设置为【微软雅黑】，将【字体大小】设置为 20 pt，将【字符间距】设置为 0，效果如图 7-79 所示。

（14）使用【文字工具】在画板中单击鼠标，输入文字。选中输入的文字，在【属性】面板中将【填色】设置为 #161646，将【字体系列】设置为【微软雅黑】，将【字体大小】设置为 34 pt，将【字符间距】设置为 130，效果如图 7-80 所示。

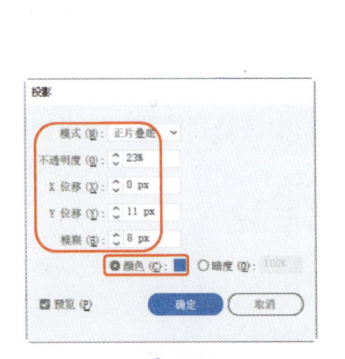

手机 APP 的 UI 设计　第 07 章

图 7-77 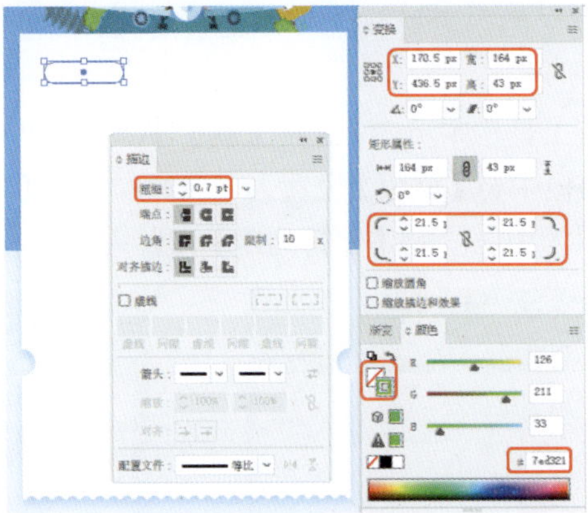　　　　　　　　　图 7-78

图 7-79 　　　　　　　　　图 7-80

（15）根据前面介绍的方法在画板中输入其他文字，效果如图 7-81 所示。

（16）在工具栏中单击【直线段工具】，在画板中按住 Shift 键绘制一条水平直线，在【变换】面板中将【宽】设置为 604 px，将 X、Y 分别设置为 377 px、1022 px，在【描边】面板中将【粗细】设置为 1 pt，将【端点】设置为【方头端点】，选中【虚线】复选框，将【虚线】设置为 7 pt，在【颜色】面板中将【填色】设置为无，将【描边】设置为 #979797，如图 7-82 所示。

图 7-81 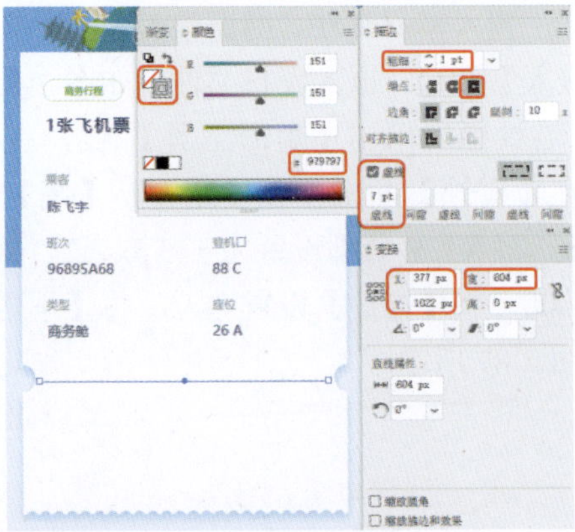　　　　　　　　　图 7-82

159

（17）将"出票素材03.ai""出票素材04.ai"素材文件置入文档中，并调整其位置，效果如图7-83所示。

（18）在工具栏中单击【文字工具】，在画板中单击鼠标，输入文字。选中输入的文字，在【属性】面板中将【填色】设置为#848484，将【字体系列】设置为【创艺简黑体】，将【字体大小】设置为30 pt，将【字符间距】设置为75，在画板中调整其位置，效果如图7-84所示。

图 7-83　　　　　图 7-84

案例精讲 069　购物 UI 界面设计

本案例将介绍如何制作购物 UI 界面，首先使用【矩形工具】、【椭圆工具】制作页面效果，然后添加相应的素材文件进行美化，效果如图 7-85 所示。

（1）按 Ctrl+N 组合键，在弹出的对话框中将【单位】设置为【像素】，将【宽度】、【高度】分别设置为 750 px、1334 px，将【颜色模式】设置为【RGB 颜色】，单击【创建】按钮。按 Shift+Ctrl+P 组合键，在弹出的对话框中选择"素材\Cha07\购物素材 01.jpg"素材文件，单击【置入】按钮，在画板中单击鼠标，置入素材文件，并调整其位置。在【属性】面板中单击【嵌入】按钮，嵌入素材文件，如图 7-86 所示。

（2）在工具栏中单击【矩形工具】，在画板中绘制一个矩形，在【属性】面板中将【宽】、【高】分别设置为750 px、46 px，将 X、Y 分别设置为 375 px、23 px，将【填色】设置为#000000，将【描边】设置为无，将【不透明度】设置为 40%，如图 7-87 所示。

图 7-85

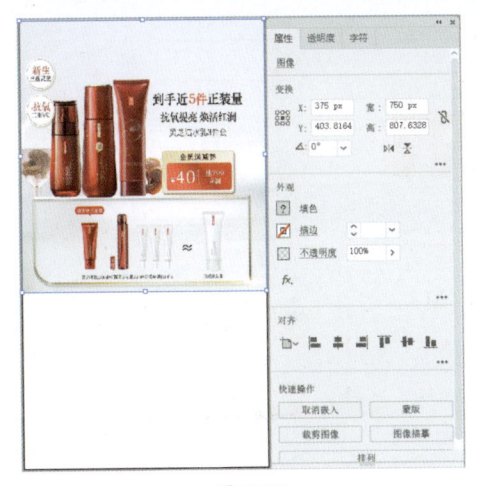

图 7-86 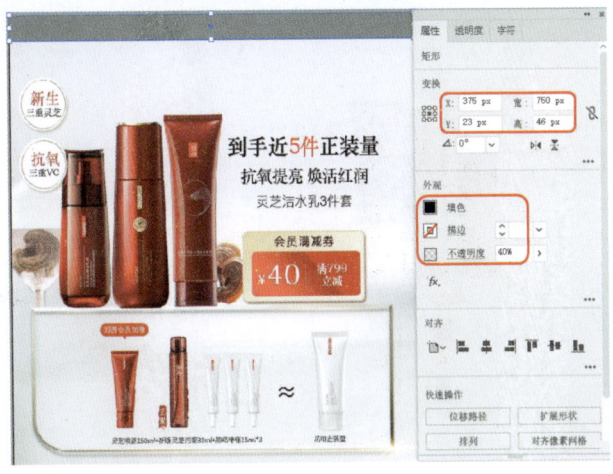　　　　　　　　　　　　　　图 7-87

（3）将"购物素材 02.png"素材文件置入文档中，并将其嵌入文档，在画板中调整其位置，效果如图 7-88 所示。

（4）在工具栏中单击【椭圆工具】○，在画板中按住 Shift 键绘制一个正圆，在【属性】面板中将【宽】、【高】均设置为 60 px，将 X、Y 分别设置为 47 px、81 px，将【填色】设置为黑色，将【描边】设置为无，将【不透明度】设置为 50%，如图 7-89 所示。

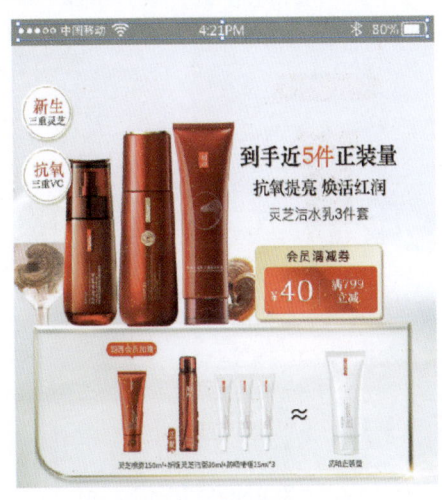

图 7-88 　　　　　　　　　　　　　　图 7-89

（5）在画板中对绘制的圆形进行复制，并调整其位置，根据前面介绍的方法将"购物素材 03.png"与"购物素材 04.png"素材文件置入文档中，并将其嵌入文档，在画板中调整其大小与位置，效果如图 7-90 所示。

（6）在工具栏中单击【圆角矩形工具】□，在画板中绘制一个圆角矩形，在【变换】面板中将【宽】、【高】分别设置为 70 px、40 px，将 X、Y 分别设置为 693 px、775 px，将所有的圆角半径均设置为 20 px，在【颜色】面板中将【填色】设置为 #000000，将【描边】设置为无，在【透明度】面板中将【不透明度】设置为 50%，效果如图 7-91 所示。

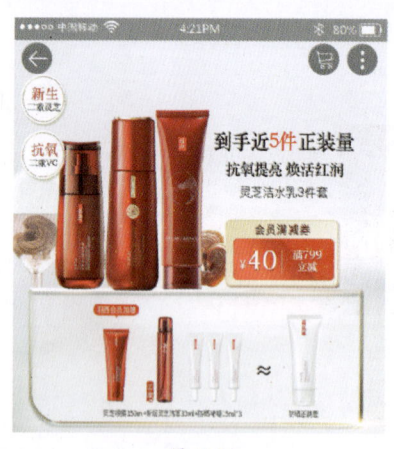

图 7-90 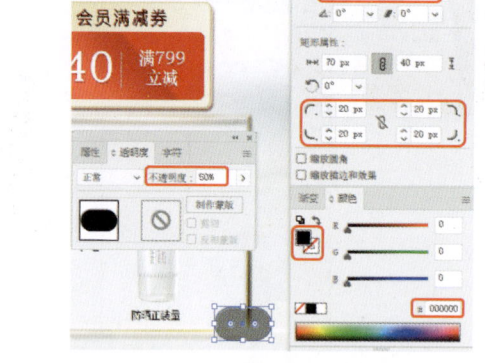　　　　　　　　　　　　　　图 7-91

（7）在工具栏中单击【文字工具】，在画板中单击鼠标，输入文字。选中输入的文字，在【属性】面板中将【填色】设置为白色，将【字体系列】设置为【微软雅黑】，将【字体大小】设置为 24 pt，将【字符间距】设置为 25，效果如图 7-92 所示。

（8）在工具栏中单击【文字工具】，在画板中单击鼠标，输入文字。选中输入的文字，在【属性】面板中将【填色】设置为 #fe2448，将【字体系列】设置为【微软雅黑】，将【字体大小】设置为 44 pt，将【字符间距】设置为 25，将"¥"的【字体大小】设置为 35 pt，效果如图 7-93 所示。

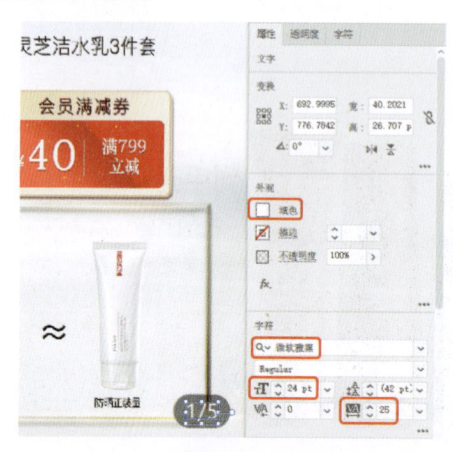

图 7-92 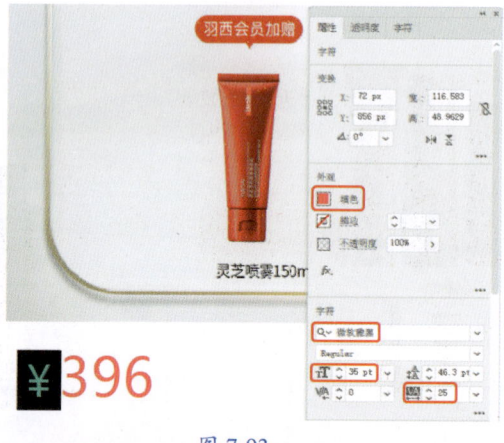　　　　　　　　　　　　　　图 7-93

（9）使用【文字工具】在画板中输入文字，选中输入的文字，在【字符】面板中将【字体系列】设置为【微软雅黑】，将【字体大小】设置为 26 pt，将【字符间距】设置为 25，将"¥"的【字体大小】设置为 22 pt，单击【删除线】按钮，在【颜色】面板中将【填色】设置为 #a6a6a6，效果如图 7-94 所示。

（10）使用同样的方法在画板中输入其他文字，并对输入的文字进行相应的设置，效果如图 7-95 所示。

（11）将"购物素材 05.png"素材文件置入文档中，并将其嵌入文档，在画板中调整其位置。在工具栏中单击【直线段工具】，在画板中按住 Shift 键绘制一条水平直线，在【变换】面板中将【宽】设置为 737 px，在【描边】面板中将【粗细】设置为 1 pt，取消选中【虚线】复选框，在【颜色】面板中将【填色】设置为无，将【描边】设置为 #c8c8c8，如图 7-96 所示。

（12）在工具栏中单击【矩形工具】，在画板中绘制一个矩形，在【属性】面板中将【宽】、【高】分别设置为 750 px、25 px，将【填色】设置为 #f1f1f1，将【描边】设置为无，并在画板中调整其位置，效果如图 7-97 所示。

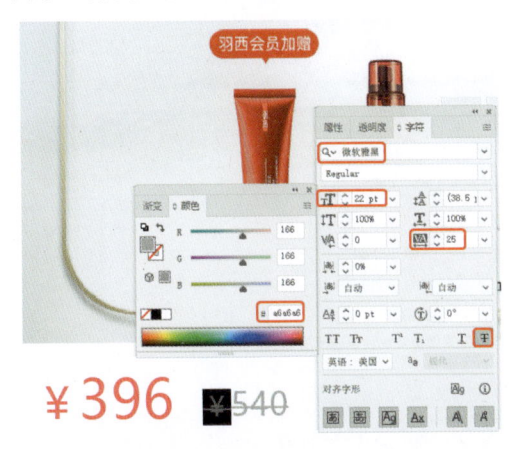

图 7-94

图 7-95

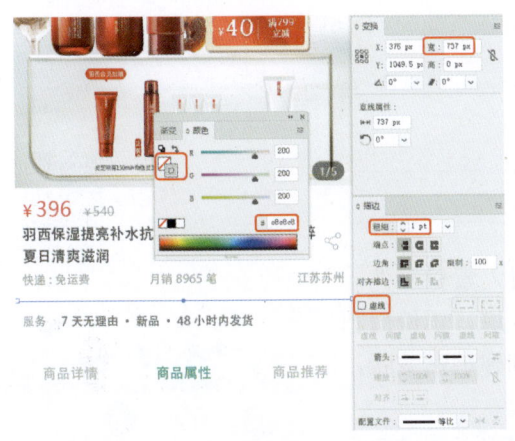

图 7-96

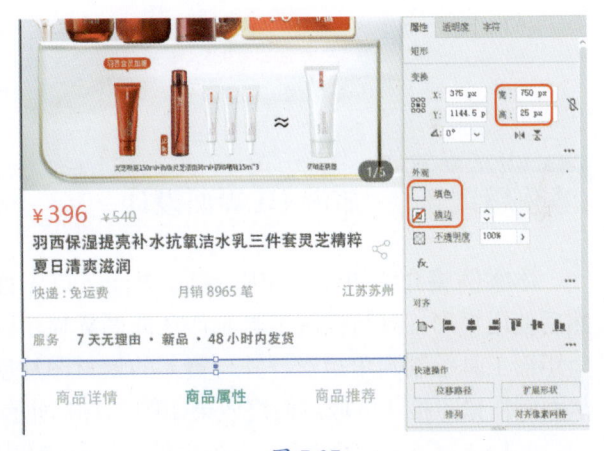

图 7-97

（13）将"购物素材 06.jpg"素材文件置入文档中，并将其嵌入文档，在画板中调整其位置，效果如图 7-98 所示。

（14）在工具栏中单击【矩形工具】，在画板中绘制一个矩形，在【属性】面板中将【宽】、【高】分别设置为 240 px、100 px，将【填色】设置为 #ffcc00，将【描边】设置为无，并在画板中调整其位置，效果如图 7-99 所示。

（15）在工具栏中单击【文字工具】，在画板中单击鼠标，输入文字。选中输入的文字，在【属性】面板中将【填色】设置为 #fefefe，将【字体系列】设置为【黑体】，将【字体大小】设置为 34 pt，将【字符间距】设置为 0，效果如图 7-100 所示。

163

（16）对绘制的矩形与输入的文字进行复制，并将复制后的矩形的【填色】更改为#ff3855，然后修改复制的文字，效果如图7-101所示。

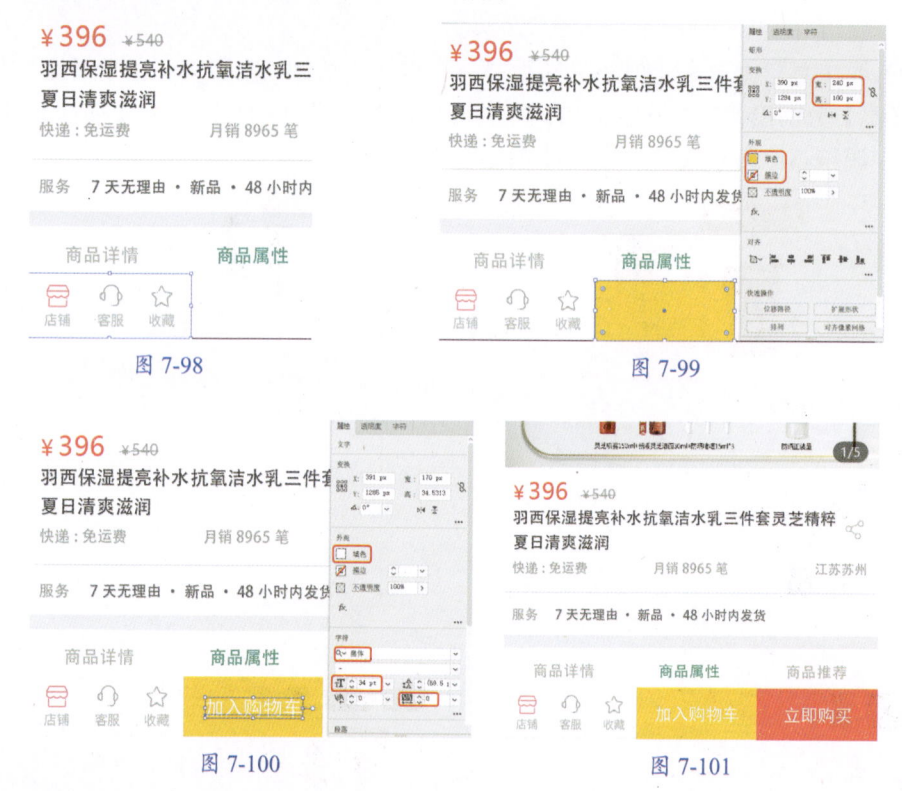

图7-98

图7-99

图7-100

图7-101

案例精讲070 旅游UI界面设计

本案例将介绍如何制作旅游UI界面，首先置入素材文件，然后使用矩形工具与椭圆工具制作功能图标显示区域，再使用圆角矩形工具绘制圆角矩形，并与置入的素材图片创建剪贴蒙版，从而制作景点推荐区域，最终效果如图7-102所示。

（1）按Ctrl+N组合键，在弹出的对话框中将【单位】设置为【像素】，将【宽度】、【高度】分别设置为750 px、1334 px，将【颜色模式】设置为【RGB颜色】，单击【创建】按钮。按Shift+Ctrl+P组合键，在弹出的对话框中选择"素材\Cha07\旅游素材01.jpg"素材文件，单击【置入】按钮，在画板中单击鼠标，在画板中调整其位置，在【属性】面板中单击【嵌入】按钮，如图7-103所示。

（2）使用同样的方法将"旅游素材02.ai"素材文件置入文档中，并嵌入文档，在画板中调整其位置，效果如图7-104所示。

图7-102

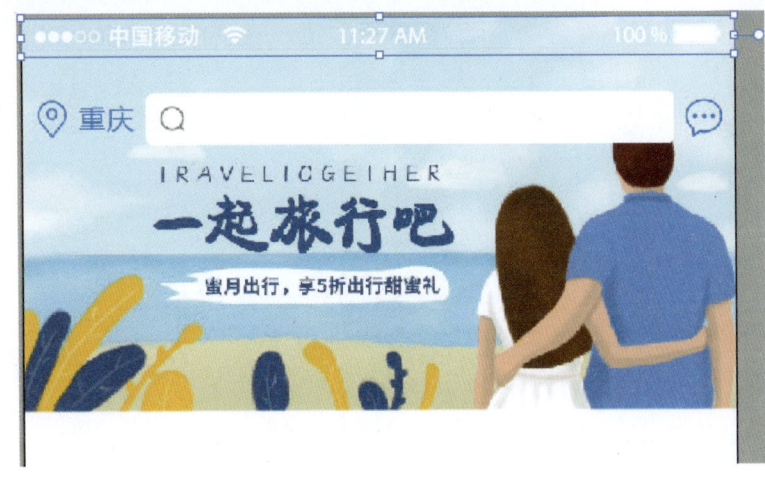

图 7-103 图 7-104

（3）在工具栏中单击【文字工具】，在画板中单击鼠标，输入文字。选中输入的文字，在【字符】面板中将【字体系列】设置为【汉仪中黑简】，将【字体大小】设置为 28 pt，将【垂直缩放】设置为 90%，将【字符间距】设置为 0，在【颜色】面板中将【填色】设置为 #888989，并在画板中调整其位置，效果如图 7-105 所示。

（4）在工具栏中单击【矩形工具】，在画板中绘制一个矩形，在【属性】面板中将【宽】、【高】分别设置为 750 px、1334 px，将【填色】设置为 #eeeeee，将【描边】设置为无，并在画板中调整其位置，效果如图 7-106 所示。

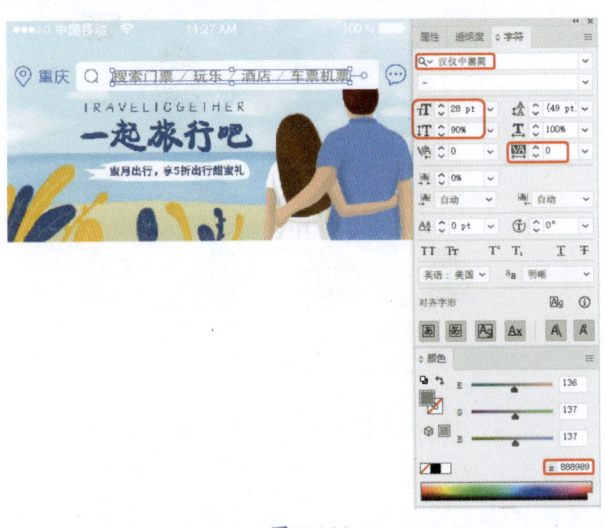

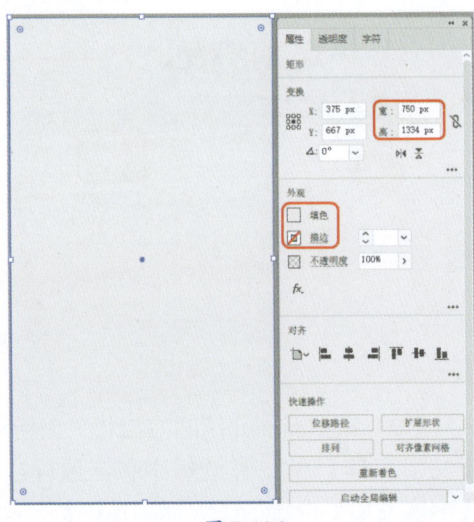

图 7-105 图 7-106

（5）选中绘制的矩形，右击鼠标，在弹出的快捷菜单中选择【排列】|【置于底层】命令，如图 7-107 所示。

（6）在工具栏中单击【矩形工具】，在画板中绘制一个矩形，在【属性】面板中将【宽】、【高】分别设置为 750 px、328 px，将 X、Y 分别设置为 375 px、483 px，将【填色】设置为 #ffffff，将【描边】设置为无，效果如图 7-108 所示。

图 7-107　　　　　　　　　　　　　　　　图 7-108

　　（7）在工具栏中单击【椭圆工具】◯，在画板中按住 Shift 键绘制一个正圆，在【属性】面板中将【宽】、【高】均设置为 90 px，将 X、Y 分别设置为 107 px、382 px，将【填色】设置为 #fe7656，将【描边】设置为无，效果如图 7-109 所示。

　　（8）对绘制的圆形进行复制，并修改复制圆形的填色与位置，效果如图 7-110 所示。

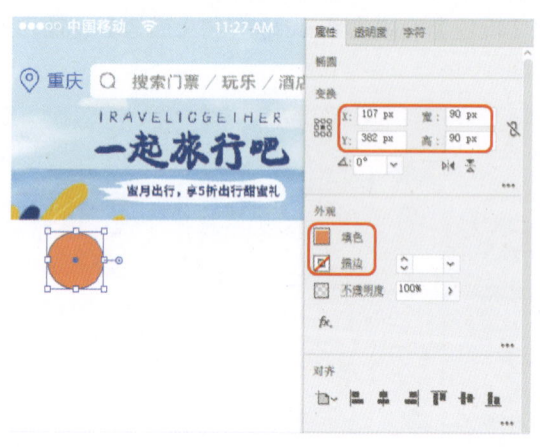

图 7-109　　　　　　　　　　　　　　　　图 7-110

　　（9）根据前面介绍的方法将"旅游素材 03.png"素材文件置入文档中。在工具栏中单击【文字工具】T，在画板中单击鼠标，输入文字。选中输入的文字，在【字符】面板中将【字体系列】设置为【汉标中黑体】，将【字体大小】设置为 28 pt，将【垂直缩放】设置为 100%，将【字符间距】设置为 0，在【颜色】面板中将【填色】设置为 #333333，并在画板中调整其位置，如图 7-111 所示。

　　（10）使用同样的方法在画板中输入其他文字，效果如图 7-112 所示。

　　（11）在工具栏中单击【矩形工具】▭，在画板中绘制一个矩形，在【属性】面板中将【宽】、【高】分别设置为 750 px、576 px，将 X、Y 分别设置为 375 px、949 px，将【填色】设置为 #ffffff，将【描边】设置为无，效果如图 7-113 所示。

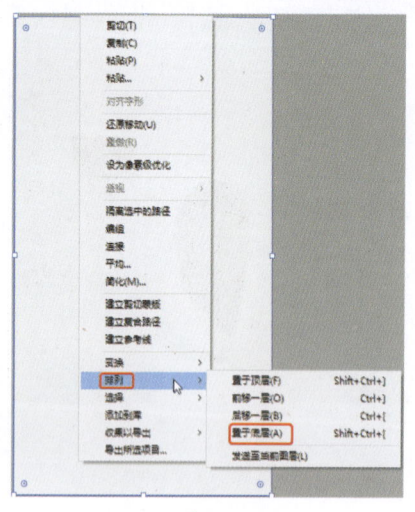

手机 APP 的 UI 设计　第 07 章

（12）在工具栏中单击【文字工具】，在画板中单击鼠标，输入文字。选中输入的文字，在【字符】面板中将【字体系列】设置为【汉标中黑体】，将【字体大小】设置为 36 pt，将【垂直缩放】设置为 90%，将【字符间距】设置为 0，在【颜色】面板中将【填色】设置为 #262626，如图 7-114 所示。

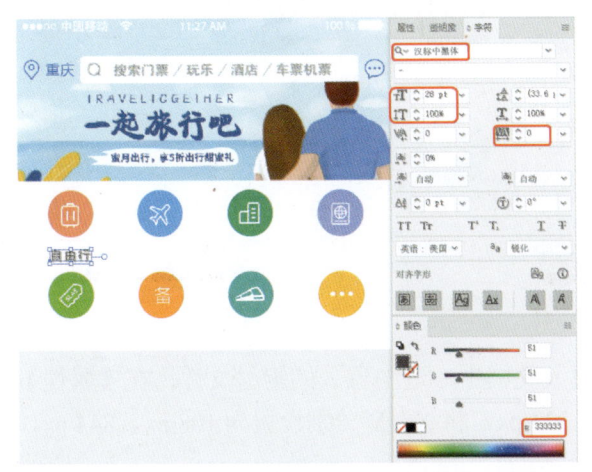

图 7-111 　　　　　　　　　　　　图 7-112

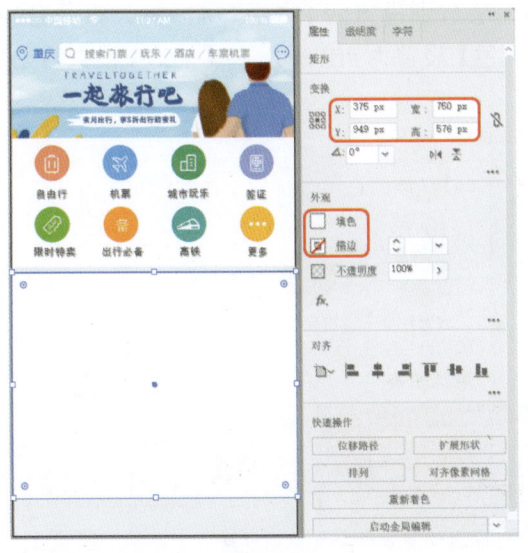

图 7-113 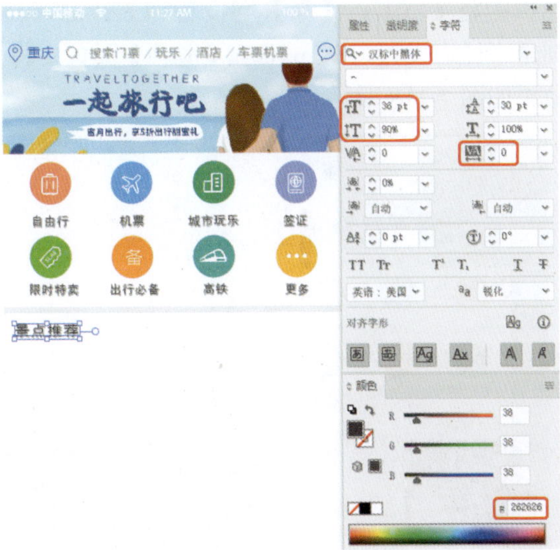　　　　　　　　　　　　图 7-114

（13）在工具栏中单击【文字工具】，在画板中单击鼠标，输入文字。选中输入的文字，在【字符】面板中将【字体系列】设置为【汉标中黑体】，将【字体大小】设置为 28 pt，将【垂直缩放】设置为 100%，将【字符间距】设置为 0，在【颜色】面板中将【填色】设置为 #999999，如图 7-115 所示。

（14）在工具栏中单击【钢笔工具】，在画板中绘制图形，如图 7-116 所示，在【描边】面板中将【粗细】设置为 1.3 pt，单击【圆头端点】按钮与【圆角连接】按钮，在【颜色】面板中将【填色】设置为无，将【描边】设置为 #a7a7a7。

167

图 7-115　　　　　　　　　　　　　图 7-116

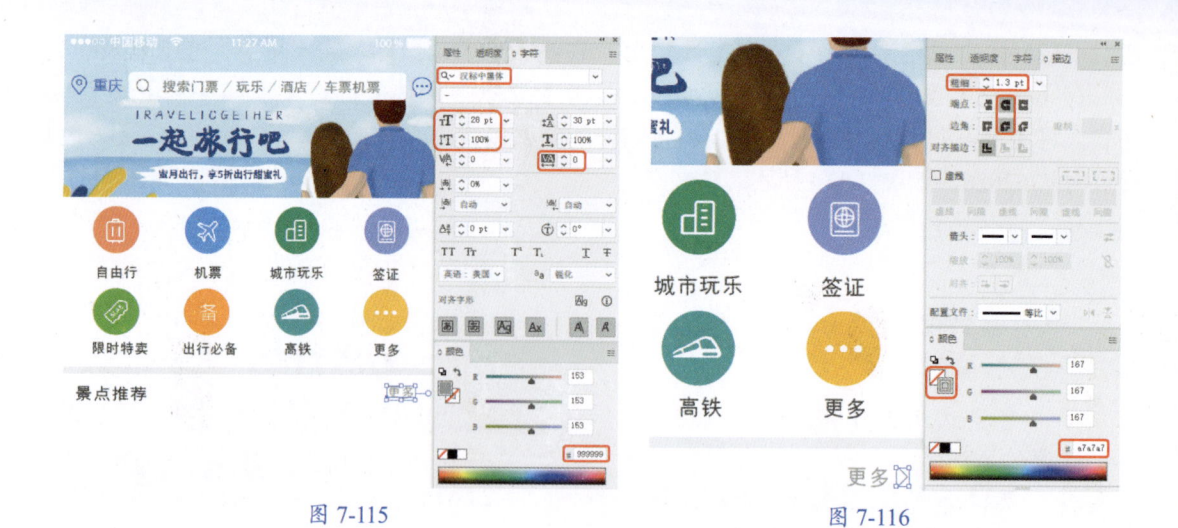

（15）将"旅游素材 04.jpg"素材文件置入文档中，选中置入的素材文件，在【属性】面板中将【宽】、【高】分别设置为 338 px、223 px，将 X、Y 分别设置为 108 px、844 px，效果如图 7-117 所示。

（16）在工具栏中单击【圆角矩形工具】，在画板中绘制一个圆角矩形，在【变换】面板中将【宽】、【高】均设置为 220 px，将 X、Y 分别设置为 135 px、846 px，将所有的圆角半径均设置为 12 px，在【颜色】面板中将【填色】设置为 #ff7200，将【描边】设置为无，效果如图 7-118 所示。

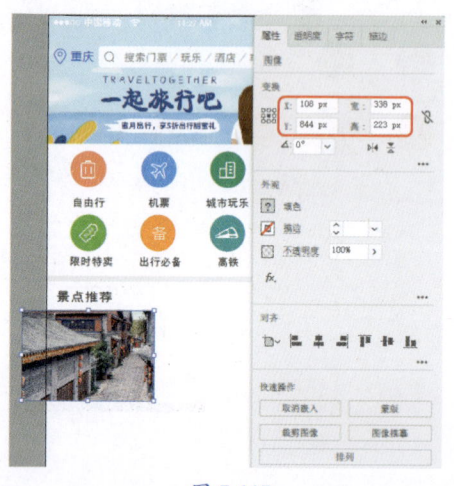

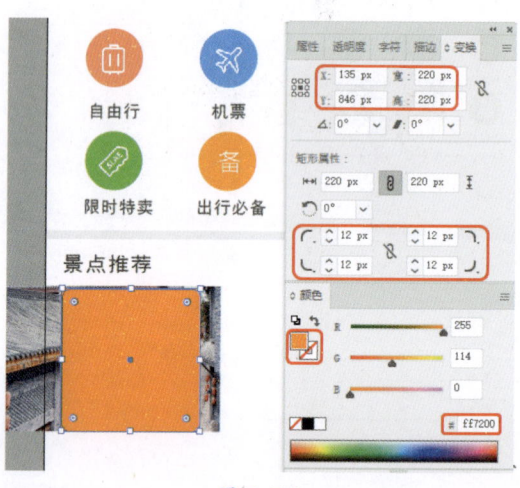

图 7-117　　　　　　　　　　　　　图 7-118

（17）选中置入的素材文件与新绘制的圆角矩形，右击鼠标，在弹出的快捷菜单中选择【建立剪切蒙版】命令。在工具栏中单击【钢笔工具】，在画板中绘制如图 7-119 所示的图形，并将其【填色】设置为白色。

（18）在工具栏中单击【椭圆工具】，在画板中按住 Shift 键绘制一个正圆，在【属性】面板中将【宽】、【高】均设置为 8 px，将【填色】设置为 #fff800，将【描边】设置为无，并在画板中调整其位置，效果如图 7-120 所示。

图 7-119 　　　　　　　　　　　　图 7-120

　　（19）选中绘制的两个图形，在【路径查找器】面板中单击【减去顶层】按钮，选中减去顶层后的图形，在【属性】面板中将【不透明度】设置为70%，如图7-121所示。

　　（20）在工具栏中单击【文字工具】，在画板中单击鼠标，输入文字。选中输入的文字，在【属性】面板中将【字体系列】设置为【汉标中黑体】，将【字体大小】设置为24 pt，将【字符间距】设置为0，将【填色】设置为#ffffff，如图7-122所示。

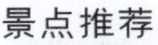

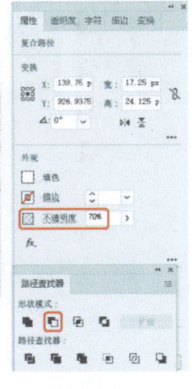

图 7-121　　　　　　　　　　　　图 7-122

　　（21）使用【文字工具】在画板中绘制一个文本框，在【属性】面板中将【宽】、【高】分别设置为221、54，在文本框中输入文字，选中输入的文字，在【属性】面板中将【字体系列】设置为【汉标中黑体】，将【字体大小】设置为24 pt，将【字符间距】设置为0，将【填色】设置为#262626，如图7-123所示。

　　（22）使用同样的方法在画板中制作其他内容，效果如图7-124所示。

　　（23）在工具栏中单击【矩形工具】，在画板中绘制一个【宽】、【高】分别为750 px、101 px的矩形，将其【填色】设置为白色，将【描边】设置为无，在画板中调整其位置。单击【外观】下的【添加新效果】按钮，在弹出的下拉菜单中选择【风格化】|【投影】命令，在弹出的【投影】对话框中将【模式】设置为【正常】，将【不透明度】、【X位移】、【Y位移】、【模糊】分别设置为20%、0 px、-4 px、2 px，将【颜色】设置为#000000，单击【确定】按钮，如图7-125所示。

　　（24）将"旅游素材07.png"素材文件置入文档中，效果如图7-126所示。

169

图 7-123

图 7-124

图 7-125

图 7-126

案例精讲 071　美食 UI 界面设计

本案例将介绍通过【矩形工具】、【椭圆工具】、【圆角矩形工具】以及【文字工具】如何来制作美食 UI 界面，效果如图 7-127 所示。

（1）按 Ctrl+N 组合键，在弹出的对话框中将【单位】设置为【像素】，将【宽度】、【高度】分别设置为 750 px、1334 px，将【颜色模式】设置为【RGB 颜色】，单击【创建】按钮。在工具栏中单击【矩形工具】，在画板中绘制一个矩形，在【属性】面板中将【宽】、【高】分别设置为 750 px、1334 px，将【填色】设置为 #f2f2f2，将【描边】设置为无，在画板中调整其位置，效果如图 7-128 所示。

（2）再次使用【矩形工具】在画板中绘制一个矩形，在【属性】面板中将【宽】、【高】分别设置为 750 px、140 px，将 X、Y 分别设置为 375 px、70 px，将【填色】设置为 #f92e42，将【描边】设置为无，效果如图 7-129 所示。

图 7-127

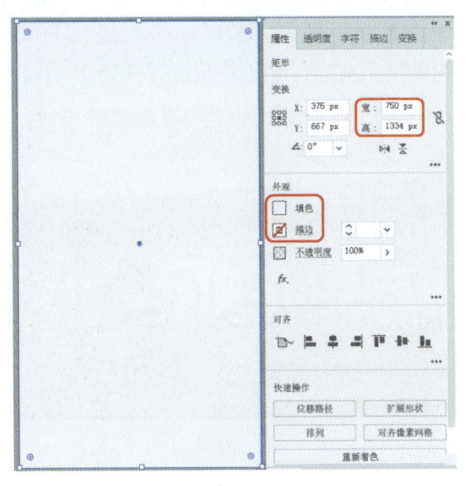

图 7-128 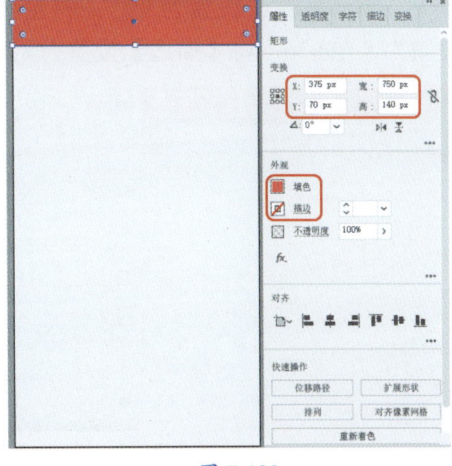　　　　　　　　　　　　图 7-129

（3）将"美食素材 01.png""美食素材 02.ai"素材文件置入文档中，将其嵌入文档，并调整其位置，效果如图 7-130 所示。

（4）在工具栏中单击【文字工具】，在画板中单击鼠标，输入文字。选中输入的文字，在【属性】面板中将【填色】设置为白色，将【字体系列】设置为【微软雅黑】，将【字体大小】设置为 28 pt，将【字符间距】设置为 60，如图 7-131 所示。

图 7-130 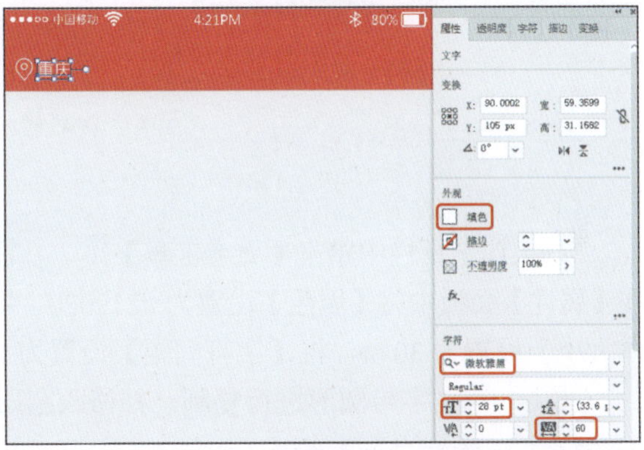　　　　　　　　　　　　图 7-131

（5）在工具栏中单击【圆角矩形工具】，在画板中绘制一个圆角矩形，在【变换】面板中将【宽】、【高】分别设置为 556 px、53 px，将所有的圆角半径均设置为 8 px，在【颜色】面板中将【填色】设置为 #ffffff，将【描边】设置为无，效果如图 7-132 所示。

（6）将"美食素材 03.png""美食素材 04.png"与"美食素材 05.jpg"素材文件置入文档中，将其嵌入文档，并在画板中调整其位置，效果如图 7-133 所示。

（7）在工具栏中单击【矩形工具】，在画板中绘制一个矩形，在【属性】面板中将【宽】、【高】分别设置为 750 px、202 px，将【填色】设置为白色，将【描边】设置为无，并在画板中调整其位置，效果如图 7-134 所示。

（8）在工具栏中单击【椭圆工具】，在画板中按住 Shift 键绘制一个正圆，在【变换】面板中将【宽】、【高】均设置为 108 px，在【渐变】面板中将【填色】的【类型】设置为【线

171

性渐变】，将【角度】设置为 90°，将左侧色标的颜色值设置为 # f3ad17，将右侧色标的颜色值设置为 # ff9b26，将【描边】设置为无，在画板中调整其位置，效果如图 7-135 所示。

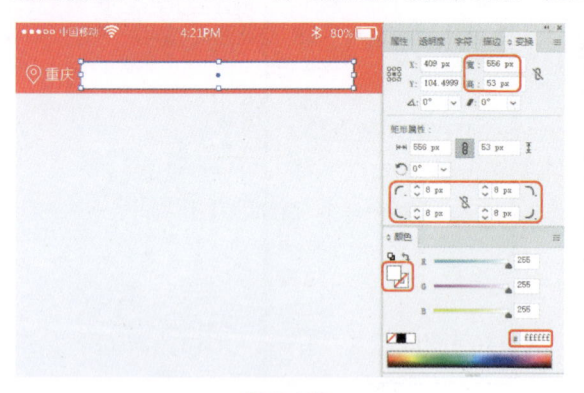

图 7-132

图 7-133

图 7-134

图 7-135

（9）在工具栏中单击【文字工具】，在画板中单击鼠标，输入文字。选中输入的文字，在【属性】面板中将【填色】设置为 #212020，将【字体系列】设置为【汉标中黑体】，将【字体大小】设置为 30 pt，将【字符间距】设置为 0，如图 7-136 所示。

（10）对文字与圆形进行复制，并修改圆形的填色与文字内容，效果如图 7-137 所示。

图 7-136

图 7-137

（11）将"美食素材 06.png"素材文件置入文档中，在工具栏中单击【矩形工具】，在画板中绘制一个矩形，在【属性】面板中将【宽】、【高】分别设置为 750 px、601 px，将【填色】设置为白色，将【描边】设置为无，并在画板中调整其位置，效果如图 7-138 所示。

（12）将"美食素材 07.png"素材文件置入文档中，在工具栏中单击【圆角矩形工具】，在画板中绘制一个圆角矩形，在【变换】面板中将【宽】、【高】分别设置为 70 px、10 px，将所有的圆角半径均设置为 5 px，在【渐变】面板中将【类型】设置为【线性渐变】，将【角度】设置为 90°，将左侧色标的颜色值设置为 #ff5968，将右侧色标的颜色值设置为 #fd6c8a，效果如图 7-139 所示。

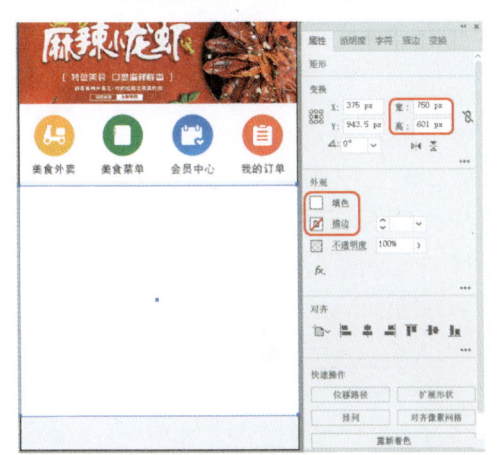

图 7-138    图 7-139

（13）在工具栏中单击【文字工具】，在画板中单击鼠标，输入文字。选中输入的文字，在【属性】面板中将【填色】设置为 #333030，将【字体系列】设置为【汉标中黑体】，将【字体大小】设置为 36 pt，将【字符间距】设置为 -25，并在画板中调整其位置，效果如图 7-140 所示。

（14）使用同样的方法在画板中输入其他文字，效果如图 7-141 所示。

图 7-140    图 7-141

173

（15）在工具栏中单击【矩形工具】，在画板中绘制一个矩形，在【属性】面板中将【宽】、【高】分别设置为 706 px、371 px，将【填色】设置为白色，将【描边】设置为无，并在画板中调整其位置，效果如图 7-142 所示。

（16）继续选中绘制的矩形，在【外观】面板中单击【添加新效果】按钮，在弹出的下拉菜单中选择【外发光】|【投影】命令，在弹出的对话框中将【模式】设置为【正片叠底】，将【不透明度】、【X 位移】、【Y 位移】、【模糊】分别设置为 10%、0 px、0 px、3 px，将【颜色】设置为 #000000，如图 7-143 所示。

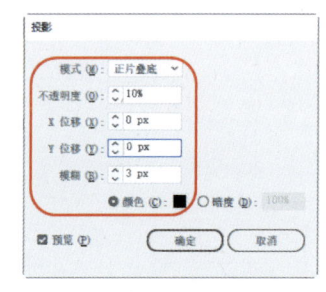

图 7-142　　　　　　　　　　　　　图 7-143

（17）设置完成后单击【确定】按钮。将"美食素材 08.jpg"素材文件置入文档中，将其嵌入文档，在【属性】面板中将【宽】、【高】分别设置为 244.5 px、163 px，并在画板中调整其位置，效果如图 7-144 所示。

（18）在工具栏中单击【矩形工具】，在画板中绘制一个矩形，在【属性】面板中将【宽】、【高】分别设置为 170 px、163 px，将【填色】设置为 #00d3be，将【描边】设置为无，效果如图 7-145 所示。

图 7-144　　　　　　　　　　　　　图 7-145

（19）选中新绘制的矩形与"美食素材08.jpg"素材文件，右击鼠标，在弹出的快捷菜单中选择【建立剪切蒙版】命令。根据前面介绍的方法输入其他文字，并绘制相应的图形，置入素材文件，效果如图7-146所示。

（20）在工具栏中单击【直线段工具】，在画板中按住Shift键绘制一条水平直线，在【属性】面板中将【宽】设置为647 px，将【填充】设置为无，将【描边】设置为#ececeb，将【描边粗细】设置为5 pt，在画板中调整其位置，效果如图7-147所示。

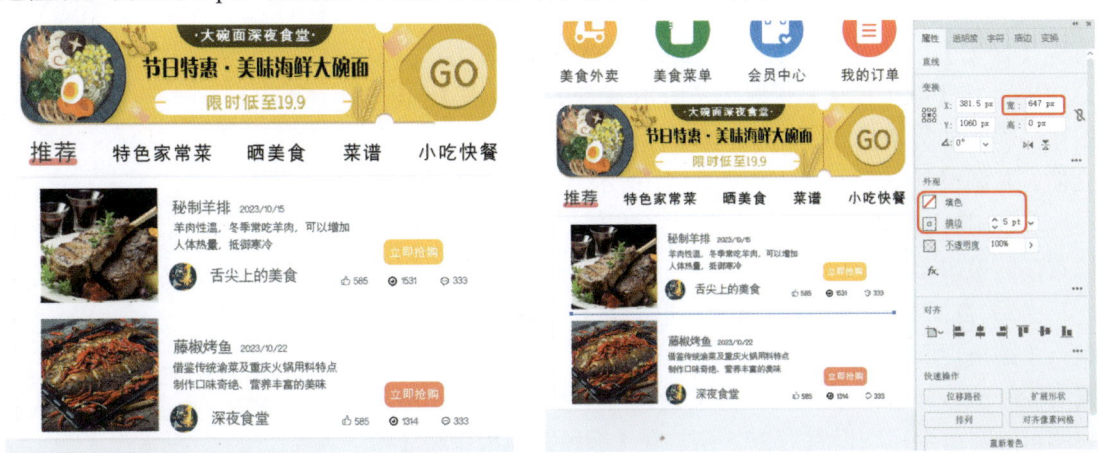

图 7-146　　　　　　　　　　　　图 7-147

（21）在工具栏中单击【矩形工具】，在画板中绘制一个【宽】、【高】分别为750 px、91 px的矩形，将其【填色】设置为白色，将【描边】设置为无，在画板中调整其位置。单击【外观】下方的【添加新效果】按钮，在弹出的下拉菜单中选择【风格化】|【投影】命令，在弹出的【投影】对话框中将【模式】设置为【正片叠底】，将【不透明度】、【X位移】、【Y位移】、【模糊】分别设置为10%、0 px、−5 px、3 px，将【颜色】设置为#000000，如图7-148所示。

（22）设置完成后单击【确定】按钮。根据前面介绍的方法将"美食素材12.png"素材文件置入文档中，效果如图7-149所示。

图 7-148 　　　　　　　　　　　　图 7-149

175

案例精讲 072　抽奖 UI 界面设计

本案例将介绍如何制作抽奖 UI 界面，主要利用圆角矩形工具与椭圆工具绘制图形，并为图形添加内发光以及投影效果，使绘制的图形看起来更加立体，效果如图 7-150 所示。

（1）按 Ctrl+N 组合键，在弹出的对话框中将【单位】设置为【像素】，将【宽度】、【高度】分别设置为 750 px、1334 px，将【颜色模式】设置为【RGB 颜色】，单击【创建】按钮。将"抽奖素材 01.jpg"素材文件置入文档中，将其嵌入文档，并调整其位置，效果如图 7-151 所示。

（2）将"抽奖素材 02.ai"素材文件置入文档中，调整其位置，效果如图 7-152 所示。

（3）在工具栏中单击【圆角矩形工具】，在画板中绘制一个圆角矩形，在【变换】面板中将【宽】、【高】分别设置为 650 px、55 px，将 X、Y 分别设置为 384 px、127.5 px，将所有的圆角半径均设置为 27.5 px，在【颜色】面板中将【填色】设置为 #000000，将【描边】设置为无，在【透明度】面板中将【不透明度】设置为 30%，如图 7-153 所示。

（4）在工具栏中单击【矩形工具】，在画板中绘制一个矩形，在【属性】面板中将【宽】、【高】分别设置为 5 px、55 px，将 X、Y 分别设置为 215.5 px、127.5 px，将【填色】设置为 #000000，将【描边】设置为无，效果如图 7-154 所示。

图 7-150

图 7-151

图 7-152

图 7-153 　　　　　　　　　　　　　图 7-154

（5）在画板中选择圆角矩形与矩形，在【路径查找器】面板中单击【减去顶层】按钮，然后在工具栏中单击【文字工具】，在画板中单击鼠标，输入文字。选中输入的文字，在【属性】面板中将【填色】设置为 #ffe336，将【字体系列】设置为【创艺简黑体】，将【字体大小】设置为 29 pt，将【字符间距】设置为 -10，如图 7-155 所示。

（6）再次使用【文字工具】在画板中输入文字，选中输入的文字，在【属性】面板中将【填色】设置为白色，将【字体系列】设置为【汉标中黑体】，将【字体大小】设置为 28 pt，将【字符间距】设置为 -50，将"旅游卡一张"的【填色】更改为 #ffe336，如图 7-156 所示。

图 7-155 　　　　　　　　　　　　　图 7-156

（7）将"抽奖素材 03.png"素材文件置入文档中，将其嵌入文档。选中置入的素材文件，在【属性】面板中将 X、Y 分别设置为 379 px、755 px，如图 7-157 所示。

（8）在【外观】面板中单击【添加新效果】按钮，在弹出的下拉菜单中选择【风格化】|【投影】命令，在弹出的【投影】对话框中将【模式】设置为【正片叠底】，将【不透明度】、【X 位移】、【Y 位移】、【模糊】分别设置为 50%、0 px、20 px、0 px，将【颜色】设置为 #b2392a，如图 7-158 所示。

（9）设置完成后单击【确定】按钮。在工具栏中单击【椭圆工具】，在画板中按住 Shift 键绘制一个正圆，在【属性】面板中将【宽】、【高】均设置为 184 px，将 X、Y 分别设置为 378 px、749 px，将【填色】设置为白色，将【描边】设置为无，效果如图 7-159 所示。

（10）使用【椭圆工具】在画板中按住 Shift 键绘制一个正圆，在【属性】面板中将【宽】、【高】均设置为 168 px，将 X、Y 分别设置为 378 px、749 px，将【填色】设置为 #ff4a3f，将【描边】设置为无，效果如图 7-160 所示。

177

图 7-157 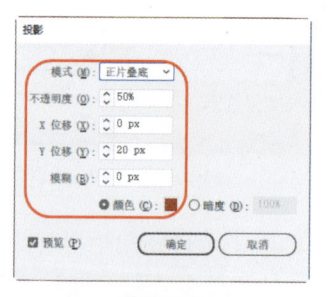　　　　　　　　　　　　　　图 7-158

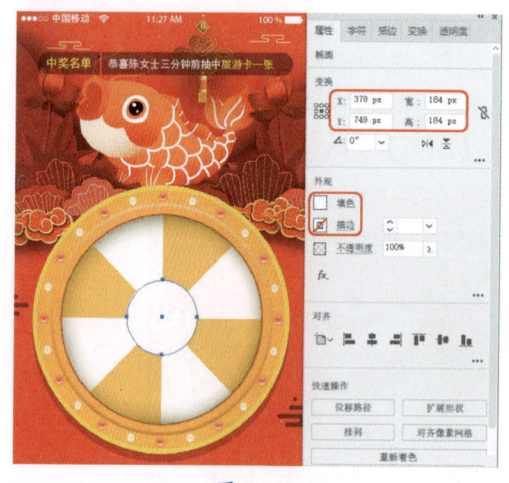

图 7-159 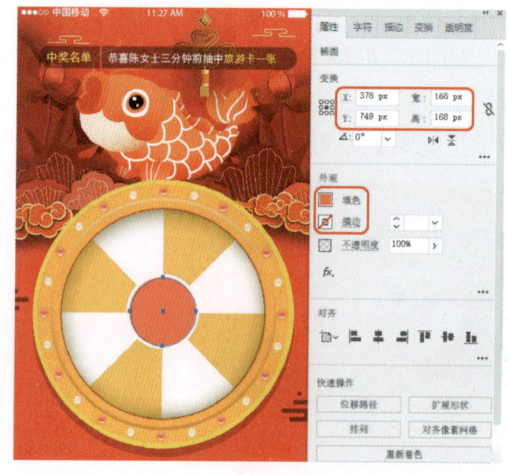　　　　　　　　　　　　　　图 7-160

（11）在工具栏中单击【钢笔工具】 ，在画板中绘制如图 7-161 所示的图形，在【颜色】面板中将【填色】设置为 #ff4a3f，将【描边】设置为无。

（12）在画板中选择新绘制的图形与红色圆形，在【路径查找器】面板中单击【联集】按钮 。选中联集后的图形，在【外观】面板中单击【添加新效果】按钮 ，在弹出的下拉菜单中选择【风格化】|【投影】命令，在弹出的【投影】对话框中将【模式】设置为【正片叠底】，将【不透明度】、【X 位移】、【Y 位移】、【模糊】分别设置为 50%、0 px、0 px、3 px，将【颜色】设置为 #720700，如图 7-162 所示。

（13）设置完成后单击【确定】按钮。在工具栏中单击【钢笔工具】 ，在画板中绘制图形，如图 7-163 所示，在【颜色】面板中将【填色】设置为 #e9261a，将【描边】设置为无。

（14）在工具栏中单击【椭圆工具】 ，在画板中按住 Shift 键绘制一个正圆，在【变换】面板中将【宽】、【高】均设置为 134 px，将 X、Y 分别设置为 378 px、749 px，在【渐变】面板中将【类型】设置为【线性渐变】，将【角度】设置为 119°，将左侧色标的颜色值设置为 #eea429，将右侧色标的颜色值设置为 #ffe48a，效果如图 7-164 所示。

178

手机 APP 的 UI 设计　第 07 章

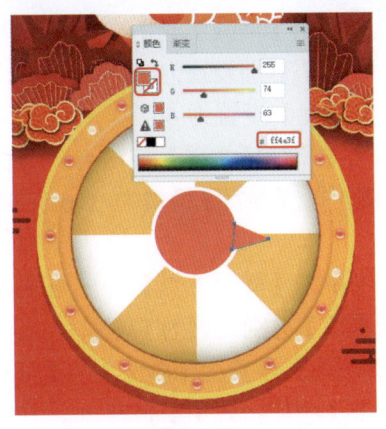

图 7-161

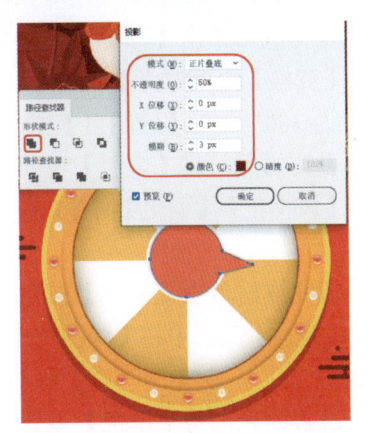

图 7-162

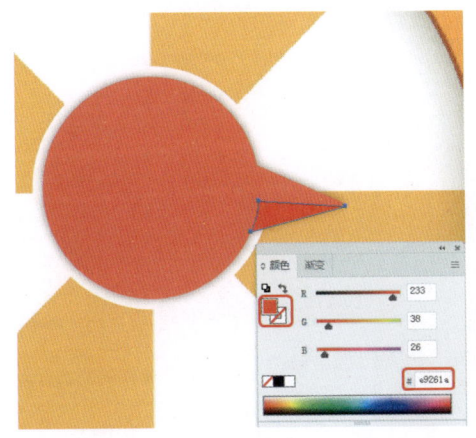

图 7-163

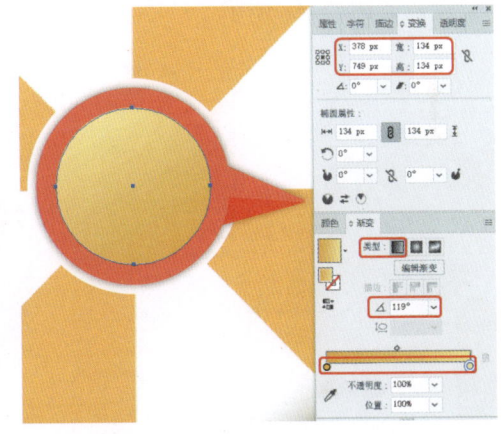

图 7-164

（15）选中新绘制的圆形，在【外观】面板中单击【添加新效果】按钮，在弹出的下拉菜单中选择【风格化】|【内发光】命令，在弹出的【内发光】对话框中将【模式】设置为【滤色】，将发光颜色设置为 #ffffff，将【不透明度】、【模糊】分别设置为 35%、7 px，选中【边缘】单选按钮，如图 7-165 所示。

（16）设置完成后单击【确定】按钮。在【外观】面板中单击【添加新效果】按钮，在弹出的下拉菜单中选择【风格化】|【投影】命令，在弹出的【投影】对话框中将【模式】设置为【正片叠底】，将【不透明度】、【X 位移】、【Y 位移】、【模糊】分别设置为 18%、0 px、3 px、3 px，将【颜色】设置为 #000000，如图 7-166 所示。

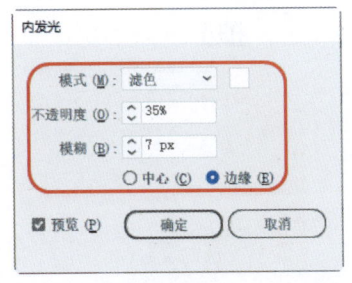

图 7-165

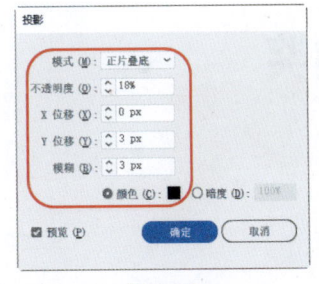

图 7-166

179

（17）设置完成后单击【确定】按钮。在工具栏中单击【椭圆工具】，在画板中绘制一个椭圆，在【变换】面板中将【椭圆宽度】、【椭圆高度】分别设置为23 px、26 px，将【椭圆角度】设置为300°，在【透明度】面板中将【不透明度】设置为66%，在【外观】面板中将【描边】设置为无，将【填色】设置为白色，单击【添加新效果】按钮，在弹出的下拉菜单中选择【风格化】|【羽化】命令，在弹出的对话框中将【半径】设置为10 px，如图7-167所示。

（18）设置完成后单击【确定】按钮。在工具栏中单击【椭圆工具】，在画板中绘制一个椭圆，在【变换】面板中将【椭圆宽度】、【椭圆高度】分别设置为13 px、16 px，将【椭圆角度】设置为300°，在【透明度】面板中将【不透明度】设置为100%，在【外观】面板中将【描边】设置为无，将【填色】设置为白色，单击【添加新效果】按钮，在弹出的下拉菜单中选择【风格化】|【羽化】命令，在弹出的对话框中将【半径】设置为10 px，调整椭圆的位置，如图7-168所示。

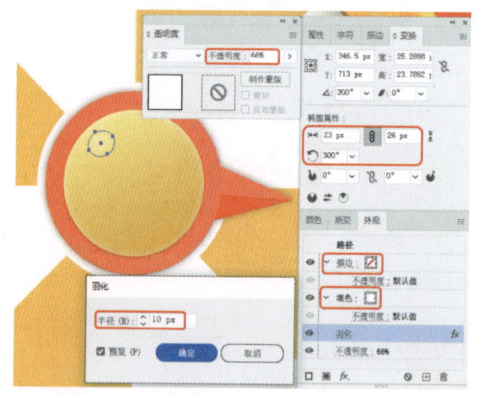

图7-167　　　　　　　　　　图7-168

（19）在工具栏中单击【文字工具】，在画板中单击鼠标，输入文字。选中输入的文字，在【属性】面板中将【字体系列】设置为【方正粗黑宋简体】，将【字体大小】设置为43 pt，将【字符间距】设置为0，并调整其位置，效果如图7-169所示。

（20）选中输入的文字，右击鼠标，在弹出的快捷菜单中选择【创建轮廓】命令，如图7-170所示。

图7-169　　　　　　　　　　图7-170

（21）选中创建轮廓的文字对象，在【渐变】面板中将【类型】设置为【线性渐变】，将【角度】设置为90°，将左侧色标的颜色值设置为#ff392f，将右侧色标的颜色值设置为#ff7e28，在【外观】面板中单击【添加新效果】按钮，在弹出的下拉菜单中选择【风格化】|【投影】命令，在弹出的【投影】对话框中将【模式】设置为【正常】，将【不透明度】、【X 位移】、【Y 位移】、【模糊】分别设置为100%、0 px、1 px、0 px，将【颜色】设置为# d9472b，效果如图 7-171 所示。

（22）设置完成后单击【确定】按钮，根据前面介绍的方法再制作其他效果，并置入相应的素材文件，效果如图 7-172 所示。

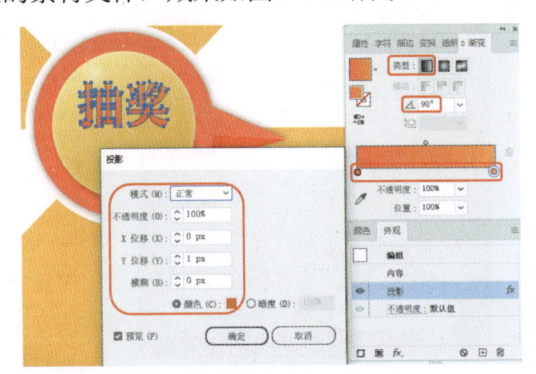

图 7-171 　　　　　　　　　图 7-172

（23）在工具栏中单击【圆角矩形工具】，在画板中绘制一个圆角矩形，在【变换】面板中将【宽】、【高】分别设置为 269 px、80 px，将所有的圆角半径均设置为 40 px，在【颜色】面板中将【填色】设置为 #fff3f0，将【描边】设置为无。在【外观】面板中单击【添加新效果】按钮，在弹出的下拉菜单中选择【风格化】|【投影】命令，在弹出的【投影】对话框中将【模式】设置为【正片叠底】，将【不透明度】、【X 位移】、【Y 位移】、【模糊】分别设置为 15%、0 px、6 px、0 px，将【颜色】设置为 #851c04，效果如图 7-173 所示。

（24）设置完成后单击【确定】按钮。再次使用【圆角矩形工具】，在画板中绘制一个圆角矩形，在【变换】面板中将【宽】、【高】分别设置为 269 px、80 px，将所有的圆角半径均设置为 40 px，在【渐变】面板中将【类型】设置为【线性渐变】，将【角度】设置为 90°，将右侧色标的值设置为 #ffffff，将左侧色标的值设置为 #ffffff，将渐变滑块调整至 85% 位置处，将【不透明度】设置为 0，如图 7-174 所示。

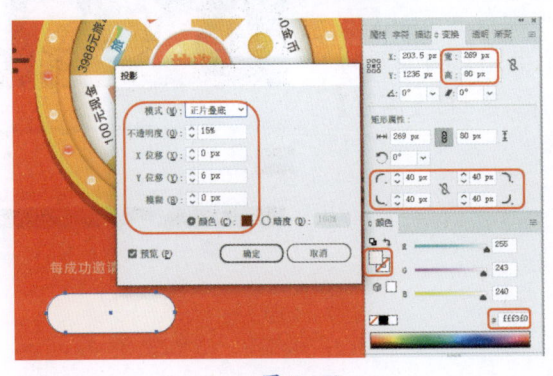

图 7-173 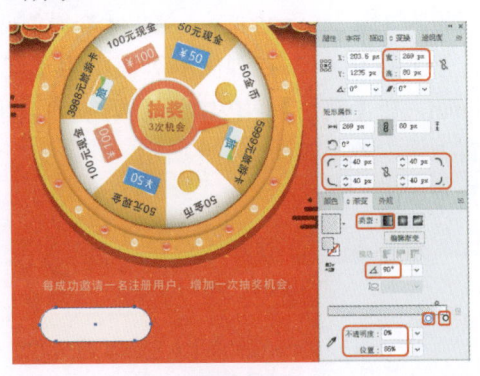　　　　　　　　　图 7-174

（25）在工具栏中单击【文字工具】，在画板中单击鼠标，输入文字。选中输入的文字，在【属性】面板中将【填色】设置为 # fb6c1e，在【字符】面板中将【字体系列】设置为【Adobe 黑体 Std R】，将【字体大小】设置为 30 pt，将【字符间距】设置为 60，并调整其位置，效果如图 7-175 所示。

（26）将"抽奖素材 06.ai""抽奖素材 07.png"素材置入至文档中，并使用同样的方法在画板中制作其他内容，效果如图 7-176 所示。

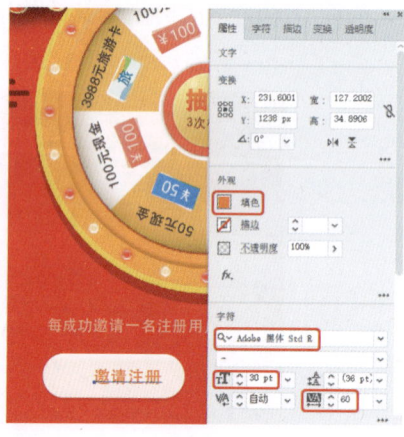

图 7-175　　　　　　图 7-176

案例精讲 073　运动 UI 界面设计

随着健身、运动的需求越来越多，运动 App 手机应用软件也越来越多，本例将介绍如何设计制作运动界面，效果如图 7-177 所示。

（1）按 Ctrl+O 组合键，弹出【打开】对话框，选择"素材 \Cha07\ 运动素材 .ai"素材文件，单击【打开】按钮，打开素材文件，效果如图 7-178 所示。

（2）在工具栏中单击【圆角矩形工具】按钮，在画板中拖曳鼠标进行绘制，在【属性】面板中将【宽】、【高】分别设置为 250 mm、95 mm，单击【变换】选项组右下角的【更多选项】按钮，在弹出的列表中将【圆角半径】的设置为 3.5 mm，在【颜色】面板中将【填色】设置为白色，将【描边】设置为无，效果如图 7-179 所示。

图 7-177

图 7-178　　　　　　　　　　　　　　　　图 7-179

（3）置入"运动素材 01.jpg"素材文件，嵌入对象，适当调整其大小及位置，在工具栏中单击【椭圆工具】按钮，绘制【宽】、【高】均为 48 mm 的白色圆形。选择绘制的圆形和置入的素材文件，按 Ctrl+7 组合键建立剪切蒙版，效果如图 7-180 所示。

（4）在工具栏中单击【文字工具】，在画板中输入文本。选择输入的文本，在【字符】面板中将【字体系列】设置为【Adobe 黑体 Std R】，将【字体大小】设置为 28 pt，将【字符间距】设置为 0，将【颜色】的 RGB 值设置为 133、184、253，如图 7-181 所示。

图 7-180　　　　　　　　　　　　　　　　图 7-181

（5）在工具栏中单击【文字工具】，在画板中输入文本。选择输入的文本，在【字符】面板中将【字体系列】设置为【Adobe 黑体 Std R】，将【字体大小】设置为 24 pt，将【字符间距】设置为 20，将【颜色】的 RGB 值设置为 153、153、153，如图 7-182 所示。

（6）使用【矩形工具】和【文本工具】制作如图 7-183 所示的内容，置入相应的素材文件，调整对象的位置并建立剪切蒙版。

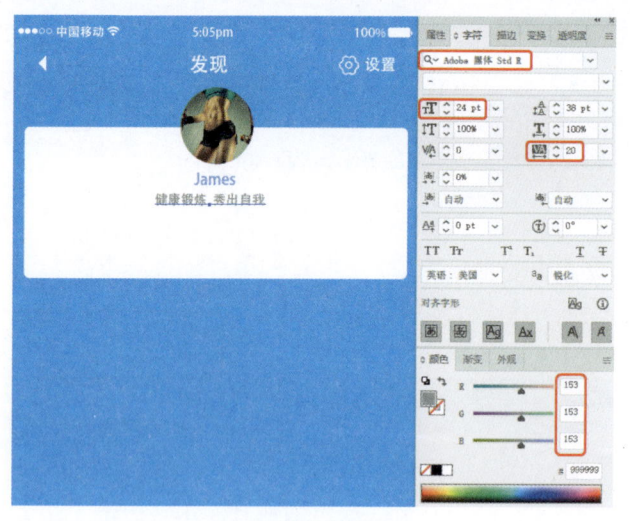

图 7-182 　　　　　　　　　　　　　　　　　　　图 7-183

（7）在工具栏中单击【矩形工具】按钮，绘制【宽】、【高】分别为 37 mm、18 mm 的矩形，将【填色】设置为无，将【描边】的 RGB 值设置为 255、189、54，将【描边粗细】设置为 2 pt，如图 7-184 所示。

（8）在工具栏中单击【文字工具】按钮，在画板中输入文本。选择输入的文本，在【字符】面板中将【字体系列】设置为【Adobe 黑体 Std R】，将【字体大小】设置为 28 pt，将【字符间距】设置为 0，将【颜色】的 RGB 值设置为 255、189、54。对绘制的矩形和输入的文字进行复制，适当调整对象的位置，置入"运动素材07.png"素材文件并嵌入图片，如图 7-185 所示。

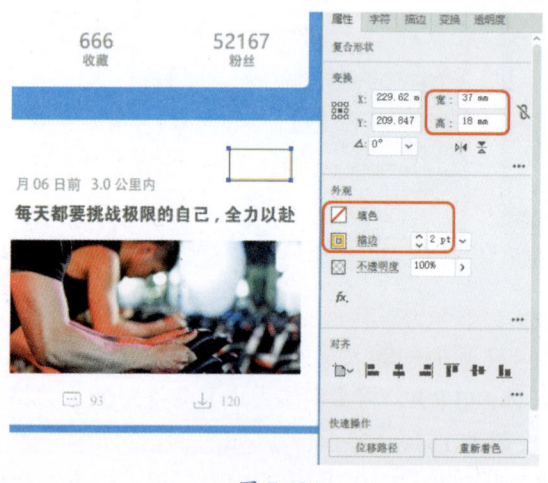

图 7-184 　　　　　　　　　　　　　　　　　　　图 7-185

第08章 海报设计

本章导读：

在现实生活当中，海报是一种最常见的宣传方式，主要利用图片、文字、色彩、空间等要素进行完整的结合，以恰当的形式向人们展示宣传信息，大多用于影视剧和新品、商业活动等宣传中。

案例精讲 074　制作护肤品海报

本案例将介绍如何制作护肤品海报,效果如图 8-1 所示。

（1）按 Ctrl+N 组合键,弹出【新建文档】对话框,将【单位】设置为【毫米】,将【宽度】、【高度】分别设置为 600 mm、718 mm,将【画板】设置为 1,将【颜色模式】设置为【RGB 颜色】,将【光栅效果】设置为【屏幕（72 ppi）】,单击【创建】按钮。在菜单栏中选择【文件】|【置入】命令,弹出【置入】对话框,选择"素材 \Cha08\ 护肤品背景 .jpg"文件,单击【置入】按钮,在画板中单击鼠标进行放置并调整素材的位置及大小,打开【属性】面板,在【快速操作】选项组中单击【嵌入】按钮。在工具栏中单击【矩形工具】按钮,绘制【宽】、【高】分别为 430 mm、44 mm 的矩形,将【填色】设置为无,将【描边】设置为 #0071bc,将【描边粗细】设置为 5 pt,如图 8-2 所示。

图 8-1

（2）在工具栏中单击【钢笔工具】按钮,在画板中绘制图形,将【填色】设置为无,将【描边】设置为 #0071bc,将【描边粗细】设置为 5 pt,如图 8-3 所示。

图 8-2 　　　　图 8-3

（3）在工具栏中单击【添加锚点工具】按钮,在线段上添加两个锚点,如图 8-4 所示。

（4）在工具栏中单击【直接选择工具】按钮,选中如图 8-5 所示的顶点,按 Delete 键删除。

（5）在图形上右击鼠标,在弹出的快捷菜单中选择【变换】|【镜像】命令,弹出【镜像】对话框,选中【垂直】复选框,单击【复制】按钮,如图 8-6 所示。

海报设计 第 08 章

（6）调整复制后对象的位置，在工具栏中单击【文字工具】按钮，在画板中输入文本。选中输入的文本，在【字符】面板中将【字体系列】设置为【汉仪粗宋简】，将【字体大小】设置为 90 pt，将【字符间距】设置为 70，将【填色】设置为 #0071bc，如图 8-7 所示。

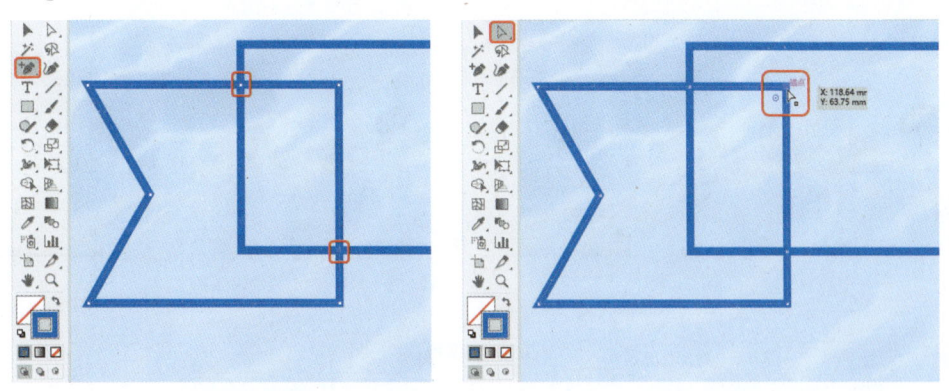

图 8-4

图 8-5

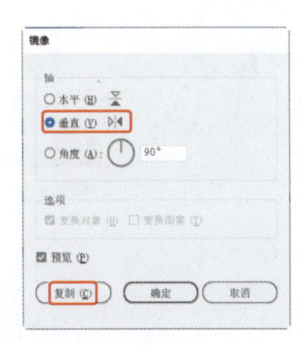

图 8-6

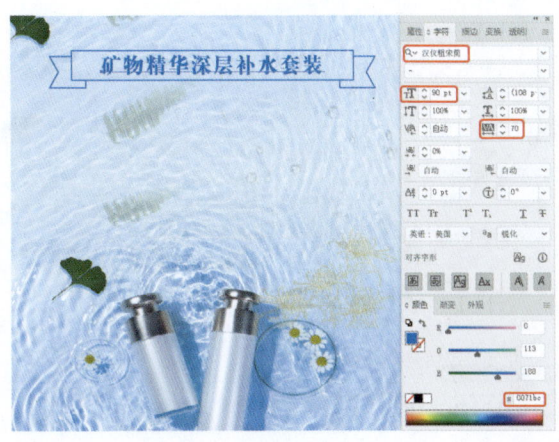

图 8-7

（7）在工具栏中单击【文字工具】按钮，在画板中输入文本，将【字体系列】设置为【汉仪综艺体简】，将【字体大小】设置为 186 pt，将【垂直缩放】、【水平缩放】分别设置为 80%、78%，将【字符间距】设置为 -60，将"深层""持久"文本的【填色】设置为 #009245，将"补水""保湿"文本的【填色】设置为 #0071bc，如图 8-8 所示。

（8）在工具栏中单击【文字工具】按钮，在画板中输入文本，将【字体系列】设置为【Adobe 黑体 Std R】，将【字体大小】设置为 45 pt，将【垂直缩放】、【水平缩放】分别设置为 80%、78%，将【字符间距】设置为 40，将【填色】设置为 #0071bc，如图 8-9 所示。

（9）在工具栏中单击【文字工具】按钮，在画板中输入文本，将【字体系列】设置为【Adobe 黑体 Std R】，将【字体大小】设置为 85 pt，将【垂直缩放】、【水平缩放】分别设置为 80%、78%，将【字符间距】设置为 40，将【填色】设置为 #0071bc，如图 8-10 所示。

（10）在工具栏中单击【文字工具】按钮，在画板中输入文本，将【字体系列】设置为【方正小标宋简体】，将【字体大小】设置为 40 pt，将【垂直缩放】、【水平缩放】均设置为 100%，将【字符间距】设置为 50，将【填色】设置为 #0071bc，如图 8-11 所示。

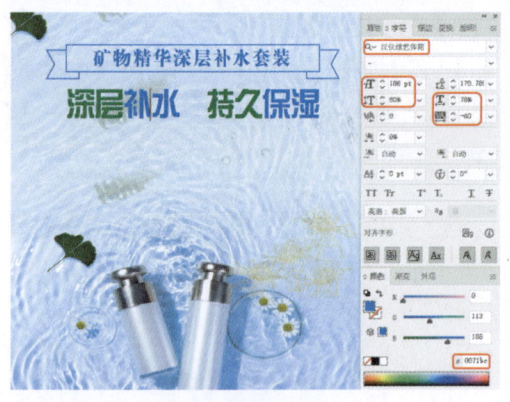

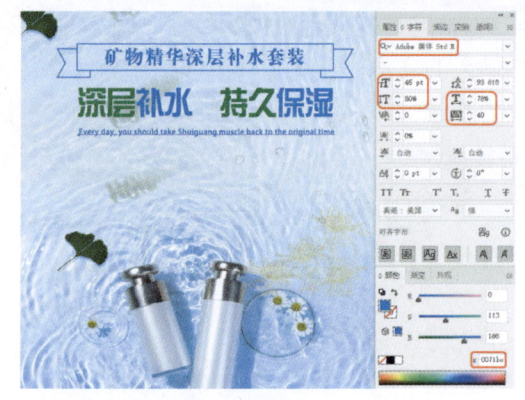

Illustrator CC 2023 平面创意设计案例课堂

图 8-8

图 8-9

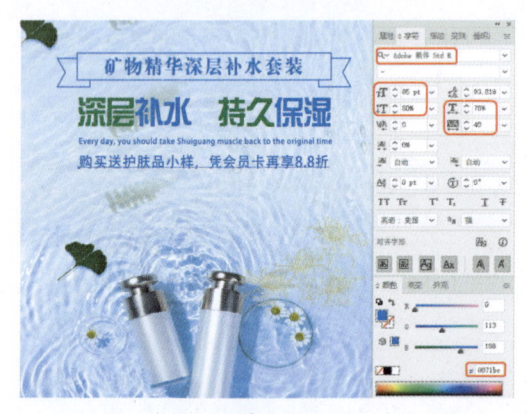

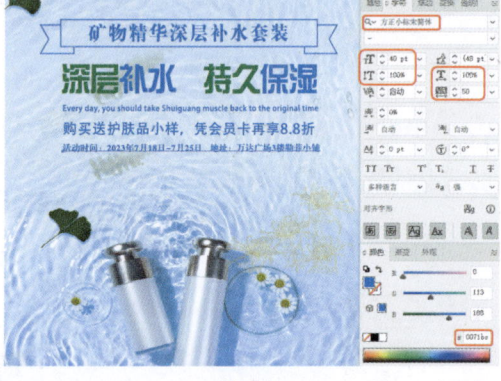

图 8-10

图 8-11

案例精讲 075　制作口红海报

本案例讲解如何制作口红海报，首先使用文字工具输入文本内容，然后添加投影效果，最终效果如图 8-12 所示。

（1）按 Ctrl+N 组合键，弹出【新建文档】对话框，将【单位】设置为【毫米】，将【宽度】、【高度】分别设置为 184 mm、250 mm，将【画板】设置为 1，将【颜色模式】设置为【RGB 颜色】，将【光栅效果】设置为【屏幕（72ppi）】，单击【创建】按钮。在菜单栏中选择【文件】|【置入】命令，弹出【置入】对话框，选择"素材 \Cha08\ 口红背景 .jpg"素材文件，单击【置入】按钮，在画板中拖曳鼠标进行绘制并调整素材的位置及大小，打开【属性】面板，在【快速操作】选项组中单击【嵌入】按钮。在工具栏中单击【文字工具】按钮，输入文本，将【字符】面板中的【字体系列】设置为【方正毡

图 8-12

188

笔黑繁体】，将【字体大小】设置为 90 pt，将【字符间距】设置为 100，将【颜色】的 RGB 值设置为 248、216、159，如图 8-13 所示。

（2）在【外观】面板中，单击底部的【添加新效果】按钮，在弹出的下拉菜单中选择【风格化】|【投影】命令，弹出【投影】对话框，将【模式】设置为【正常】，将【不透明度】设置为 100%，将【X 位移】、【Y 位移】均设置为 1 mm，将【模糊】设置为 0.5 mm，将【颜色】的 RGB 值设置为 158、52、36，单击【确定】按钮，如图 8-14 所示。

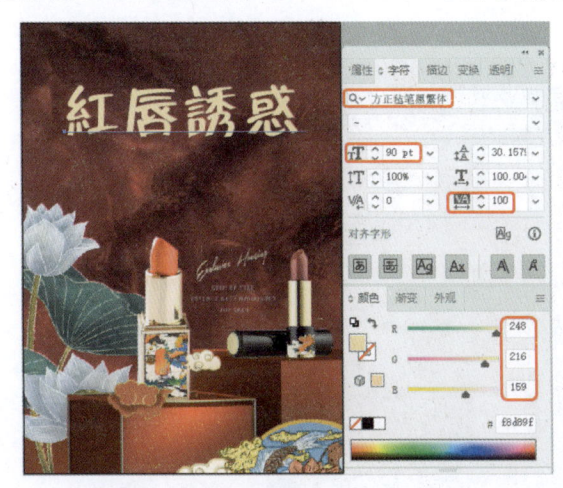

图 8-13 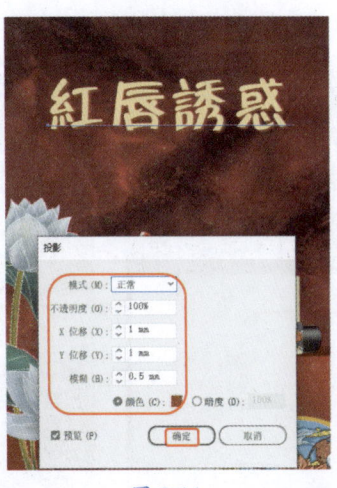   图 8-14

（3）在工具栏中单击【文字工具】按钮，在画板中输入文本，将【字符】面板中的【字体系列】设置为【微软雅黑】，将【字体大小】设置为 26 pt，将【字符间距】设置为 1000，将【颜色】设置为 248、216、159。在【外观】面板中，单击底部的【添加新效果】按钮，在弹出的下拉菜单中选择【风格化】|【投影】命令，弹出【投影】对话框，将【模式】设置为【正常】，将【不透明度】设置为 100%，将【X 位移】、【Y 位移】均设置为 1 mm，将【模糊】设置为 0.5 mm，将【颜色】的 RGB 值设置为 158、52、36，单击【确定】按钮，如图 8-15 所示。

（4）在工具栏中单击【矩形工具】按钮，绘制【宽】、【高】分别为 138 mm、19 mm 的矩形，将【填色】的 RGB 值设置为 186、28、34，将【描边】设置为无，如图 8-16 所示。

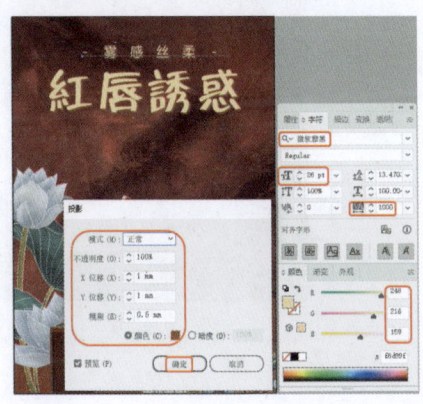

图 8-15 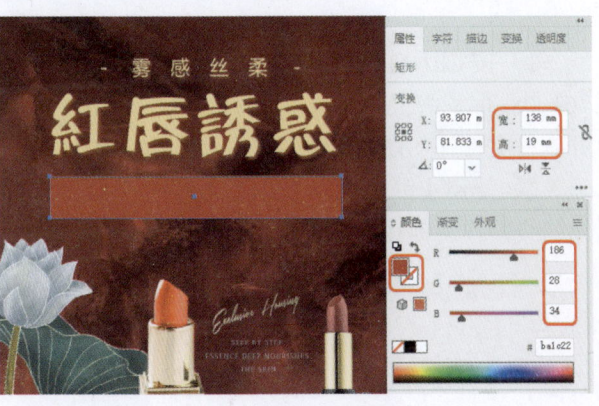   图 8-16

(5) 在【外观】面板中,单击底部的【添加新效果】按钮 fx.,在弹出的下拉菜单中选择【风格化】|【投影】命令,弹出【投影】对话框,将【模式】设置为【正常】,将【不透明度】设置为30%,将【X 位移】、【Y 位移】均设置为1 mm,将【模糊】设置为0.5 mm,将【颜色】的 RGB 值设置为0、0、0,单击【确定】按钮,如图 8-17 所示。

(6) 在工具栏中单击【文字工具】按钮,在画板中输入文本,将【字符】面板中的【字体系列】设置为【方正小标宋简体】,将【字体大小】设置为24 pt,将【字符间距】设置为0,将【颜色】设置为白色,如图 8-18 所示。

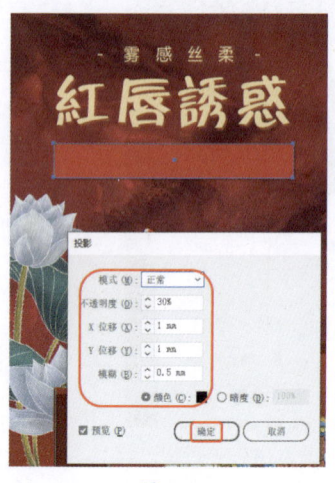

图 8-17

图 8-18

案例精讲 076　制作美食自助促销海报

本案例将讲解如何制作美食自助促销海报,首先打开素材文件,通过【钢笔工具】和【直线段工具】制作出海报的边框,置入素材文件并添加剪切蒙版,然后通过【星形工具】和【钢笔工具】制作出自助打折的图标,通过设置渐变颜色制作出图标的质感,最后通过【文字工具】完善文案,效果如图 8-19 所示。

(1) 按 Ctrl+O 组合键,弹出【打开】对话框,选择"素材 \Cha08\ 促销海报素材 .ai"素材文件,单击【打开】按钮,打开素材文件,如图 8-20 所示。

(2) 使用【钢笔工具】和【直线段工具】绘制如图 8-21 所示的线段作为促销海报的装饰框。

图 8-19

海报设计 第 08 章

图 8-20

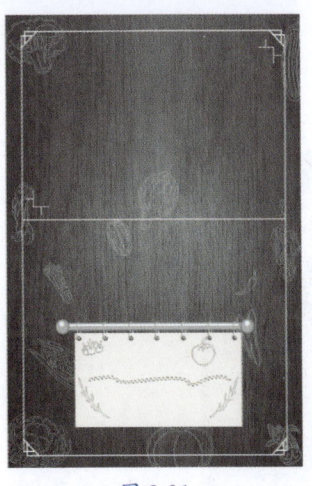

图 8-21

（3）选中绘制的线段，打开【外观】面板，单击底部的【添加新效果】按钮，在弹出的下拉菜单中选择【风格化】|【投影】命令，弹出【投影】对话框，将【模式】设置为【正片叠底】，将【不透明度】设置为 75%，将【X 位移】、【Y 位移】分别设置为 0 cm、0.4 cm，将【模糊】设置为 0.18 cm，将【颜色】设置为黑色，单击【确定】按钮，如图 8-22 所示。

（4）置入"火锅背景 .jpg"素材文件，调整对象的大小及位置，并嵌入素材。在工具栏中单击【矩形工具】按钮，绘制【宽】、【高】分别为 45 cm、28 cm 的矩形，将【填色】设置为白色，【描边】设置为无，如图 8-23 所示。

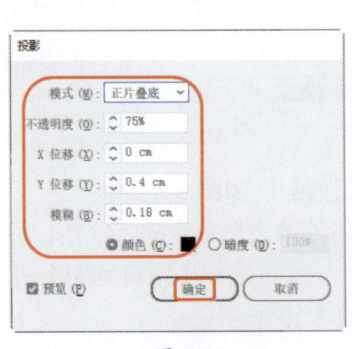

图 8-22

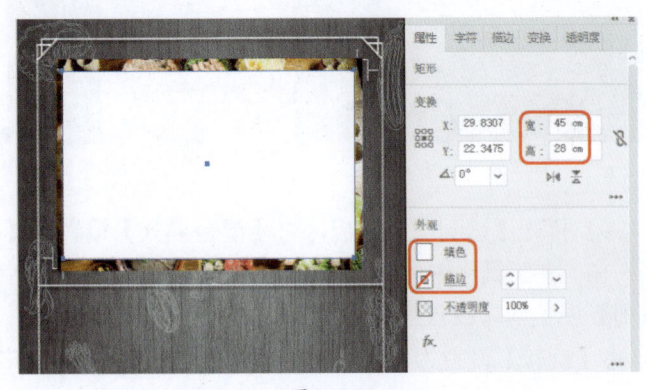

图 8-23

（5）选择绘制的矩形和置入的"火锅背景 .jpg"素材文件，按 Ctrl+7 组合键创建剪切蒙版，打开【属性】面板，将【描边粗细】设置为 8 pt，将【描边】设置为白色，如图 8-24 所示。

（6）在工具栏中单击【星形工具】按钮，在画板的空白位置单击鼠标，将【半径1】、【半径2】分别设置为 7 cm、5.6 cm，将【角点数】设置为 12，单击【确定】按钮，如图 8-25 所示。

（7）在工具栏中单击【直接选择工具】按钮，按住 Alt 键拖动星形图形的角点，可以调整星形的角半径。打开【渐变】面板，将【类型】设置为【径向渐变】，将左侧色标的 RGB 值设置为 230、0、59，右侧色块的 RGB 值设置为 236、85、36，将【描边】的 RGB 值设置为 195、22、28，将【描边粗细】设置为 0.25 pt，如图 8-26 所示。

（8）在工具栏中单击【钢笔工具】按钮，在画板中绘制图形。打开【渐变】面板，将【类型】设置为【线性】，将左侧色块的 RGB 值设置为 255、255、255，右侧色块的 RGB 值设置为 0、0、0，将【角度】设置为 -67.3°，将【描边】设置为无，如图 8-27 所示。

图 8-24

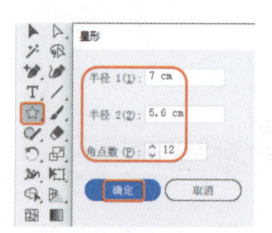

图 8-25

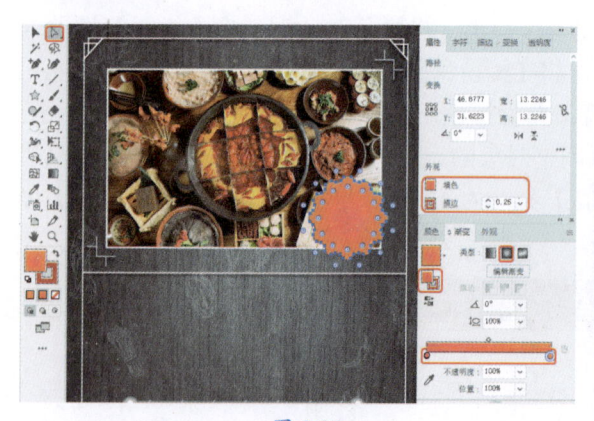

图 8-26

图 8-27

（9）打开【透明度】面板，将【混合模式】设置为【滤色】，如图 8-28 所示。

（10）在工具栏中单击【文字工具】按钮，在画板的空白处单击鼠标，输入文本，将【字体系列】设置为【汉仪蝶语体简】，将【字体大小】设置为 155 pt，将【字符间距】设置为 107，将【旋转】设置为 15°，将【填色】设置为白色，如图 8-29 所示。

图 8-28

图 8-29

（11）在工具栏中单击【文字工具】按钮，在画板的空白处单击鼠标，分别输入文本"火锅""自助"。选中"火锅"文本，在【字符】面板中将【字体系列】设置为【汉仪菱心体简】，将【字体大小】设置为 346 pt，将【字符间距】设置为 -40，将【填色】的 RGB 值设置为 255、255、255。选中"自助"文本，在【字符】面板中将【字体系列】设置为【汉仪菱心体简】，将【字体大小】设置为 208 pt，将【字符间距】设置为 -40，将【填色】设置为 #ffffff，如图 8-30 所示。

（12）在工具栏中单击【矩形工具】按钮，绘制【宽】、【高】分别为 13 cm、3 cm 的矩形，将【填色】设置为无，将【描边】设置为白色，选择如图 8-31 所示的画笔，将【描边粗细】设置为 0.25 pt。

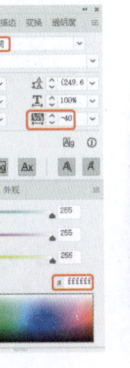

图 8-30

图 8-31

（13）在工具栏中单击【文字工具】按钮，在画板的空白处单击鼠标，输入文本，将【字体系列】设置为【汉仪粗宋简】，将【字体大小】设置为 57 pt，将【字符间距】设置为 100，将【填色】设置为白色，如图 8-32 所示。

（14）使用【椭圆工具】和【文字工具】制作如图 8-33 所示的内容，选中火锅自助标题部分，按 Ctrl+G 组合键进行编组。

图 8-32

图 8-33

（15）打开【外观】面板，单击底部的【添加新效果】按钮，在弹出的下拉菜单中选择【风格化】|【投影】命令，弹出【投影】对话框，将【模式】设置为【正片叠底】，将【不透明度】设置为 75%，将【X 位移】、【Y 位移】分别设置为 0 cm、0.4 cm，将【模糊】设置为 0.18 cm，将【颜色】设置为黑色，单击【确定】按钮，如图 8-34 所示。

（16）在工具栏中单击【文字工具】按钮，在画板的空白位置单击鼠标，输入文本。在【字符】面板中将【字体系列】设置为【汉仪蝶语体简】，将【字体大小】设置为 48 pt，将【字符间距】设置为 0，将【颜色】的 RGB 值设置为 0、0、0，如图 8-35 所示。

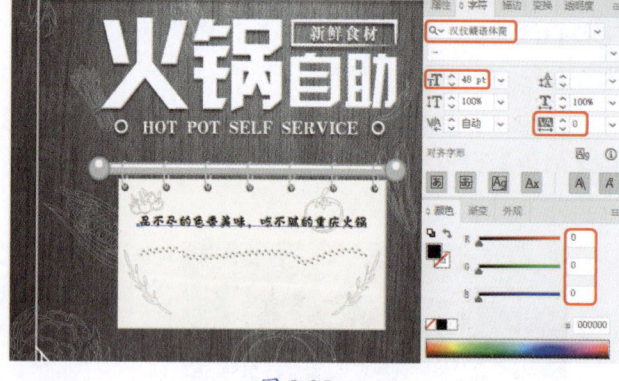

图 8-34

图 8-35

（17）在工具栏中单击【文字工具】按钮，在画板的空白处单击鼠标，输入文本。在【字符】面板中单击 ≡ 按钮，在弹出的菜单中选择【显示选项】命令，将【字体系列】设置为【汉仪蝶语体简】，将【字体大小】设置为 30 pt，将【字符间距】设置为 70，单击【全部大写字母】按钮 TT，打开【颜色】面板，将【填色】的 RGB 值设置为 0、0、0，如图 8-36 所示。

（18）在工具栏中单击【文字工具】按钮，在画板的空白位置单击鼠标，输入文本。在【字符】面板中将【字体系列】设置为【汉仪蝶语体简】，将【字体大小】设置为 50 pt，将【行距】设置为 60 pt，将【字符间距】设置为 8，将【颜色】的 RGB 值设置为 0、0、0，如图 8-37 所示。

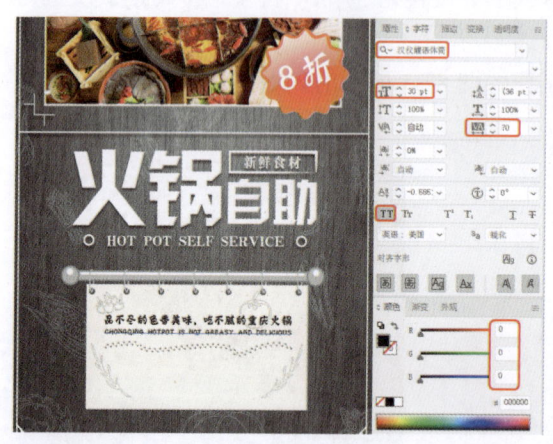

图 8-36

图 8-37

案例精讲 077 制作元旦宣传海报

元旦，即公历的 1 月 1 日，是世界多数国家通称的"新年"。元，谓"始"，凡数之始称为"元"；旦，谓"日"；"元旦"意即"初始之日"。元旦又称"三元"，即岁之元、月之元、

194

海报设计　第 08 章

时之元。由于地理环境和历法的不同，在不同时代，世界各国、各民族元旦的时间定位不尽相同。本节将介绍如何制作元旦宣传海报，效果如图 8-38 所示。

（1）按 Ctrl+N 组合键，弹出【新建文档】对话框，将【单位】设置为【像素】，将【宽度】、【高度】分别设置为 630 px、885 px，将【画板】设置为 1，将【颜色模式】设置为【RGB 颜色】，将【光栅效果】设置为【屏幕（72ppi）】，单击【创建】按钮。在菜单栏中选择【文件】|【置入】命令，弹出【置入】对话框，选择"素材 \Cha08\ 元旦背景 .jpg"素材文件，单击【置入】按钮，在画板中拖曳鼠标进行绘制并调整素材的位置及大小，打开【属性】面板，在【快速操作】选项组中单击【嵌入】按钮，如图 8-39 所示。

图 8-38

（2）在工具栏中单击【文字工具】按钮 T，在画板的空白位置单击鼠标，输入文本。在【字符】面板中将【字体系列】设置为【方正综艺简体】，将【字体大小】设置为 15 pt，将【字符间距】设置为 100，将【颜色】的 RGB 值设置为 246、222、118，如图 8-40 所示。

图 8-39

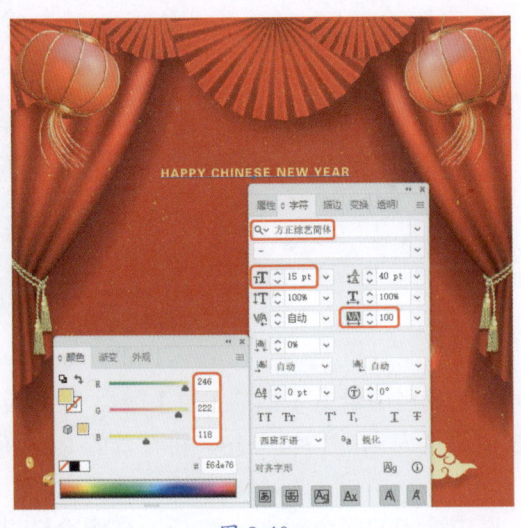

图 8-40

（3）在工具栏中单击【文字工具】 T，在画板中单击鼠标，输入文字。选中输入的文字，在【属性】面板中将【字体系列】设置为【苏新诗卵石体】，将【字体大小】设置为 100 pt，将【字符间距】设置为 0，将【填色】的 RGB 值设置为 246、222、118，并在画板中调整其位置，效果如图 8-41 所示。

（4）使用【选择工具】▶ 选中输入的文字，按住 Alt 键对选中的文字进行复制，将复制后的对象的【填色】的 RGB 值设置为 94、0、22，将【不透明度】设置为 50%，效果如图 8-42 所示。

195

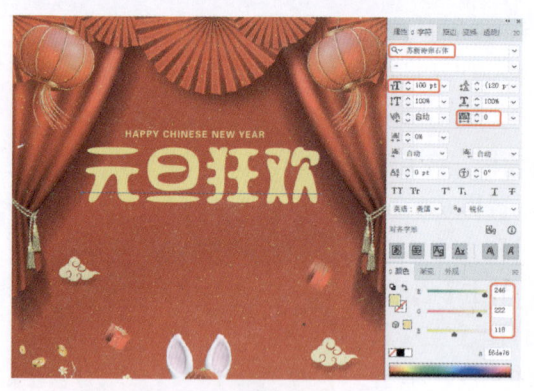

Illustrator CC 2023 平面创意设计案例课堂

图 8-41 　　　　　　　　　　　图 8-42

（5）继续选中该文字，在菜单栏中选择【效果】|【模糊】|【高斯模糊】命令，在弹出的对话框中将【半径】设置为 10 像素，单击【确定】按钮，如图 8-43 所示。

（6）选中模糊后的对象，右击鼠标，在弹出的快捷菜单中选择【排列】|【后移一层】命令，如图 8-44 所示。

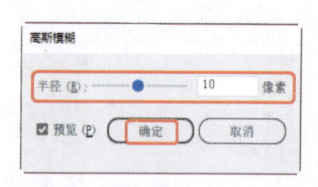

图 8-43 　　　　　　　　　　　图 8-44

（7）在工具栏中单击【钢笔工具】，在画板中绘制两个如图 8-45 所示的图形，将花瓣的 RGB 值设置为 41、171、226，将花蕊的 RGB 值设置为 246、222、118，将【描边】设置为无。

（8）选中绘制的两个图形，按 Ctrl+G 组合键进行编组。选中编组后的对象，在菜单栏中选择【效果】|【路径查找器】|【差集】命令，将【填色】RGB 的值设置为 246、222、118，如图 8-46 所示。

（9）将绘制的花进行复制，在工具栏中单击【文字工具】按钮，在画板的空白位置单击鼠标，输入文本。在【字符】面板中将【字体系列】设置为【方正综艺简体】，将【字体大小】设置为 14 pt，将【字符间距】设置为 100，将【颜色】的 RGB 值设置为 246、222、118，如图 8-47 所示。

（10）在工具栏中单击【文字工具】，在画板中单击鼠标，输入文字。选中输入的文字，在【属性】面板中将【字体系列】设置为【方正大黑简体】，将【字体大小】设置为 36 pt，将【字符间距】设置为 75，将【填色】设置为白色，并在画板中调整文字的位置，如图 8-48 所示。

196

海报设计 第 08 章

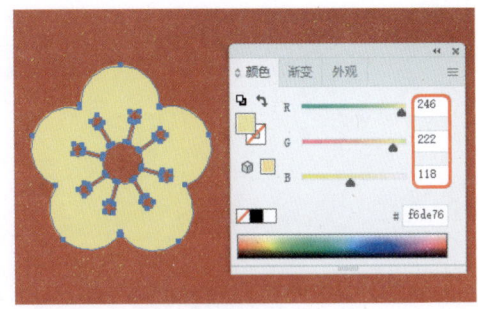

图 8-45

图 8-46

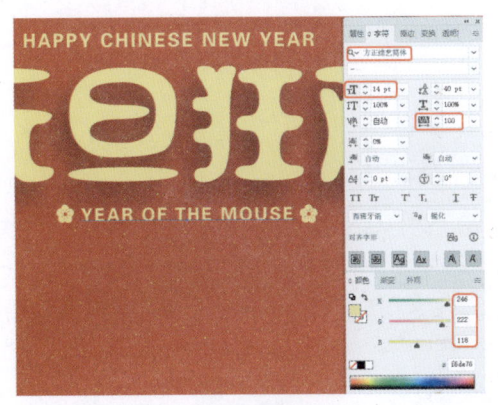

图 8-47

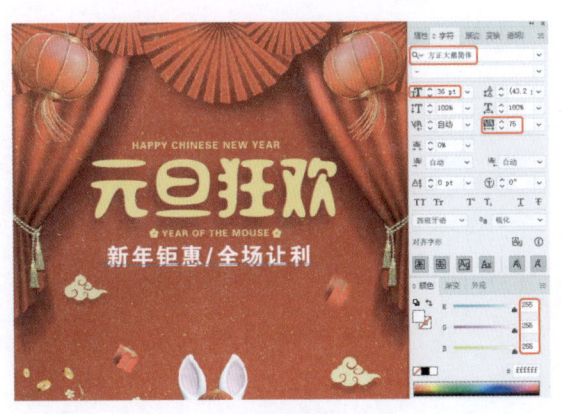

图 8-48

（11）在工具栏中单击【文字工具】，在画板中单击鼠标，输入文字。选中输入的文字，在【属性】面板中将【字体系列】设置为【微软雅黑】，将【字体样式】设置为 Bold，将【字体大小】设置为 18 pt，将【字符间距】设置为 0，将【填色】的 RGB 值设置为 255、223、0，并在画板中调整文字的位置，如图 8-49 所示。

（12）使用同样的方法输入其他文字并绘制图形，对其进行相应的设置，效果如图 8-50 所示。

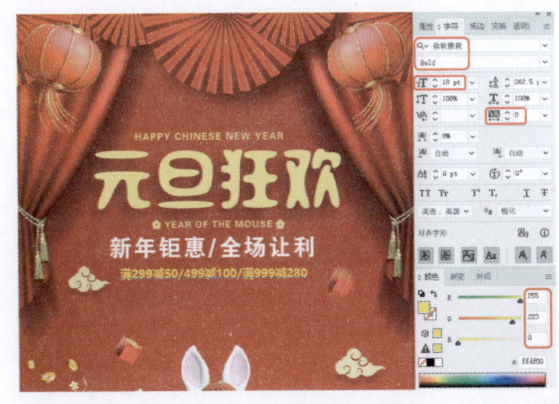

图 8-49

图 8-50

197

第 09 章　宣传单设计

本章导读：

　　宣传单又称宣传单页，是商家为了宣传自己而制作的一种印刷品，一般为单张双面印刷或单面印刷。宣传单一般分为两大类：一类的主要作用是推销产品、发布一些商业信息或寻人启事等；另外一类是公益宣传，例如，宣传人们无偿献血，宣传征兵等。

案例精讲 078　制作企业宣传单正面

本案例讲解如何制作企业宣传单正面，在制作宣传单背景时为其添加了【纹理化】特效，可以使背景更富有层次感，其次通过【钢笔工具】、【文字工具】制作出其他内容，最终效果如图9-1所示。

（1）按Ctrl+N组合键，弹出【新建文档】对话框，将【单位】设置为【厘米】，将【宽度】、【高度】分别设置为21 cm、29.7 cm，将【画板】设置为2，将【颜色模式】设置为【RGB颜色】，将【光栅效果】设置为【屏幕（72 ppi）】，单击【创建】按钮，如图9-2所示。

（2）在工具栏中单击【钢笔工具】按钮，绘制两个三角形，将【颜色】面板中的【填色】的RGB值设置为35、102、176，将【描边】设置为无，如图9-3所示。

（3）继续选中绘制的图形，在【外观】面板中单击底部的【添加新效果】按钮，在弹出的下拉菜单中选择【纹理】|【纹理化】命令。弹出【纹理化】对话框，将【纹理】设置为【画布】，将【缩放】设置为80%，将【凸现】设置为3，将【光照】设置为【上】，取消选中【反向】复选框，如图9-4所示。

（4）单击【确定】按钮。在工具栏中单击【钢笔工具】按钮，绘制图形，将【填色】设置为白色，将【描边】设置为无。在【外观】面板中单击底部的【添加新效果】按钮，在弹出的下拉菜单中选择【风格化】|【投影】命令，弹出【投影】对话框，将【模式】设置为【正常】，将【不透明度】设置为70%，将【X位移】、【Y位移】均设置为0.1 cm，将【模糊】设置为0.18 cm，将【颜色】设置为黑色，单击【确定】按钮，如图9-5所示。

图9-1

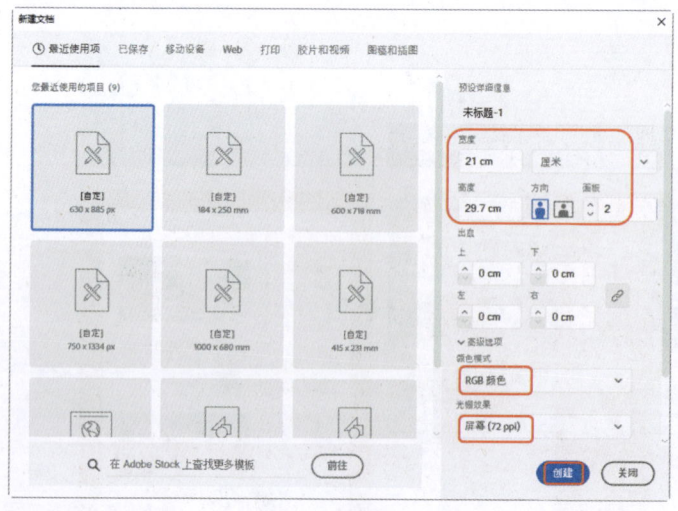

图9-2

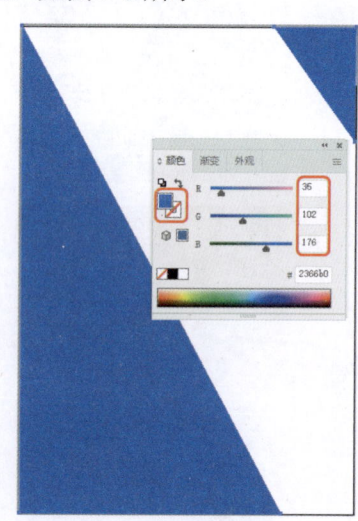

图9-3

200

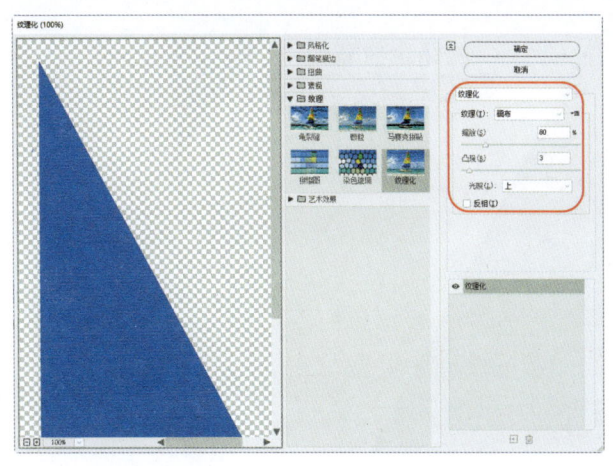

宣传单设计 第 09 章

图 9-4 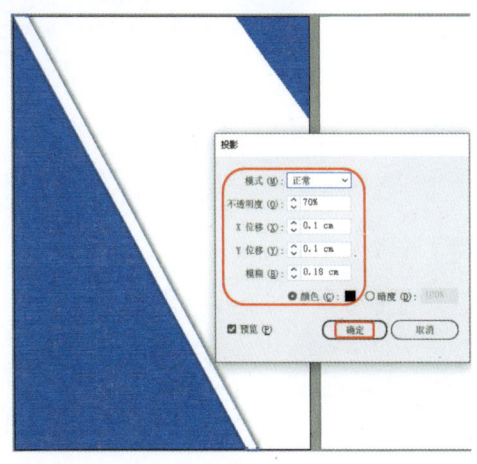　　　　　　　　　　　　　　　图 9-5

（5）在工具栏中单击【文字工具】按钮，输入文本，在【字符】面板中将【字体系列】设置为【方正粗黑宋简体】，将【字体大小】设置为 38 pt，将【字符间距】设置为 0，将【颜色】的 RGB 值设置为 83、83、84，如图 9-6 所示。

（6）在工具栏中单击【圆角矩形工具】按钮，绘制【宽】、【高】分别为 11 cm、1.3 cm 的矩形，单击【更多选项】按钮，将【圆角半径】设置为 0.3 cm，将【填色】的 RGB 值设置为 35、102、176，将【描边】设置为无，如图 9-7 所示。

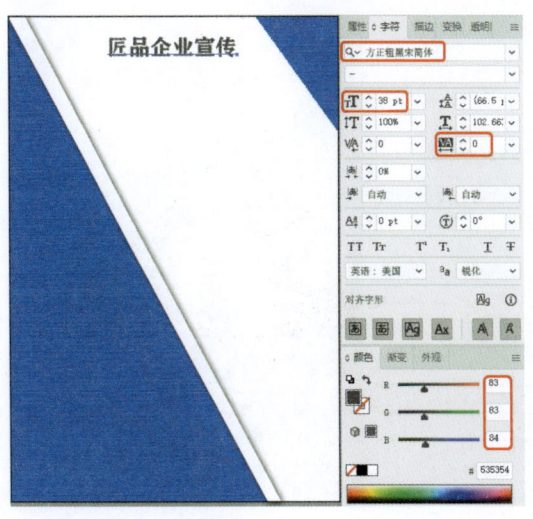

图 9-6 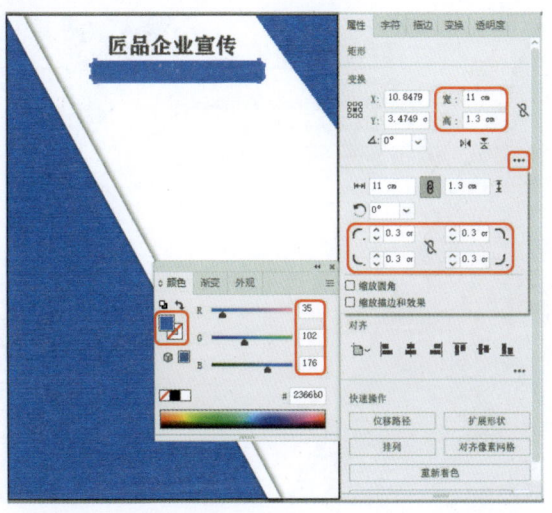　　　　　　　　　　　　　　　图 9-7

（7）在工具栏中单击【文字工具】按钮，输入文本，在【字符】面板中将【字体系列】设置为【方正粗黑宋简体】，将【字体大小】设置为 22 pt，将【字符间距】设置为 100，将【颜色】的 RGB 值设置为 255、255、255，如图 9-8 所示。

（8）在工具栏中单击【文字工具】按钮，输入文本，在【字符】面板中将【字体系列】设置为【方正粗黑宋简体】，将【字体大小】设置为 14 pt，将【字符间距】设置为 200，将【颜色】的 RGB 值设置为 14、46、64，如图 9-9 所示。

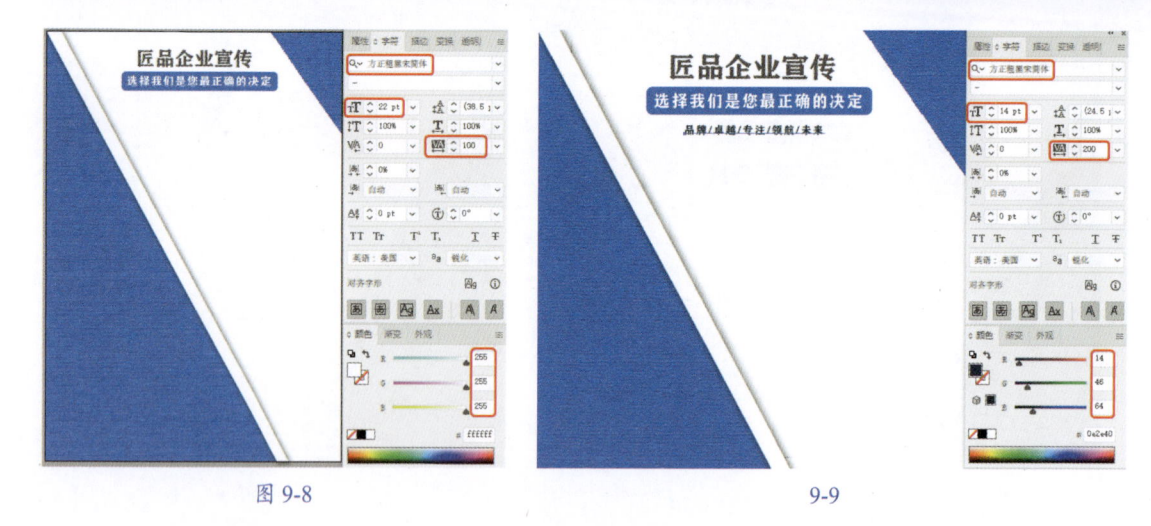

图 9-8　　　　　　　　　　　　　　　9-9

（9）在工具栏中单击【文字工具】按钮，输入文本，在【字符】面板中将【字体系列】设置为【方正粗黑宋简体】，将【字体大小】设置为 10.5 pt，将【字符间距】设置为 0，将【颜色】的 RGB 值设置为 14、46、64，如图 9-10 所示。

（10）在菜单栏中选择【文件】|【置入】命令，弹出【置入】对话框，选择"素材\Cha09\建筑 1.jpg"素材文件，单击【置入】按钮，在画板中拖曳鼠标进行绘制并调整素材的位置及大小，打开【属性】面板，在【快速操作】选项组中单击【嵌入】按钮，效果如图 9-11 所示。

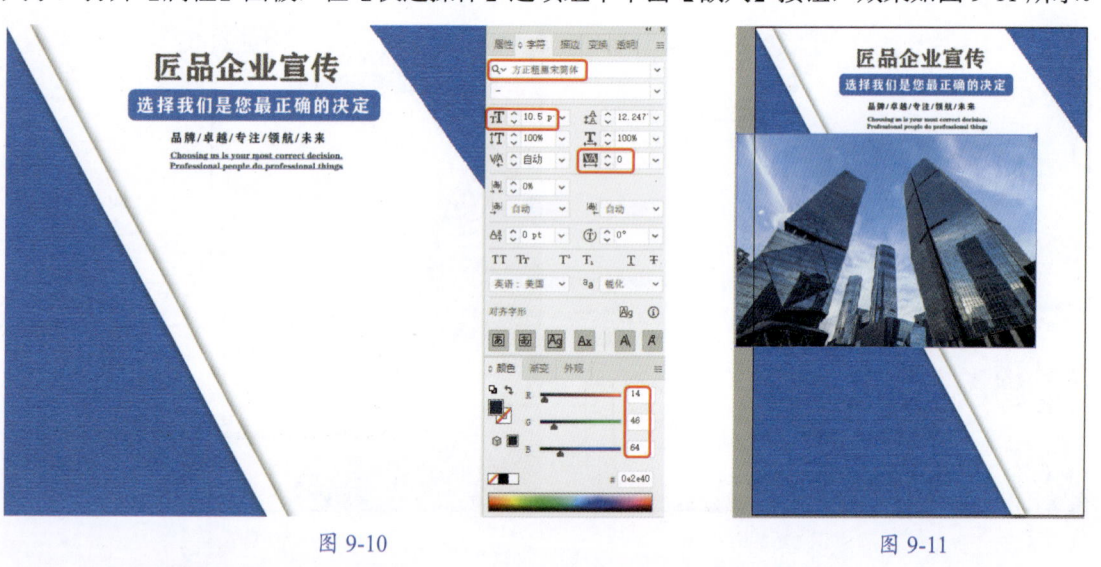

图 9-10　　　　　　　　　　　　　　　图 9-11

（11）在工具栏中单击【钢笔工具】按钮，绘制如图 9-12 所示的图形，将【填色】设置为白色，将【描边】设置为无。

（12）选中置入的素材和绘制的图形，右击鼠标，在弹出的下拉菜单中选择【建立剪切蒙版】命令，在【属性】面板中将【描边粗细】设置为 8 pt，将【描边】设置为白色，如图 9-13 所示。

宣传单设计　第 09 章

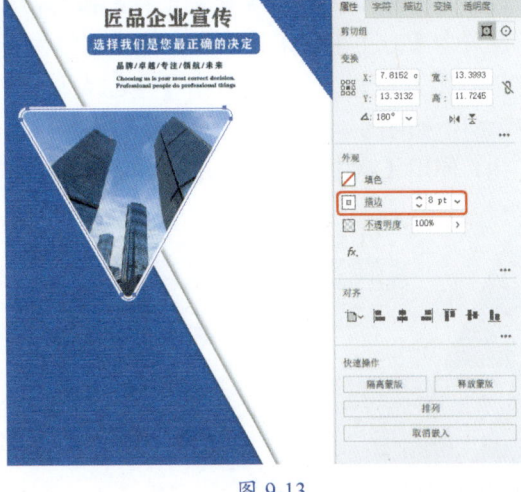

图 9-12

图 9-13

（13）在【外观】面板中单击底部的【添加新效果】按钮 fx，在弹出的下拉菜单中选择【风格化】|【投影】命令，弹出【投影】对话框，将【模式】设置为【正常】，将【不透明度】设置为 70%，将【X 位移】、【Y 位移】分别设置为 0.25 cm、0.2 cm，将【模糊】设置为 0.18 cm，将【颜色】设置为黑色，单击【确定】按钮，如图 9-14 所示。

（14）在工具栏中单击【钢笔工具】按钮，绘制如图 9-15 所示的图形，将【填色】设置为无，将【描边】设置为白色，将【描边粗细】设置为 2 pt。

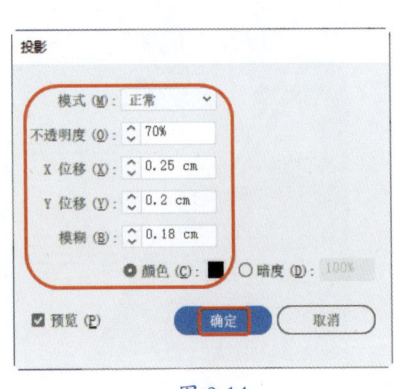

图 9-14

图 9-15

（15）在工具栏中单击【钢笔工具】按钮，绘制图形，将【填色】设置为白色，将【描边】的 RGB 值设置为 20、49、123，将【描边粗细】设置为 1 pt，如图 9-16 所示。

（16）在【外观】面板中单击底部的【添加新效果】按钮 fx，在弹出的下拉菜单中选择【风格化】|【投影】命令，弹出【投影】对话框，将【模式】设置为【正常】，将【不透明度】设置为 70%，将【X 位移】、【Y 位移】均设置为 0.1 cm，将【模糊】设置为 0.18 cm，将【颜色】设置为白色，单击【确定】按钮，如图 9-17 所示。

（17）在工具栏中单击【文字工具】按钮，输入段落文本，在【字符】面板中将【字体系列】设置为【方正小标宋繁体】，将【字体大小】设置为 12 pt，将【行距】设置为 15 pt，将【字符间距】设置为 100，单击【全部大写字母】按钮TT，将【颜色】的 RGB 值设置为 14、46、64，如图 9-18 所示。

（18）使用【钢笔工具】和【文字工具】制作其他内容，效果如图 9-19 所示。

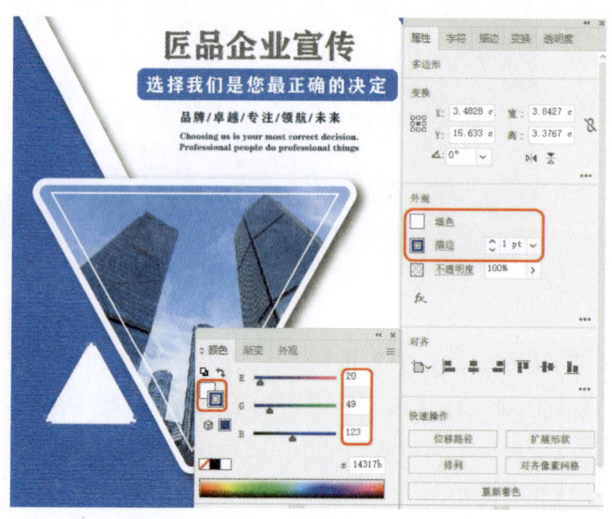

图 9-16 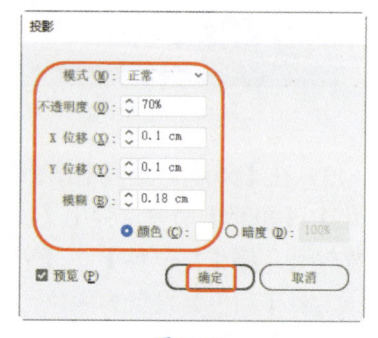　　　　　　　　　　　　　　图 9-17

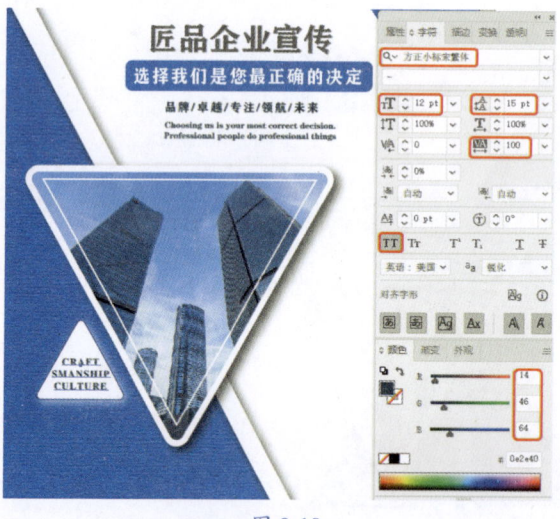

图 9-18 　　　　　　　　　　　　　　图 9-19

（19）在工具栏中单击【直线段工具】按钮，绘制直线段，在【描边】面板中将【粗细】设置为 2 pt，将【端点】设置为【圆头端点】，选中【虚线】复选框，将【虚线】、【间隙】均设置为 5 pt，将【填色】设置为无，将【描边】设置为白色，如图 9-20 所示。

（20）在菜单栏中选择【文件】|【置入】命令，弹出【置入】对话框，置入"企业二维码.png"素材文件，单击【置入】按钮，在画板中拖曳鼠标进行绘制并调整素材的位置及大小，打开【属性】面板，在【快速操作】选项组中单击【嵌入】按钮，效果如图 9-21 所示。

宣传单设计 第09章

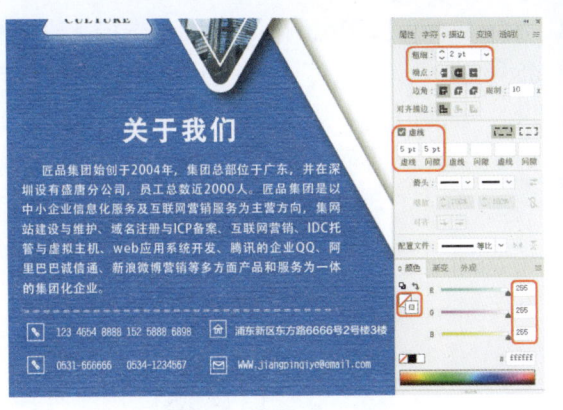

图 9-20

图 9-21

案例精讲 079　制作企业宣传单反面

本案例讲解如何制作企业宣传单反面，首先通过【钢笔工具】和【文字工具】完善企业宣传单反面内容，然后通过【柱形图工具】制作出企业数据表，最终效果如图9-22所示。

（1）继续上一节的操作，根据前面介绍的方法制作出如图9-23所示的图形，并嵌入"建筑2.jpg"素材文件，为对象建立剪切蒙版。

（2）选择制作的图形对象，右击鼠标，在弹出的下拉菜单中选择【编组】命令。在工具栏中单击【矩形工具】按钮，绘制矩形，将【填色】设置为黑色，将【描边】设置为无，如图9-24所示。

图 9-22

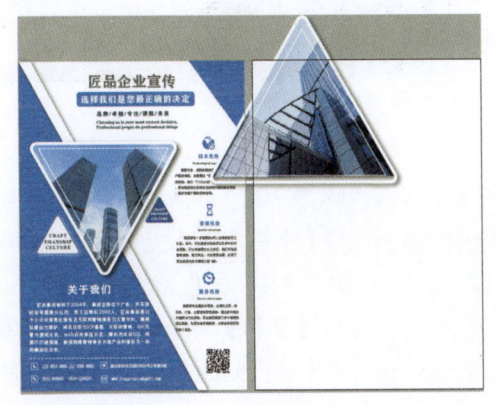

图 9-23

图 9-24

205

(3)选中绘制的矩形和编组后的对象,右击鼠标,在弹出的下拉菜单中选择【建立剪切蒙版】命令,创建剪切蒙版后的效果如图9-25所示。

(4)在工具栏中单击【矩形工具】按钮,绘制【宽】、【高】分别为8.8 cm、1.2 cm的矩形,将【填色】的RGB值设置为41、101、175,将【描边】设置为无,如图9-26所示。

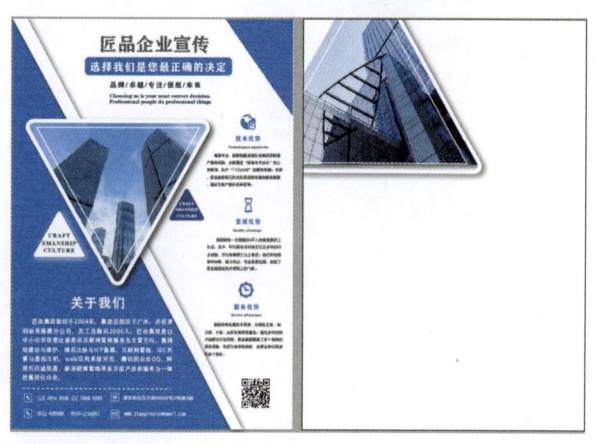

图9-25 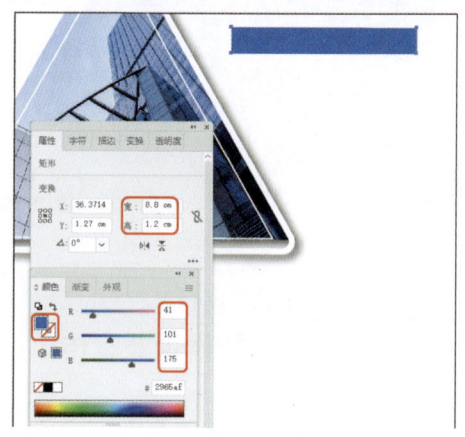　　　　　　　　　　　　　　　图9-26

(5)在工具栏中单击【文字工具】按钮,输入文本,将【字符】面板中的【字体系列】设置为【方正粗黑宋简体】,将【字体大小】设置为20 pt,将【字符间距】设置为0,单击【全部大写字母】按钮,将【颜色】设置为白色,如图9-27所示。

(6)在工具栏中单击【钢笔工具】按钮,绘制三角形,将【填充】的RGB值设置为41、101、175,将【描边】设置为无,如图9-28所示。

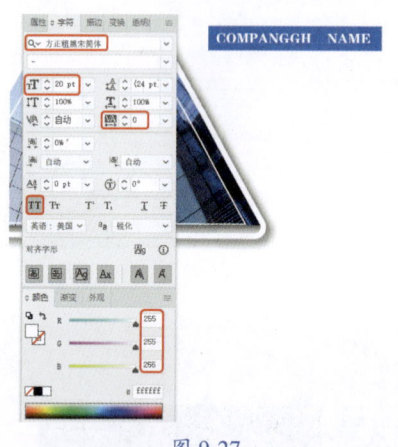

图9-27 　　　　　　　　　　　　　　　图9-28

(7)在工具栏中单击【文字工具】按钮,输入文本,将【字符】面板中的【字体系列】设置为【方正粗黑宋简体】,将【字体大小】设置为40 pt,将【字符间距】设置为0,单击【全部大写字母】按钮,将【颜色】的RGB值设置为35、102、176,如图9-29所示。

(8)在工具栏中单击【文字工具】按钮,输入文本,将【字符】面板中的【字体系列】设置为【方正粗黑宋简体】,将【字体大小】设置为50 pt,将【字符间距】设置为100,将【颜色】的RGB值设置为89、108、121,如图9-30所示。

宣传单设计 第09章

图 9-29

图 9-30

（9）在工具栏中单击【文字工具】按钮，输入段落文本，将【字符】面板中的【字体系列】设置为【方正粗黑宋简体】，将【字体大小】设置为 23 pt，将【行距】设置为 28 pt，将【字符间距】设置为 200，将【颜色】的 RGB 值设置为 5、0、0，如图 9-31 所示。

（10）在工具栏中单击【文字工具】按钮，输入段落文本，将【字符】面板中的【字体系列】设置为【方正粗黑宋简体】，将【字体大小】设置为 15.5 pt，将【行距】设置为 18 pt，将【字符间距】设置为 0，单击【全部大写字母】按钮 TT，将【颜色】的 RGB 值设置为 41、103、176，如图 9-32 所示。

图 9-31

图 9-32

（11）使用【矩形工具】和【钢笔工具】绘制其他的图形对象，使用【文字工具】完善其他的文本内容，如图 9-33 所示。

（12）在工具栏中单击【柱形图工具】按钮，在画板中绘制一个柱形图，在表格中输入如图 9-34 所示的数据，单击【应用】按钮。

（13）将表格关闭，选中绘制的柱形图，在【属性】面板中单击【图表类型】按钮，弹出【图表类型】对话框，将【选项】选项组中的【列宽】、【簇宽度】分别设置为 60%、80%，如图 9-35 所示。

（14）单击【确定】按钮，将【填色】和【描边】的 RGB 值均设置为 35、102、176，将【字符】面板中的【字体系列】设置为【Adobe 宋体 Std L】，将【字体大小】设置为 9.8 pt，如图 9-36 所示。

207

图 9-33

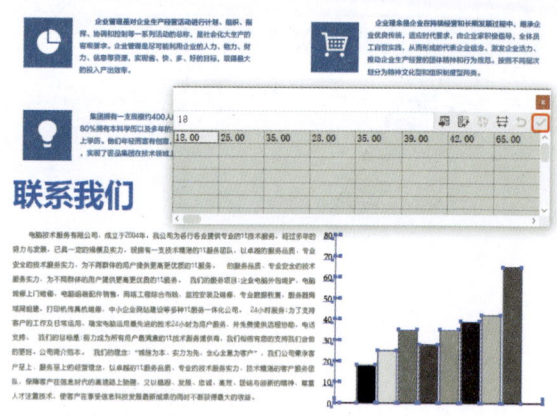

图 9-34

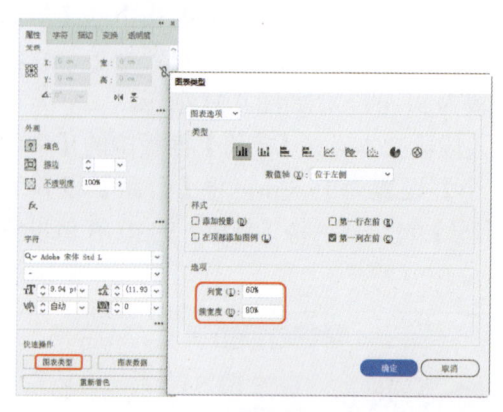

图 9-35

图 9-36

　　（15）在工具栏中单击【矩形工具】按钮，在画板中绘制矩形，将【属性】面板中的【宽】、【高】分别设置为 21 cm、3.3 cm，将【填色】的 RGB 值设置为 16、47、65，将【描边】设置为无，如图 9-37 所示。

　　（16）置入"企业二维码.png"素材文件，调整对象的大小及位置并将其嵌入。在工具栏中单击【文字工具】按钮，输入段落文本，将【字体系列】设置为【黑体】，将【字体大小】设置为 12 pt，将【行距】设置为 14 pt，将【字符间距】设置为 20，单击【全部大写字母】按钮 TT，将【填色】的 RGB 值设置为 255、253、253，如图 9-38 所示。

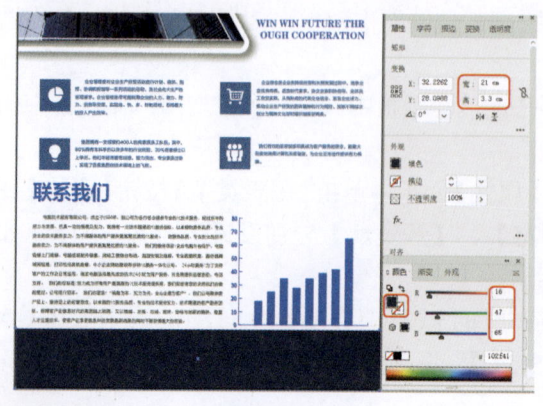

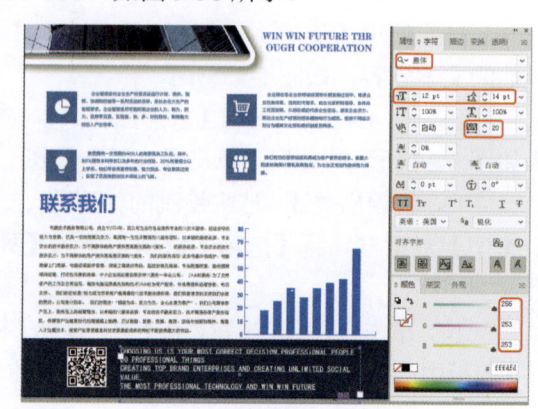

图 9-37

图 9-38

案例精讲 080　制作旅游宣传单正面

本案例讲解如何制作旅游宣传单正面，首先导入素材制作出旅游宣传单的背景，然后通过【文字工具】输入文本，并将文本转换为轮廓，接着调整文本实现艺术字效果，最后通过【圆角矩形工具】、【文字工具】、【直线段工具】完善其他内容，完成后的效果如图9-39所示。

（1）按Ctrl+N组合键，弹出【新建文档】对话框，将【单位】设置为【像素】，将【宽度】、【高度】分别设置为595 px、842 px，将【画板】设置为2，将【颜色模式】设置为【RGB颜色】，将【光栅效果】设置为【屏幕（72 ppi）】，单击【创建】按钮，如图9-40所示。

（2）在菜单栏中选择【文件】|【置入】命令，弹出【置入】对话框，选择"素材\Cha09\旅游1.jpg"素材文件，单击【置入】按钮，在画板中拖曳鼠标进行绘制，调整对象的大小及位置，打开【属性】面板，在【快速操作】选项组中单击【嵌入】按钮。嵌入素材后的效果如图9-41所示。

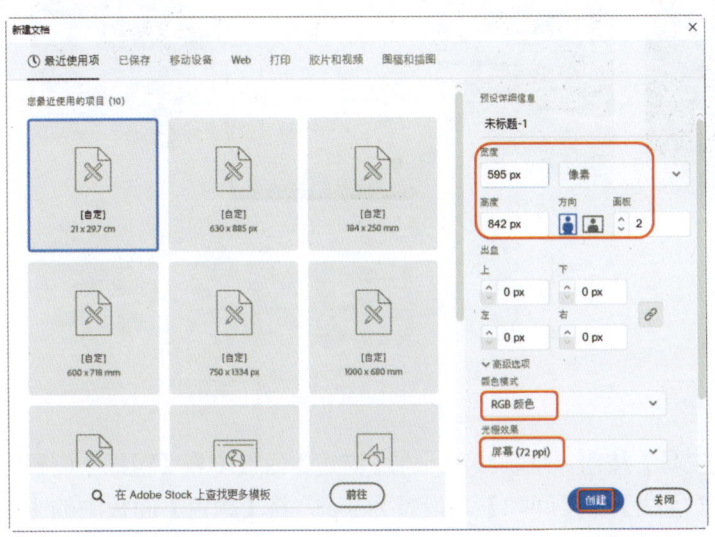

图 9-39

图 9-40　　　　　　　　　　　　图 9-41

（3）置入"旅游2.jpg""旅游3.png"素材文件，适当调整对象的大小及位置并进行嵌入，如图9-42所示。

（4）在工具栏中单击【文字工具】按钮，在画板中输入文本，将【字体系列】设置为【方正康体简体】，将【字体大小】设置为92 pt，将【垂直缩放】、【水平缩放】均设置为110%，将【字符间距】设置为-100，将【颜色】的RGB值设置为49、147、191，如图9-43所示。

209

图 9-42　　　　　　　　　　　　　图 9-43

（5）在文字上右击鼠标，在弹出的下拉菜单中选择【创建轮廓】命令，通过【直接选择工具】调整对象的顶点，调整完成后的效果如图 9-44 所示。

（6）使用【钢笔工具】绘制飞机图形，将【颜色】面板中的【填色】的 RGB 值设置为 47、155、203，将【描边】设置为无，如图 9-45 所示。

图 9-44　　　　　　　　　　　　　图 9-45

（7）在工具栏中单击【钢笔工具】按钮，绘制线段，在【描边】面板中将【粗细】设置为 1.5 pt，选中【虚线】复选框，将【虚线】、【间隙】均设置为 3 pt，将【颜色】面板中的【填色】设置为无，将【描边】的 RGB 值设置为 47、155、203，如图 9-46 所示。

（8）在工具栏中单击【文字工具】按钮，输入文本，将【字体系列】设置为【微软雅黑】，将【字体样式】设置为 Regular，将【字体大小】设置为 14 pt，将【字符间距】设置为 0，将【颜色】面板中的【填色】的 RGB 值设置为 47、155、203，如图 9-47 所示。

（9）在工具栏中单击【圆角矩形工具】按钮，绘制【宽】、【高】分别为 380 px、25 px 的圆角矩形，将【圆角半径】均设置为 12，将【填色】的 RGB 值设置为 47、155、203，将【描边】设置为无，如图 9-48 所示。

（10）在工具栏中单击【文字工具】按钮，输入文本，将【字体系列】设置为【方正黑体简体】，将【字体大小】设置为 18 pt，将【字符间距】设置为 140，将【颜色】面板中的【填色】设置为白色，如图 9-49 所示。

图 9-46

图 9-47

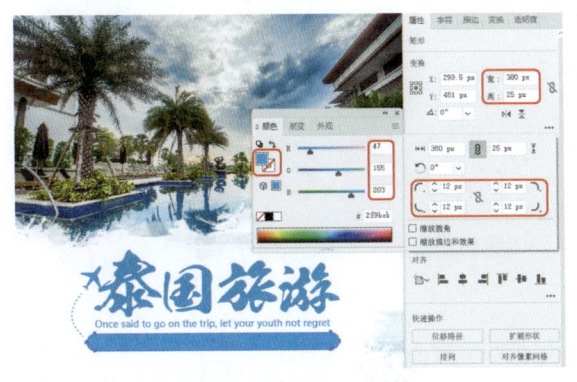

图 9-48

图 9-49

（11）在工具栏中单击【文字工具】按钮，输入文本，将【字体系列】设置为【方正粗黑宋简体】，将【字体大小】设置为 20 pt，将【行距】设置为 28 pt，将【字符间距】设置为 0，将【颜色】面板中的【填色】的 RGB 值设置为 47、155、203，将"￥5888"文本的【字体大小】设置为 35 pt，如图 9-50 所示。

（12）在工具栏中单击【直线段工具】按钮，绘制垂直线段，将【填色】设置为无，将【描边】设置为黑色，将【描边粗细】设置为 1 pt，如图 9-51 所示。

图 9-50

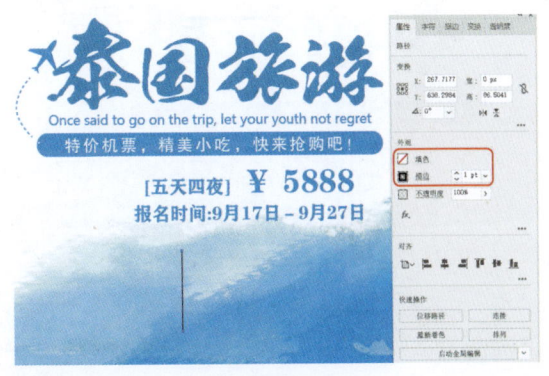

图 9-51

211

（13）置入"吃.jpg"素材文件，调整其大小及位置。在工具栏中单击【椭圆工具】按钮，绘制【宽】、【高】均为 59 px 的圆形，为了便于显示，先将椭圆的描边颜色设置为白色，将【描边粗细】设置为 1 pt，如图 9-52 所示。

（14）选中绘制的椭圆和置入的素材文件，右击鼠标，在弹出的下拉菜单中选择【建立剪切蒙版】命令，建立剪切蒙版后的效果如图 9-53 所示。

图 9-52

图 9-53

（15）在工具栏中单击【文字工具】按钮，输入文本，将【字体系列】设置为【微软雅黑】，将【字体大小】设置为 33 pt，将【字符间距】设置为 0，将【颜色】面板中的【填色】的 RGB 值设置为 62、58、57，如图 9-54 所示。

（16）在工具栏中单击【直排文字工具】按钮，输入文本，将【字体系列】设置为【微软雅黑】，将【字体大小】设置为 12 pt，将【字符间距】设置为 100，将【颜色】面板中的【填色】的 RGB 值设置为 62、58、57，如图 9-55 所示。

图 9-54

（17）使用同样的方法制作如图 9-56 所示的内容，并置入相应的素材文件。

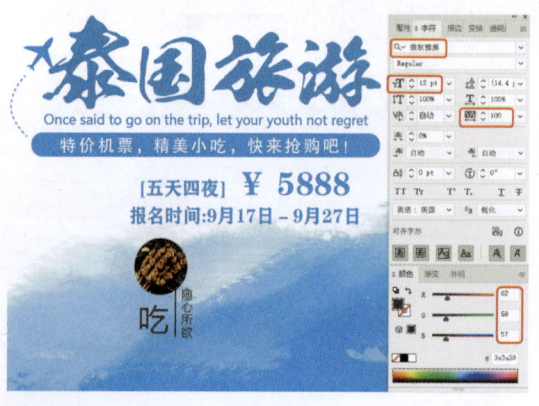

图 9-55

图 9-56

宣传单设计　第 09 章

案例精讲 081　制作旅游宣传单反面

　　本案例讲解如何制作旅游宣传单反面，首先制作出旅游宣传单的背景，然后使用【文字工具】制作出文案内容，使用【钢笔工具】绘制出装饰线段，通过【矩形工具】绘制出照片展示的部分，为了使其更加立体，为矩形添加了投影效果，完成后的效果如图 9-57 所示。

　　（1）在菜单栏中选择【文件】|【置入】命令，弹出【置入】对话框，选择"素材 \Cha09\ 旅游 4.jpg"素材文件，单击【置入】按钮，在右侧画板中拖曳鼠标进行绘制，在【属性】面板的【快速操作】选项组中单击【嵌入】按钮，效果如图 9-58 所示。

　　（2）在素材图片上右击，在弹出的下拉菜单中选择【裁剪图像】命令，裁剪图像，如图 9-59 所示。

图 9-57

图 9-58 　　　　　　　　　　　图 9-59

　　（3）按 Enter 键确认。置入"旅游 3.png"素材文件，调整其大小及位置，在【属性】面板的【快速操作】选项组中单击【嵌入】按钮，嵌入素材后的效果如图 9-60 所示。

　　（4）在工具栏中单击【文字工具】按钮，输入文本，将【字体系列】设置为【微软雅黑】，将【字体大小】设置为 23 pt，将【字符间距】设置为 0，将【颜色】面板中的【填色】的 RGB 值设置为 76、66、61，如图 9-61 所示。

　　（5）在工具栏中单击【文字工具】按钮，输入文本，将【字体系列】设置为【方正魏碑简体】，将【字体大小】设置为 12 pt，将【字符间距】设置为 0，单击【全部大写字母】按钮 TT，将【颜色】面板中的【填色】的 RGB 值设置为 0、0、0，如图 9-62 所示。

213

（6）在工具栏中单击【钢笔工具】按钮，绘制图形，如图 9-63 所示，将【填色】的 RGB 值设置为 47、155、203，将【描边】设置为无。

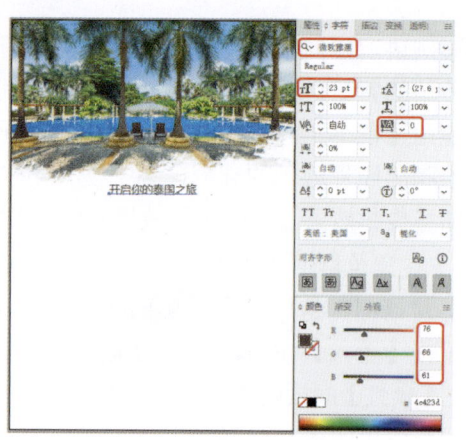

图 9-60

图 9-61

图 9-62

图 9-63

（7）在工具栏中单击【文字工具】按钮，输入文本，将【字体系列】设置为【微软雅黑】，将【字体样式】设置为 Bold，将【字体大小】设置为 15.6 pt，将【字符间距】设置为 160，将【颜色】面板中的【填色】的 RGB 值设置为 47、155、203，如图 9-64 所示。

（8）在工具栏中单击【文字工具】按钮，输入段落文本，将【字体系列】设置为【微软雅黑】，将【字体样式】设置为 Regular，将【字体大小】设置为 7.82 pt，将【行距】设置为 13.3 pt，将【字符间距】设置为 0，将【颜色】面板中的【填色】的 RGB 值设置为 35、24、21，如图 9-65 所示。

（9）在工具栏中单击【圆角矩形工具】按钮，绘制【宽】、【高】分别为 97.5 px、26 px 的圆角矩形，将【圆角半径】均设置为 10 px，将【填色】的 RGB 值设置为 47、155、203，将【描边】设置为无，如图 9-66 所示。

（10）再次使用【圆角矩形工具】，绘制【宽】、【高】分别为 91 px、21 px 的圆角矩形，将【圆角半径】均设置为 10 px，将【填色】设置为无，将【描边】设置为白色，将【描边粗细】设置为 1.5 pt，如图 9-67 所示。

宣传单设计 第 09 章

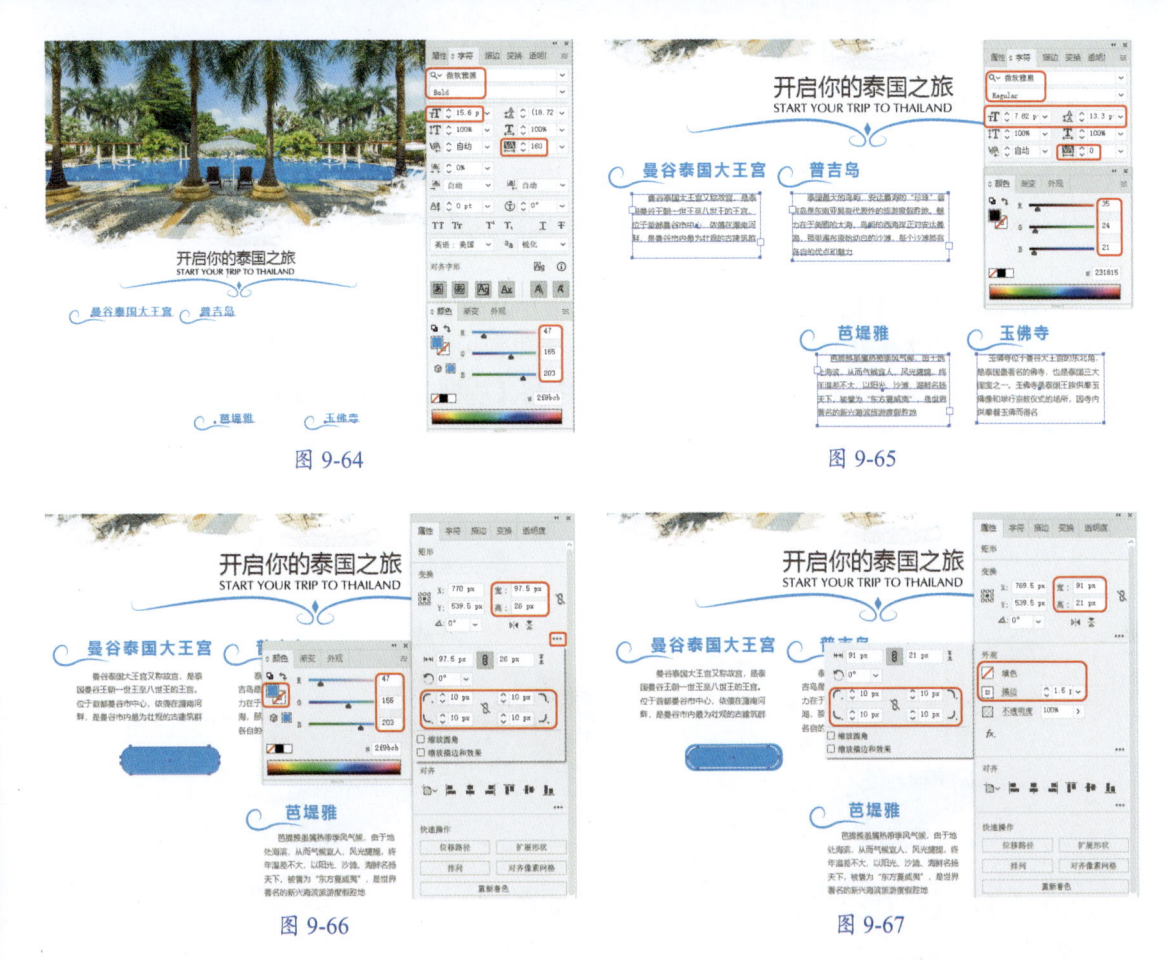

图 9-64

图 9-65

图 9-66

图 9-67

（11）在工具栏中单击【文字工具】按钮，输入文本，将【字体系列】设置为【微软雅黑】，将【字体样式】设置为 Regular，将【字体大小】设置为 11 pt，将【字符间距】设置为 0，将【颜色】面板中的【填充】设置为白色，如图 9-68 所示。

（12）使用同样的方法制作其他内容，置入"二维码 .png"素材文件，调整其大小及位置，在【属性】面板的【快速操作】选项组中单击【嵌入】按钮，如图 9-69 所示。

图 9-68

图 9-69

215

（13）在工具栏中单击【矩形工具】按钮，绘制【宽】、【高】分别为158 px、96 px 的矩形，将【填色】设置为白色，将【描边】设置为无。在【外观】面板中，单击底部的【添加新效果】按钮 fx，在弹出的下拉菜单中选择【风格化】|【投影】命令，弹出【投影】对话框，将【模式】设置为【正片叠底】，将【不透明度】设置为50%，将【X 位移】、【Y 位移】均设置为4 px，将【模糊】设置为5 px，将【颜色】设置为黑色，单击【确定】按钮，如图9-70所示。

（14）置入"旅游1.jpg"素材文件，调整其大小及位置，在【属性】面板的【快速操作】选项组中单击【嵌入】按钮。选中绘制的白色矩形和置入的素材图片，右击鼠标，在弹出的下拉菜单中选择【编组】命令，在【属性】面板中将【旋转】设置为16.5°，如图9-71所示。

图 9-70　　　　　　　　　　　图 9-71

（15）使用同样的方法制作如图9-72所示的对象。

图 9-72

216

第 09 章 宣传单设计

案例精讲 082　制作夏日冷饮宣传单正面

本案例讲解如何制作夏日冷饮宣传单正面，首先置入素材文件完成夏日冷饮宣传单的背景，然后通过【矩形工具】和【文字工具】完善其他内容，最后通过【圆角矩形工具】、【椭圆工具】和【钢笔工具】设计出新款推荐图标，完成后的效果如图 9-73 所示。

（1）按 Ctrl+N 组合键，弹出【新建文档】对话框，将【单位】设置为【厘米】，将【宽度】、【高度】分别设置为 22.6 cm、29.5 cm，将【画板】设置为 2，将【颜色模式】设置为【RGB 颜色】，将【光栅效果】设置为【屏幕（72 ppi）】，单击【创建】按钮，如图 9-74 所示。

（2）在菜单栏中选择【文件】|【置入】命令，弹出【置入】对话框，选择"素材\Cha09\冷饮背景.jpg"素材文件，单击【置入】按钮，置入素材。在【属性】面板的【快速操作】选项组中单击【嵌入】按钮，将【宽】、【高】分别设置为 22.6 cm、17.6 cm，将 X、Y 设置为 11.3 cm、8.8 cm，如图 9-75 所示。

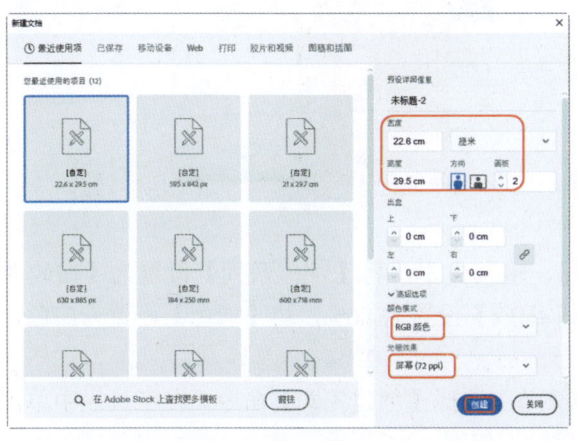

图 9-73

图 9-74 　　　　　　　　　　　　　　图 9-75

（3）在工具栏中单击【矩形工具】按钮，绘制【宽】、【高】分别为 22.6 cm、0.2 cm 的矩形，将【填色】的 RGB 值设置为 143、195、31，将【描边】设置为无，如图 9-76 所示。

（4）在工具栏中单击【矩形工具】按钮，绘制【宽】、【高】分别为 7 cm、29.5 cm 的矩形，将【填色】的 RGB 值设置为 249、79、10，将【描边】设置为无，如图 9-77 所示。

（5）在【外观】面板中单击底部的【添加新效果】按钮 fx.，在弹出的下拉菜单中选择【风格化】|【投影】命令，弹出【投影】对话框，将【模式】设置为【正片叠底】，将【不透明度】设置为 75%，将【X 位移】、【Y 位移】均设置为 0 cm，将【模糊】设置为 0.2cm，将【颜色】设置为黑色，单击【确定】按钮，如图 9-78 所示。

217

（6）在工具栏中单击【文字工具】按钮，输入文本，将【字体系列】设置为【方正大标宋简体】，将【字体大小】设置为 72 pt，将【填色】设置为白色，如图 9-79 所示。

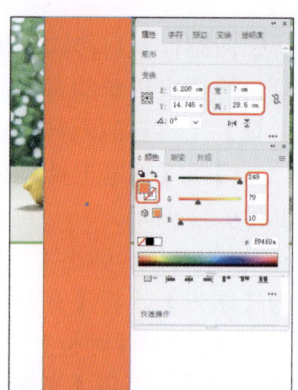

图 9-76

图 9-77

图 9-78

图 9-79

（7）在工具栏中单击【文字工具】按钮，输入文本，将【字体系列】设置为【微软雅黑】，将【字体大小】设置为 72 pt，将【水平缩放】设置为 80%，将【填色】设置为白色，如图 9-80 所示。

（8）在文字上右击鼠标，在弹出的下拉菜单中选择【创建轮廓】命令。在工具栏中单击【橡皮擦工具】按钮，对多余的文本进行擦除，如图 9-81 所示。

图 9-80

图 9-81

宣传单设计　第 09 章

（9）在工具栏中单击【文字工具】按钮，输入文本，将【字体系列】设置为【方正粗黑宋简体】，将【字体大小】设置为 6.5 pt，将【字符间距】设置为 0，将【填色】设置为白色，如图 9-82 所示。

（10）在工具栏中单击【椭圆工具】按钮，绘制【宽】、【高】均为 2.87 cm 的圆形，将椭圆的【填色】设置为白色，将【描边】设置为无，如图 9-83 所示。

图 9-82 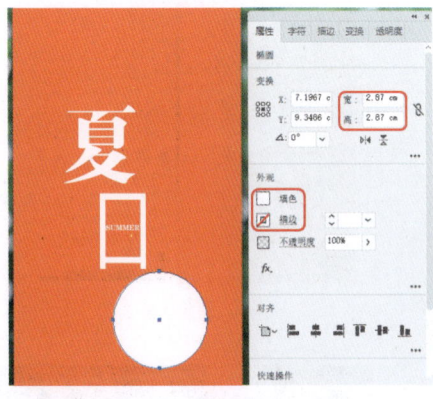　　　　　　　　　图 9-83

（11）在工具栏中单击【文字工具】按钮，输入文本，将【字体系列】设置为【方正大标宋简体】，将【字体大小】设置为 72 pt，将【填色】的 RGB 值设置为 249、79、10，如图 9-84 所示。

（12）在工具栏中单击【文字工具】按钮，输入文本，将【字体系列】设置为【方正小标宋繁体】，将【字体大小】设置为 72 pt，将【填色】设置为白色，如图 9-85 所示。

图 9-84 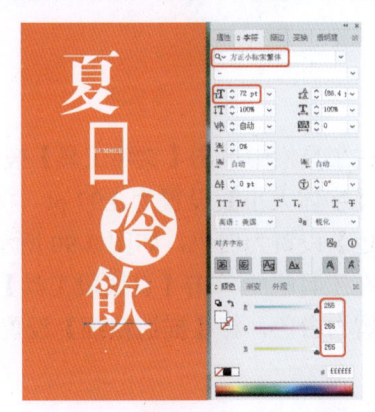　　　　　　　　　图 9-85

（13）在工具栏中单击【直排文字工具】按钮，输入文本，将【字体系列】设置为【方正小标宋繁体】，将【字体大小】设置为 16 pt，将【字符间距】设置为 100，将【颜色】面板中的【填色】的 RGB 值设置为 255、255、255，如图 9-86 所示。

（14）使用【直线段工具】、【椭圆工具】【文字工具】【直排文字工具】制作图形，如图 9-87 所示。

（15）在工具栏中单击【钢笔工具】按钮，绘制图形，如图 9-88 所示，将【填色】设置为白色，将【描边】设置为无。

219

（16）在工具栏中单击【文字工具】按钮，输入文本，将【字体系列】设置为【微软雅黑】，将【字体大小】设置为13.8 pt，将【字符间距】设置为200，将【填色】设置为白色，如图9-89所示。

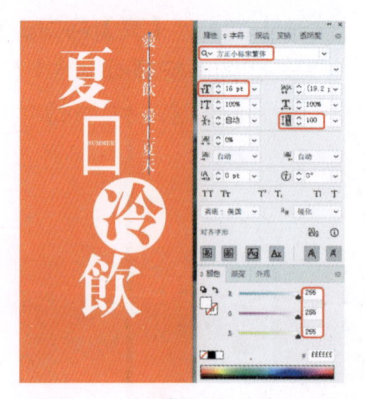

图9-86

图9-87

图9-88

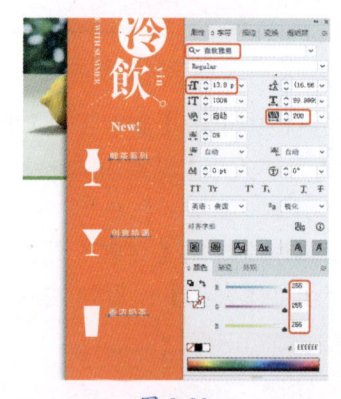

图9-89

（17）在工具栏中单击【文字工具】按钮，输入段落文本，将【字体系列】设置为【微软雅黑】，将【字体大小】设置为3.97 pt，将【行距】设置为5.96 pt，将【字符间距】设置为59，将【填色】设置为白色，如图9-90所示。

（18）在工具栏中单击【直线段工具】按钮，绘制水平线段，将【填色】设置为无，将【描边】设置为白色，将【描边粗细】设置为1.2 pt，如图9-91所示。

图9-90

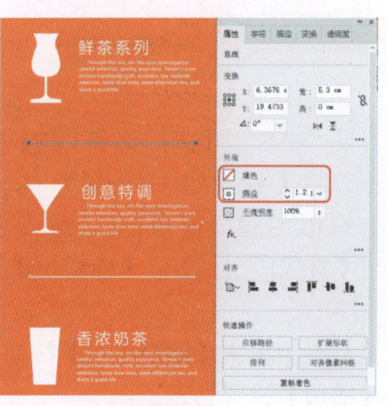

图9-91

(19）使用前面介绍的方法制作其他内容，然后置入相应的素材图片，如图9-92所示。

(20）在工具栏中单击【椭圆工具】按钮，绘制【宽】、【高】分别为3.6 cm、3.3 cm的圆形，将【填色】的RGB值设置为255、0、0，将【描边】设置为无，如图9-93所示。

图9-92 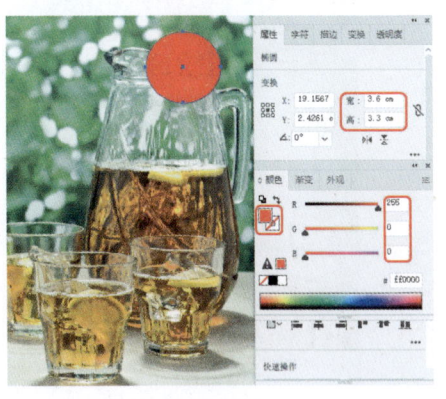　　　　　　　　　　　图9-93

(21）在工具栏中单击【圆角矩形工具】按钮，绘制【宽】、【高】分别为4.4 cm、1.95 cm的矩形，将【圆角半径】均设置为0.3 cm，将【填色】的RGB值设置为255、0、0，将【描边】设置为无，如图9-94所示。

(22）选择绘制的椭圆和矩形，打开【路径查找器】面板，单击【合并】按钮，如图9-95所示。

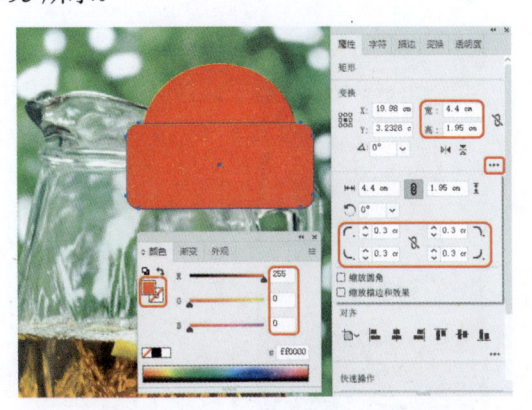

图9-94 　　　　　　　　　　　图9-95

(23）在工具栏中单击【椭圆工具】按钮，绘制【宽】、【高】分别为3.2 cm、2.9 cm的圆形，将【填色】设置为无，将【描边】设置为白色。在工具栏中单击【圆角矩形工具】按钮，绘制【宽】、【高】分别为3.9 cm、1.5 cm的圆角矩形，将【圆角半径】均设置为0.1cm，将【填色】设置为无，将【描边】设置为白色。选择绘制的椭圆和矩形，将【描边粗细】设置为1.5 pt。选择绘制的椭圆和矩形，打开【路径查找器】面板，单击【联集】按钮，如图9-96所示。

（24）使用【钢笔工具】绘制如图 9-97 所示的图形，将【填色】设置为白色，将【描边】设置为无。

图 9-96 　　　　　　　　图 9-97

（25）在工具栏中单击【文字工具】按钮，输入文本，将【字体系列】设置为【方正粗黑宋简体】，将【字体大小】设置为 7.95 pt，将【字符间距】设置为 0，将【填色】的 RGB 值设置为 255、0、0，如图 9-98 所示。

（26）在工具栏中单击【文字工具】按钮，输入文本，将【字体系列】设置为【方正粗黑宋简体】，将【字体大小】设置为 22 pt，将【字符间距】设置为 100，将【填色】设置为白色，如图 9-99 所示。

图 9-98 　　　　　　　　图 9-99

（27）选择如图 9-100 所示的标志，右击鼠标，在弹出的下拉菜单中选择【编组】命令。

（28）在【外观】面板中单击底部的【添加新效果】按钮 fx，在弹出的下拉菜单中选择【风格化】|【投影】命令，弹出【投影】对话框，将【模式】设置为【正片叠底】，将【不透明度】设置为 75%，将【X 位移】、【Y 位移】均设置为 0 cm，将【模糊】设置为 0.1 cm，将【颜色】设置为黑色，单击【确定】按钮，如图 9-101 所示。

宣传单设计 第 09 章

图 9-100

图 9-101

案例精讲 083　制作夏日冷饮宣传单反面

本案例讲解如何制作夏日冷饮宣传单反面，首先通过【文字工具】制作宣传单反面的饮品系列文案，然后置入相应的奶茶素材，完成后的效果如图 9-102 所示。

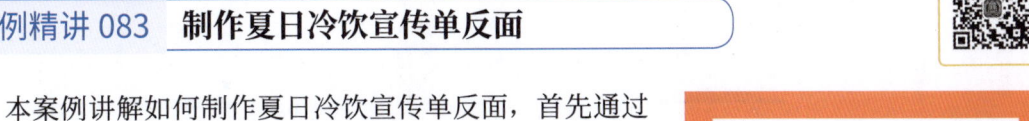

（1）在工具栏中单击【矩形工具】按钮，绘制【宽】、【高】分别为 22.6 cm、29.5 cm 的矩形，将【填色】的 RGB 值设置为 249、79、10，将【描边】设置为无，如图 9-103 所示。

（2）在工具栏中单击【矩形工具】按钮，绘制【宽】、【高】分别为 19 cm、26 cm 的矩形，将【填色】设置为白色，将【描边】设置为无。在工具栏中单击【文字工具】按钮，输入文本，将【字体系列】设置为方正黑体简体，将【字体大小】设置为 43 pt，将【字符间距】设置为 200，将【填色】的 RGB 值设置为 233、70、43，如图 9-104 所示。

图 9-102

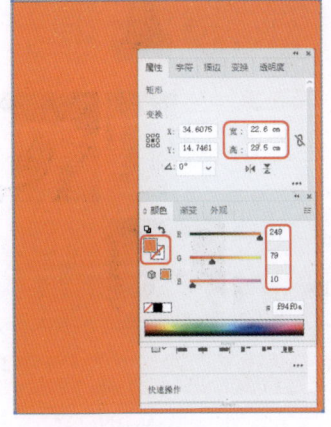

图 9-103

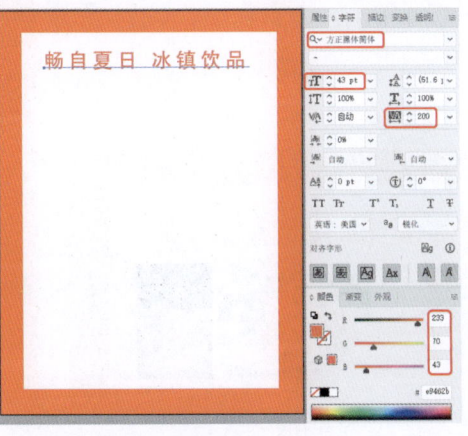

图 9-104

223

（3）在工具栏中单击【圆角矩形工具】按钮，绘制【宽】、【高】分别为3.8 cm、0.9 cm的圆角矩形，单击【更多选项】按钮，将【圆角半径】均设置为0.45 cm，将【填色】的RGB值设置为233、70、43，将【描边】设置为无，如图9-105所示。

（4）在工具栏中单击【文字工具】按钮，输入文本，将【字体系列】设置为【微软雅黑】，将【字体大小】设置为19 pt，将【字符间距】设置为0，将【填色】设置为白色，如图9-106所示。

图9-105

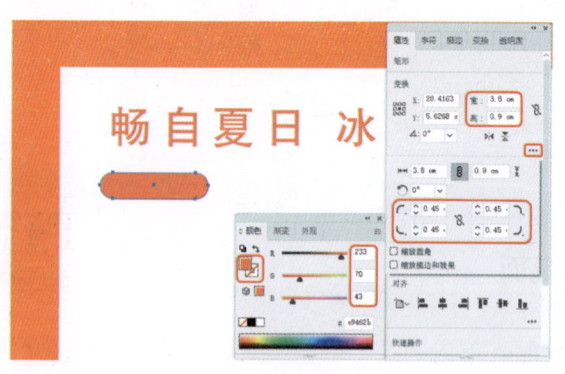

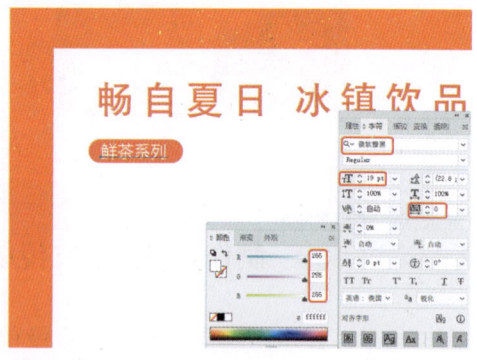

图9-106

（5）在工具栏中单击【文字工具】按钮，输入段落文本，在【字符】面板中将【字体系列】设置为【微软雅黑】，将【字体大小】设置为14.5 pt，将【行距】设置为17.5 pt，将【字符间距】设置为0，将【填色】的RGB值设置为126、126、127，如图9-107所示。

（6）在菜单栏中选择【文件】|【置入】命令，弹出【置入】对话框，分别置入"1.jpg""2.jpg"素材文件，在画板中拖曳鼠标进行绘制，在【属性】面板的【快速操作】选项组中单击【嵌入】按钮，效果如图9-108所示。

（7）使用同样的方法制作其他内容，并置入其他素材文件，如图9-109所示。

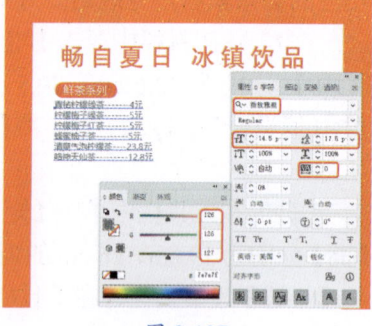

图9-107

图9-108

图9-109

第 10 章　画册设计

本章导读：

　　画册设计是用流畅的线条、和谐的图片或优美文字，组合成一本具有宣传产品、品牌形象的精美画册，展现个人及企业的风貌和理念。

案例精讲 084　企业画册封面设计

企业画册的作用很大，很多企业都会以一本小小的画册来展现自身的规章制度、发展方向，以及发展潜力。本案例将介绍如何制作企业画册封面，效果如图10-1所示。

（1）按Ctrl+N组合键，在弹出的对话框中将【单位】设置为【毫米】，将【宽度】、【高度】分别设置为420 mm、297 mm，将【画板】设置为1，将【颜色模式】设置为【RGB颜色】，单击【创建】按钮。在工具栏中单击【矩形工具】，在画板中绘制一个矩形，在【属性】面板中将【宽】、【高】分别设置为420 mm、297 mm，将【填色】设置为#f2f2f2，将【描边】设置为无，在画板中调整其位置，效果如图10-2所示。

（2）按Ctrl+Shift+P组合键，在弹出的对话框中选择"素材\Cha10\企业素材01.jpg"素材文件，单击【置入】按钮，在画板中单击鼠标，将选中的素材文件置入文档中并嵌入对象，在【属性】面板中将【宽】、【高】分别设置为506 mm、338 mm，将X、Y分别设置为252 mm、145 mm，将【不透明度】设置为70%，如图10-3所示。

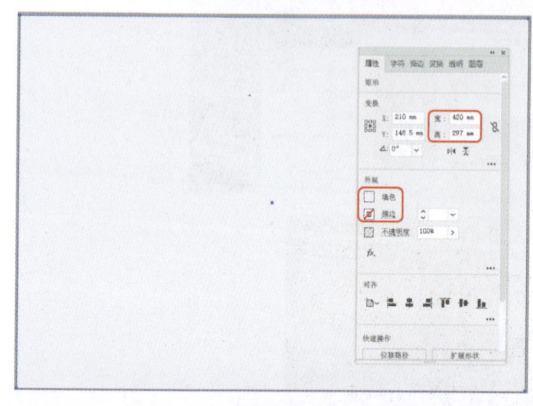

图10-1

图10-2 　　　　图10-3

（3）在画板中绘制一个与画板大小相同的矩形，选中绘制的矩形与置入的素材文件，右击鼠标，在弹出的下拉菜单中选择【建立剪切蒙版】命令。然后再使用【矩形工具】在画板中绘制一个矩形，在【属性】面板中将【宽】、【高】分别设置为210 mm、297 mm，将【填色】设置为无，将【描边】设置为#4d4d4d，将【描边粗细】设置为1 pt，并在画板中调整其位置，效果如图10-4所示。

（4）在工具栏中单击【钢笔工具】，在画板中绘制一个三角形，在【颜色】面板中将【填色】设置为#323433，将【描边】设置为无，如图10-5所示。

画册设计　第 10 章

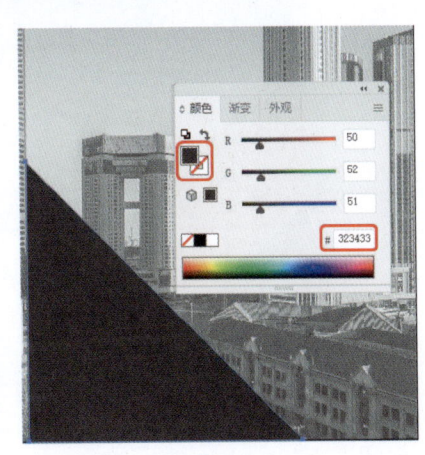

图 10-4

图 10-5

　　（5）在工具栏中单击【钢笔工具】，在画板中绘制图形，如图 10-6 所示，在【颜色】面板中将【填色】设置为 #df2726，将【描边】设置为无。

　　（6）在工具栏中单击【钢笔工具】，在画板中绘制图形，如图 10-7 所示，在【颜色】面板中将【填色】设置为 #aa1f24，将【描边】设置为无。

图 10-6

图 10-7

> 提示：
> 　　在按住 Shift 键的同时单击属性栏中的填色色块或描边色块，可以在打开的【颜色】面板中设置颜色参数。

　　（7）在工具栏中单击【文字工具】，在画板中单击鼠标，输入文字。选中输入的文字，在【属性】面板中将【填色】设置为白色，将【字体系列】设置为【方正兰亭中黑_GBK】，将【字体大小】设置为 36 pt，将【字符间距】设置为 100，并在画板中调整其位置，如图 10-8 所示。

　　（8）在工具栏中单击【文字工具】，在画板中单击鼠标，输入文字。选中输入的文字，在【属性】面板中将【填色】设置为白色，将【字体系列】设置为 Myriad Pro，将【字体大小】设置为 43 pt，将【字符间距】设置为 0，并在画板中调整其位置，如图 10-9 所示。

227

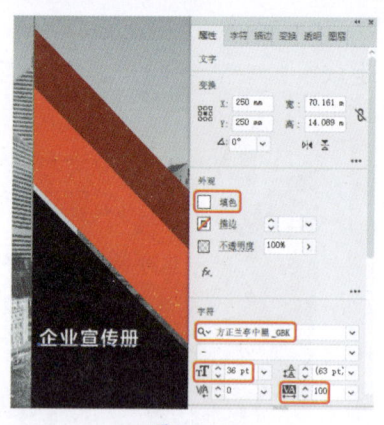

图 10-8 　　　　　　　　　　　图 10-9

（9）使用同样的方法在画板中输入其他文字，效果如图 10-10 所示。

（10）在工具栏中单击【椭圆工具】，在画板中按住 Shift 键绘制一个正圆，在【属性】面板中将【宽】、【高】均设置为 140 mm，为其填充任意一种颜色，将【描边】设置为白色，将【描边粗细】设置为 16 pt，并在画板中调整其位置，效果如图 10-11 所示。

图 10-10 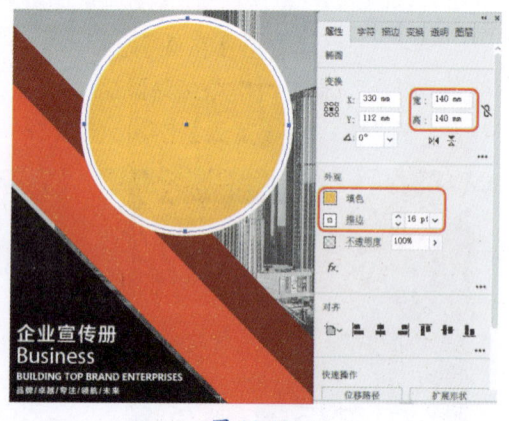　　　　　　　　　　图 10-11

（11）将"企业素材 02.jpg"素材文件置入文档中，将其嵌入文档中，在画板中调整其大小与位置。在【图层】面板中选择"椭圆"图层，按住鼠标将其拖曳至【创建新图层】按钮上，复制选中的图层，并将复制的"椭圆"图层调整至【图层】面板的最顶层，效果如图 10-12 所示。

（12）选中复制的圆形与置入的素材文件，右击鼠标，在弹出的下拉菜单中选择【建立剪切蒙版】命令。选中创建剪切蒙版后的对象，在【属性】面板中将【宽】、【高】均设置为 135 mm，效果如图 10-13 所示。

（13）在画板中选择带有描边的圆形，在【外观】面板中单击【添加新效果】按钮，在弹出的下拉菜单中选择【风格化】|【投影】命令，如图 10-14 所示。

（14）在弹出的对话框中将【模式】设置为【正片叠底】，将【不透明度】设置为 20，将【X 位移】、【Y 位移】、【模糊】分别设置为 2.5 mm、2.5 mm、1.8 mm，将【颜色】设置为 #000000，如图 10-15 所示。

画册设计　第 10 章

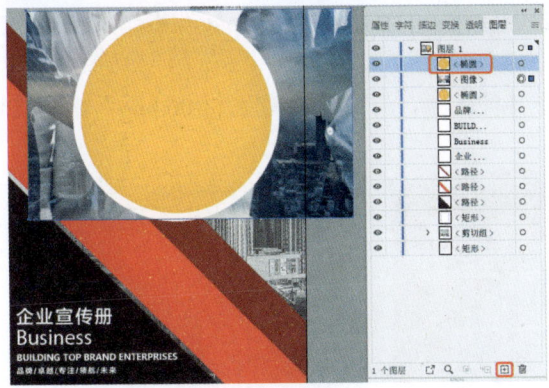

图 10-12

图 10-13

图 10-14

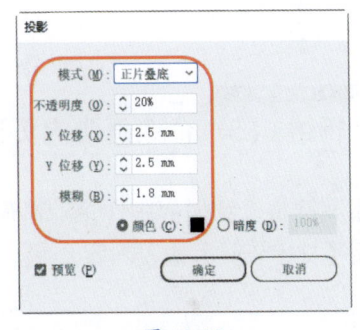

图 10-15

（15）设置完成后单击【确定】按钮，使用同样的方法在画板中制作其他图形，如图 10-16 所示。

（16）在工具栏中单击【钢笔工具】，在画板中绘制图形，如图 10-17 所示，在【颜色】面板中将【填色】设置为 #d1231e，将【描边】设置为无。

图 10-16

图 10-17

229

（17）根据前面介绍的方法将"企业素材04.ai"与"企业素材05.png"素材文件置入文档中，在画板中调整其大小与位置，效果如图10-18所示。

（18）根据前面介绍的方法在画板中制作其他内容，并将"企业素材06.png"素材文件置入文档中，效果如图10-19所示。

图 10-18　　　　　　　　　　　　图 10-19

案例精讲 085　企业画册内页设计

本案例将介绍如何制作企业画册内页，首先使用【矩形工具】绘制内容介绍的底纹，然后使用【文字工具】输入内容介绍，最后使用【钢笔工具】绘制图形，效果如图10-20所示。

图 10-20

（1）按Ctrl+N组合键，在弹出的对话框中将【单位】设置为【毫米】，将【宽度】、【高度】分别设置为420 mm、297 mm，将【颜色模式】设置为【RGB颜色】，单击【创建】按钮。在工具栏中单击【矩形工具】■，在画板中绘制一个矩形，在【属性】面板中将【宽】、【高】分别设置为420 mm、297 mm，将【填色】设置为#f2f2f2，将【描边】设置为无，在画板中调整其位置，效果如图10-21所示。

230

（2）再在画板中绘制一个【宽】、【高】分别为 210 mm、297 mm 的矩形，将【填色】设置为无，将【描边】设置为 # 999999，将【描边粗细】设置为 1 pt，并调整其位置，如图 10-22 所示。

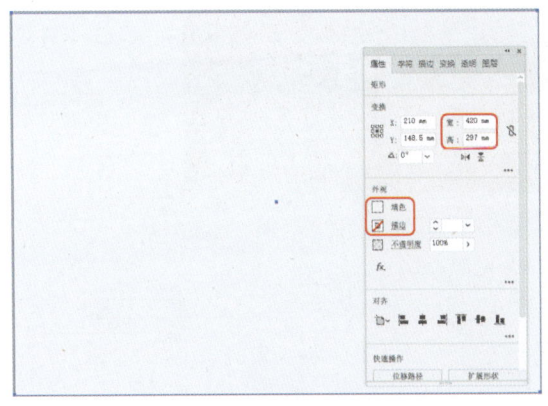

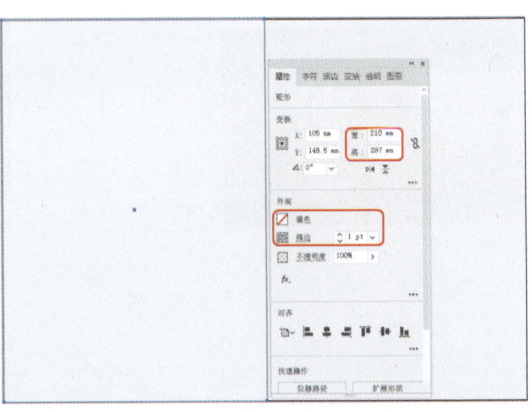

图 10-21

图 10-22

（3）再次使用【矩形工具】在画板中绘制一个矩形，在【属性】面板中将【宽】、【高】分别设置为 210 mm、92 mm，将 X、Y 分别设置为 105 mm、70 mm，将【填色】设置为 # d1231e，将【描边】设置无，效果如图 10-23 所示。

（4）在工具栏中单击【文字工具】，在画板中单击鼠标，输入文字。选中输入的文字，在【属性】面板中将【填色】设置为白色，将【字体系列】设置为【微软雅黑】，将【字体样式】设置为 Bold，将【字体大小】设置为 64 pt，将【字符间距】设置为 0，并在画板中调整其位置，效果如图 10-24 所示。

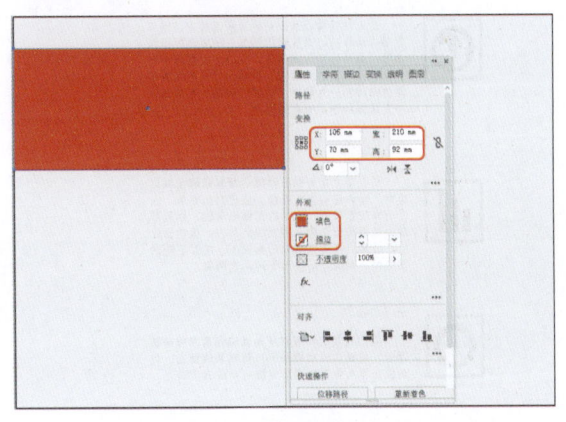

图 10-23

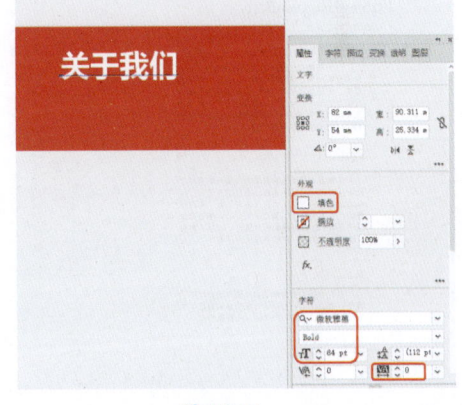

图 10-24

（5）在工具栏中单击【文字工具】，在画板中单击鼠标，输入文字。选中输入的文字，在【属性】面板中将【填色】设置为白色，将【字体系列】设置为 Minion Pro，将【字体样式】设置为 Bold，将【字体大小】设置为 22 pt，将【字符间距】设置为 0，并在画板中调整其位置，效果如图 10-25 所示。

（6）在工具栏中单击【文字工具】，在画板中绘制一个文本框，在【属性】面板中将【宽】、【高】分别设置为 160 mm、37 mm。在文本框中输入文字并选中输入的文字，在【属性】面板中将【填色】设置为白色,将【字体系列】设置为【Adobe 黑体 Std R】,将【字体大小】设置为 12 pt,将【行距】设置为 19 pt,将【字符间距】设置为 50,在【段落】面板中将【首行左缩进】设置为 19 pt,并在画板中调整其位置,效果如图 10-26 所示。

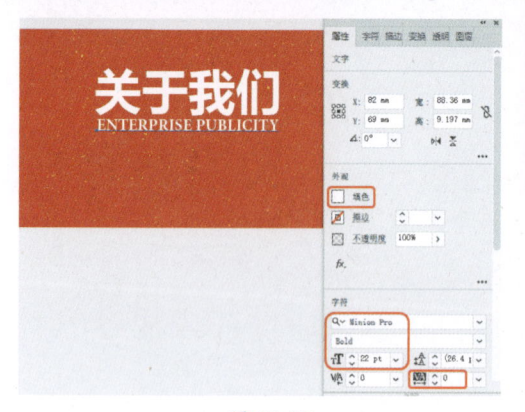

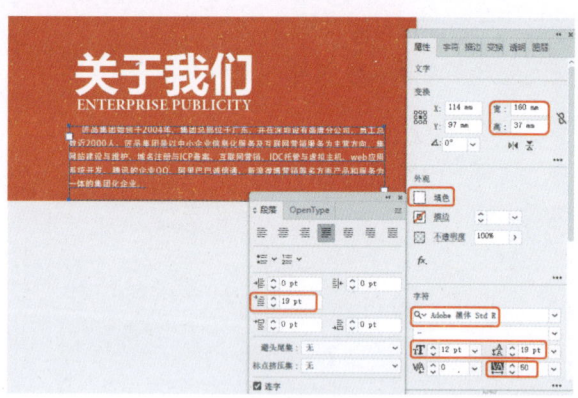

图 10-25　　　　　　　　　　　　　图 10-26

（7）使用同样的方法在画板中输入其他文字,并进行相应的调整,效果如图 10-27 所示。

（8）将"企业素材 07.ai"素材文件置入文档中,将其嵌入文档,并调整其大小与位置,效果如图 10-28 所示。

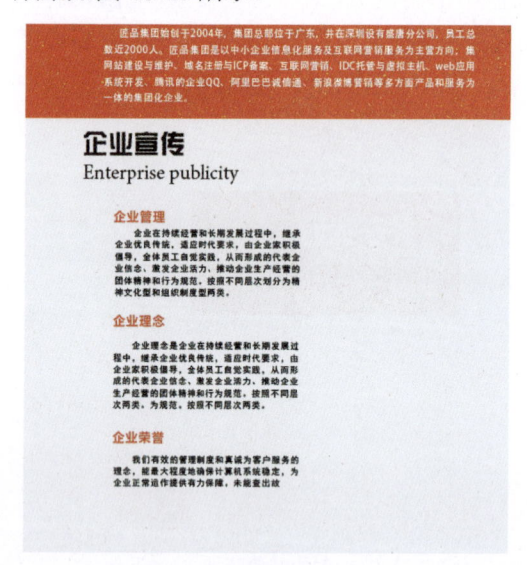

图 10-27　　　　　　　　　　　　　图 10-28

（9）将"企业素材 08.jpg"素材文件置入文档中,并在画板中调整其大小与位置,效果如图 10-29 所示。

（10）在工具栏中单击【矩形工具】,在画板中绘制一个矩形,在【属性】面板中将【宽】、【高】分别设置为 73 mm、136 mm,为其填充任意一种颜色,将【描边】设置为无,并在画板中调整其位置,效果如图 10-30 所示。

图 10-29 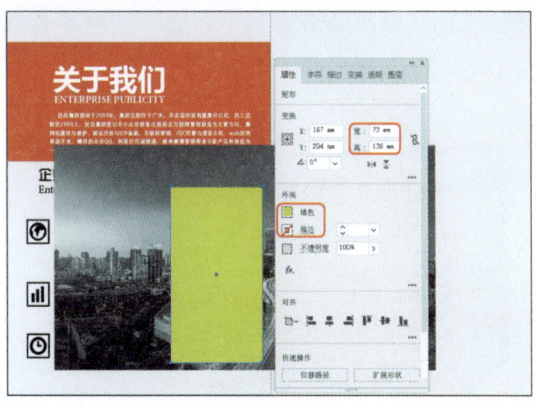　　　　　　　　　　　　　　图 10-30

（11）在画板中选择绘制的矩形与置入的素材文件，右击鼠标，在弹出的下拉菜单中选择【建立剪切蒙版】命令，创建剪切蒙版。然后在工具栏中单击【钢笔工具】 ，在画板中绘制图形，如图 10-31 所示，在【颜色】面板中将【填色】设置为 #323433，将【描边】设置为无，并在画板中调整其位置。

（12）在工具栏中单击【矩形工具】 ，在画板中绘制一个矩形，在【属性】面板中将【宽】、【高】分别设置为 92 mm、96 mm，将【填充】设置为红色，将【描边】设置为无，并在画板中调整其位置，效果如图 10-32 所示。

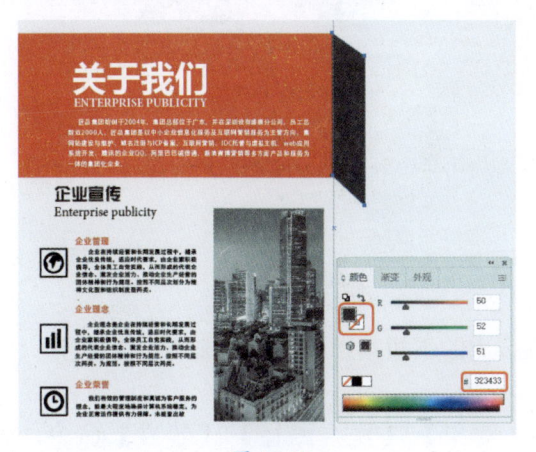

图 10-31 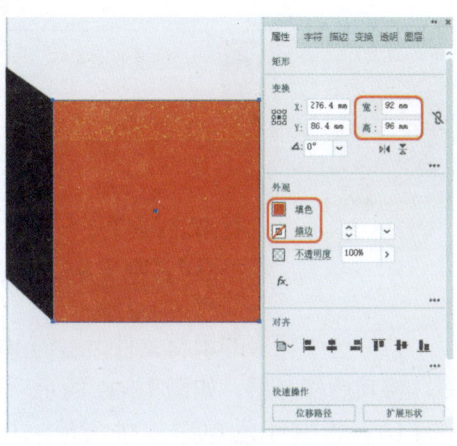　　　　　　　　　　　　　　图 10-32

（13）在工具栏中单击【矩形工具】 ，在画板中绘制一个矩形，在【属性】面板中将【宽】、【高】分别设置为 96 mm、1.5 mm，将【填充】设置为黄色，将【描边】设置为无，并在画板中调整其位置，效果如图 10-33 所示。

（14）选中新绘制的矩形，右击鼠标，在弹出的下拉菜单中选择【变换】|【旋转】命令，在弹出的对话框中将【角度】设置为 90°，单击【复制】按钮，如图 10-34 所示。

（15）在画板中选择两个黄色矩形与红色矩形，在【路径查找器】面板中单击【减去顶层】按钮 ，减去顶层后的效果如图 10-35 所示。

233

（16）将"企业素材 09.jpg"素材文件置入文档中，并在画板中调整其大小与位置，如图 10-36 所示。

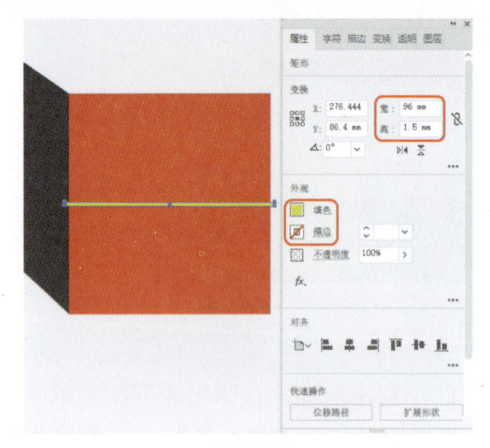

图 10-33

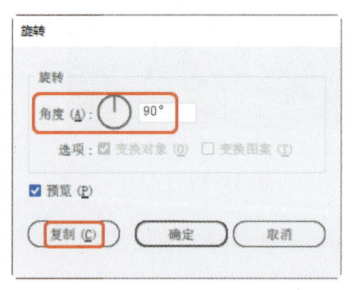

图 10-34

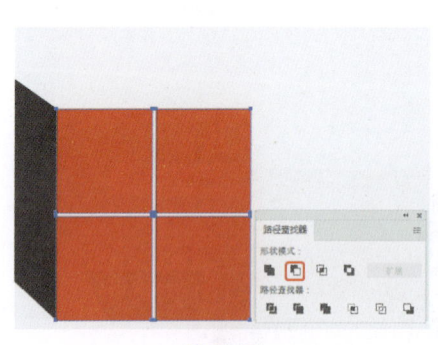

图 10-35

图 10-36

（17）选中置入的素材文件，右击鼠标，在弹出的下拉菜单中选择【排列】|【后移一层】命令，将其后移一层，如图 10-37 所示。

（18）选中红色矩形，在菜单栏中选择【对象】|【复合路径】|【建立】命令，如图 10-38 所示。

> 提示：
> 如果不对红色矩形建立复合路径，则无法对置入的素材文件建立剪切蒙版，也可以按 Ctrl+8 组合键来创建复合路径。

（19）选中红色矩形与置入的素材文件，按 Ctrl+7 组合键为选中的对象建立剪切蒙版。在工具栏中单击【钢笔工具】，在画板中绘制图形，如图 10-39 所示，在【颜色】面板中将【填色】设置为 #aa1f24，将【描边】设置为无，并在画板中调整其位置。

（20）根据前面介绍的方法在画板中制作其他内容，效果如图 10-40 所示。

画册设计 第10章

图 10-37

图 10-38

图 10-39

图 10-40

案例精讲 086　美食画册封面设计

　　本案例主要介绍如何制作美食画册封面，首先置入封面背景图片，然后利用【圆角矩形】与【文字工具】制作封面标题，最后使用【矩形工具】、【椭圆工具】和【文字工具】制作封面反面，效果如图10-41所示。

图 10-41

235

（1）按Ctrl+N组合键，在弹出的对话框中将【单位】设置为【毫米】，将【宽度】、【高度】分别设置为420 mm、210 mm，将【颜色模式】设置为【CMYK颜色】，如图10-42所示。

（2）设置完成后单击【创建】按钮。按Ctrl+Shift+P组合键，在弹出的对话框中选择"素材\Cha10\美食素材01.jpg"素材文件，单击【置入】按钮，并嵌入素材文件。在画板中单击鼠标，将选中的素材文件置入文档中，在【属性】面板中将【宽】、【高】分别设置为331 mm、210 mm，将X、Y分别设置为330 mm、105 mm，单击【水平轴翻转】按钮，如图10-43所示。

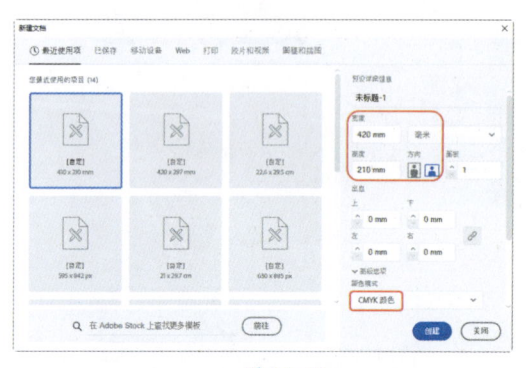

图10-42　　　　　　　　　　图10-43

（3）在工具栏中单击【矩形工具】，在画板中绘制一个矩形，在【属性】面板中将【宽】、【高】均设置为210 mm，将X、Y分别设置为315 mm、105 mm，并为其填充任意一种颜色，将【描边】设置为无，如图10-44所示。

（4）在画板中选择绘制的矩形与置入的素材文件，右击鼠标，在弹出的快捷菜单中选择【建立剪切蒙版】命令，如图10-45所示。

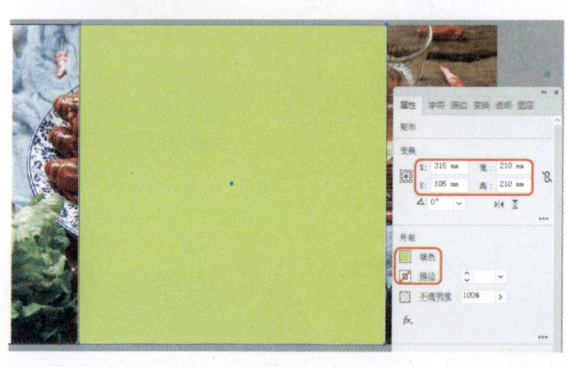

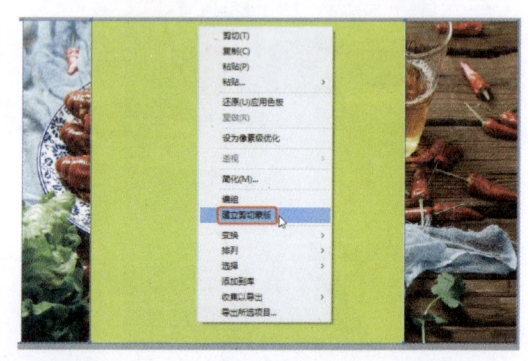

图10-44　　　　　　　　　　图10-45

（5）在工具栏中单击【圆角矩形工具】，在画板中绘制一个圆角矩形，在【属性】面板中【宽】、【高】分别设置为94 mm、110 mm，将X、Y分别设置为363 mm、55 mm，将【填色】的CMYK值设置为2、96、86、0，将【描边】设置为无，将【不透明度】设置为70%，在【变换】面板中取消圆角半径的链接，将圆角半径分别设置为0 mm、0 mm、5 mm、5 mm，如图10-46所示。

（6）在工具栏中单击【文字工具】，在画板中单击鼠标，输入文字，在【字符】面板中将【字体系列】设置为Arial，将【字体大小】设置为48 pt，将【字符间距】设置为0，

236

单击【全部大写字母】按钮TT，在【变换】面板中将 X、Y 分别设置为 363 mm、25 mm，在【颜色】面板中将【填色】的 CMYK 值设置为 0、0、0、0，如图 10-47 所示。

图 10-46

图 10-47

（7）在工具栏中单击【文字工具】T，在画板中单击鼠标，输入文字。选中输入的文字，在【字符】面板中将【字体系列】设置为 Imprint MT Shadow，将【字体大小】设置为 38 pt，将【字符间距】设置为 25，单击【全部大写字母】按钮TT，在【变换】面板中将 X、Y 分别设置为 356 mm、40 mm，在【颜色】面板中将【填色】的 CMYK 值设置为 0、0、0、0，如图 10-48 所示。

（8）在工具栏中单击【文字工具】T，在画板中单击鼠标，输入文字。选中输入的文字，在【属性】面板中将【填色】设置为白色，将【字体系列】设置为【方正大标宋简体】，将【字体大小】设置为 49 pt，将【字符间距】设置为 75，将 X、Y 分别设置为 357 mm、66 mm，如图 10-49 所示。

图 10-48

图 10-49

（9）使用【文字工具】在画板中单击鼠标，输入文字。选中输入的文字，在【属性】面板中将【填色】设置为白色，将【字体系列】设置为【方正大标宋简体】，将【字体大小】设置为 17 pt，将【字符间距】设置为 75，将 X、Y 分别设置为 336 mm、86 mm，如图 10-50 所示。

（10）使用【文字工具】在画板中绘制一个文本框，选中绘制的文本框，在【变换】面板中将【宽】、【高】分别设置为 81 mm、10 mm，将 X、Y 分别设置为 364 mm、97 mm。在文本框中输入文字，选中输入的文字，在【字符】面板中将【字体系列】设置为【黑体】，将【字体大小】设置为 7 pt，单击【全部大写字母】按钮 TT，在【颜色】面板中将【填色】的 CMYK 值设置为 0、0、0、0，如图 10-51 所示。

> **提示：**
> 若需要调整绘制的文本框大小时，需要先设置文本框的大小，然后再输入文字，如果先输入文字然后再设置文本框大小，则输入的文字会随着文本框的调整产生变形。

图 10-50 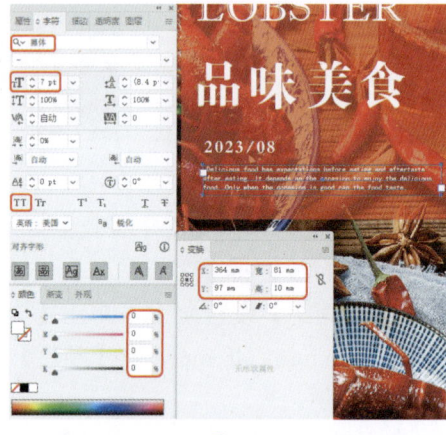　　　　　　　　　　图 10-51

（11）使用【文字工具】在画板中单击鼠标，输入文字。选中输入的文字，在【属性】面板中将【填色】设置白色，将【不透明度】设置为 70%，将【字体系列】设置为【方正综艺简体】，将【字体大小】设置为 117 pt，将【字符间距】设置为 -25，将 X、Y 分别设置为 315 mm、197 mm，如图 10-52 所示。

（12）在工具栏中单击【矩形工具】，在画板中绘制一个矩形，在【属性】面板中将【宽】、【高】均设置为 210 mm，将 X、Y 均设置为 105 mm，将【填色】的 CMYK 值设置为 2、96、86、0，将【描边】设置为无，如图 10-53 所示。

图 10-52 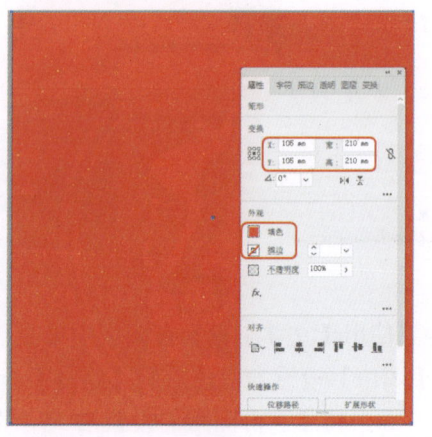　　　　　　　　　　图 10-53

238

(13)将"美食素材02.png"素材文件置入文档中,在画板中调整其大小与位置,如图10-54所示。

(14)在工具栏中单击【文字工具】,在画板中单击鼠标,输入文字。选中输入的文字,在【属性】面板中将【填色】设置为白色,将【字体系列】设置为【方正粗宋简体】,将【字体大小】设置为20 pt,将【字符间距】设置为25,将X、Y分别设置为105 mm、127 mm,如图10-55所示。

图 10-54

图 10-55

(15)在工具栏中单击【椭圆工具】,在画板中按住Shift键绘制一个正圆,在【属性】面板中将【宽】、【高】均设置为16 mm,将X、Y分别设置为70 mm、153 mm,将【填色】设置为白色,将【描边】设置为无,如图10-56所示。

> **提示:**
> 按住Shift键拖曳鼠标,可以绘制正圆形;按住Alt键拖曳鼠标,可以绘制以鼠标落点为中心点向四周延伸的椭圆;同时按住Shift键和Alt键拖曳鼠标,可以绘制以鼠标落点为中心点向四周延伸的正圆形。

(16)在工具栏中单击【选择工具】,在画板中选中绘制的圆形,按住Alt键对圆形进行复制,效果如图10-57所示。

图 10-56

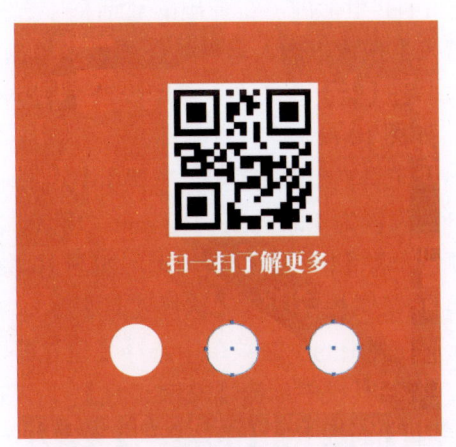

图 10-57

239

(17) 将"美食素材03.ai"素材文件置入文档中,在画板中调整其大小与位置,效果如图10-58所示。

(18) 根据前面介绍的方法在画板中创建其他文本内容,效果如图10-59所示。

图 10-58

图 10-59

案例精讲 087　美食画册内页设计

制作完美食画册封面之后,再制作美食画册内页就相对简单了,首先置入素材图片作为美食画册内页底纹,然后使用【直线工具】、【文字工具】、【矩形工具】完善美食画册内页,效果如图10-60所示。

图 10-60

(1) 按Ctrl+N组合键,在弹出的对话框中将【单位】设置为【毫米】,将【宽度】、【高度】分别设置为420 mm、210 mm,将【颜色模式】设置为【CMYK颜色】,单击【创建】按钮。按Ctrl+Shift+P组合键,在弹出的对话框中选择"素材\Cha10\美食素材04.jpg"素材文件,单击【置入】按钮,嵌入素材。在画板中单击鼠标,将选中的素材文件置入文档中,在【属性】面板中将【宽】、【高】分别设置为420 mm、280 mm,将X、Y分别设置为210 mm、102 mm,如图10-61所示。

(2) 在工具栏中单击【矩形工具】，在画板中绘制一个矩形,在【属性】面板中将【宽】、【高】分别设置为420 mm、210 mm,将X、Y分别设置为210 mm、105 mm,为其填充任意一种颜色,将【描边】设置为无,如图10-62所示。

(3) 在工具栏中单击【选择工具】，在画板中选择绘制的矩形与置入的素材文件,右击鼠标,在弹出的下拉菜单中选择【建立剪切蒙版】命令,如图10-63所示。

(4) 在工具栏中单击【文字工具】，在画板中单击鼠标,输入文字。选中输入的文字,在【字符】面板中将【字体系列】设置为Arial,将【字体大小】设置为26 pt,将【字符间

240

距】设置为0，单击【全部大写字母】按钮TT，在【变换】面板中将【旋转】设置为270°，将【填色】的CMYK值设置为0、0、0、0，并在画板中调整其位置，效果如图10-64所示。

图 10-61

图 10-62

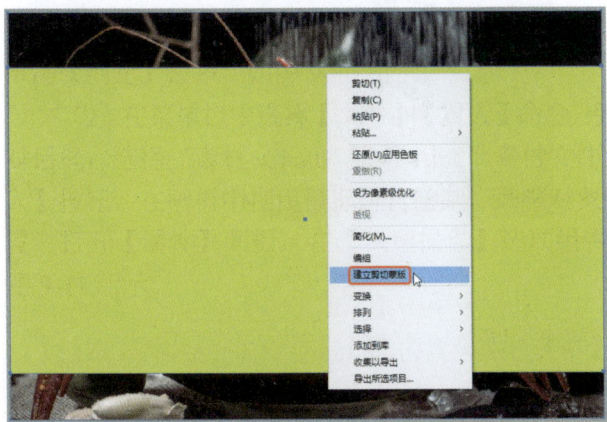

图 10-63

图 10-64

（5）在工具栏中单击【直线段工具】，在画板中按住Shift键绘制一条垂直直线，在【属性】面板中将【高】设置为153 mm，将【填色】设置为无，将【描边】设置为白色，将【描边粗细】设置为1 pt，并在画板中调整其位置，效果如图10-65所示。

（6）在工具栏中单击【选择工具】，在画板中选择绘制的直线，按住Alt键对直线进行复制，并调整其位置，效果如图10-66所示。

图 10-65

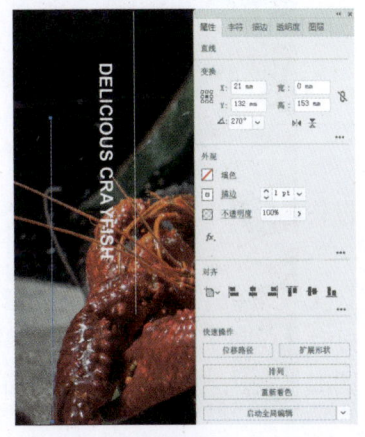

图 10-66

241

（7）在工具栏中单击【椭圆工具】，在画板中按住 Shift 键绘制两个【宽】、【高】均为 3.5 mm 的圆形，将其【填色】设置为白色，将【描边】设置为无，效果如图 10-67 所示。

（8）在工具栏中单击【混合工具】，分别在绘制的两个圆形对象上单击鼠标，在【属性】面板中单击【混合选项】按钮，在弹出的对话框中将【间距】设置为【指定的步数】，并将步数设置为 5，如图 10-68 所示。

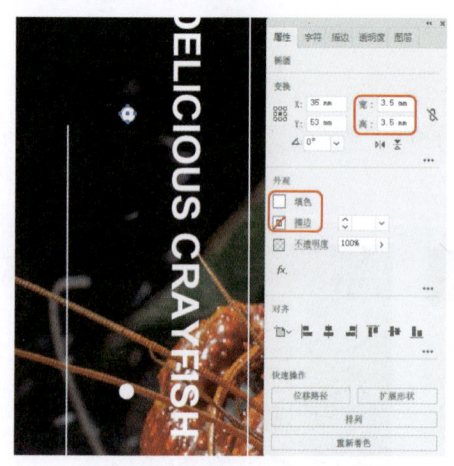

图 10-67 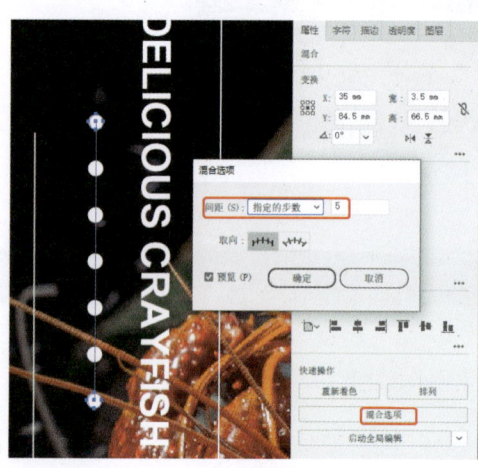　　　　　　图 10-68

（9）设置完成后单击【确定】按钮。在工具栏中单击【矩形工具】，在画板中绘制一个矩形，在【属性】面板中将【宽】、【高】分别设置为 62 mm、112 mm，将【填色】的 CMYK 值设置为 2、96、86、0，将【描边】设置为无，将【不透明度】设置为 70%，并在画板中调整其位置，效果如图 10-69 所示。

（10）在工具栏中单击【文字工具】，在画板中绘制一个文本框，在【变换】面板中将【宽】、【高】分别设置为 43 mm、88 mm。在文本框中输入文字，在【颜色】面板中将【填色】设置为白色，在【字符】面板中将【字体系列】设置为 Arial，将【字体大小】设置为 16 pt，将【行距】设置为 24 pt，将【字符间距】设置为 -50，单击【全部大写字母】按钮，并在画板中调整其位置，效果如图 10-70 所示。

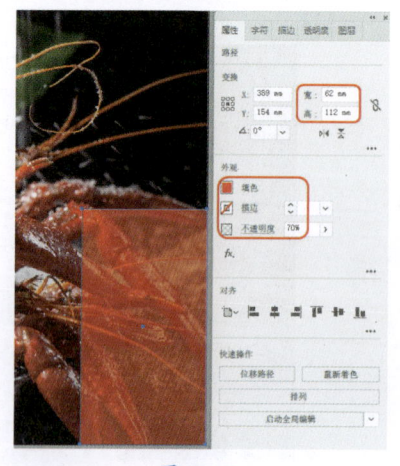

图 10-69 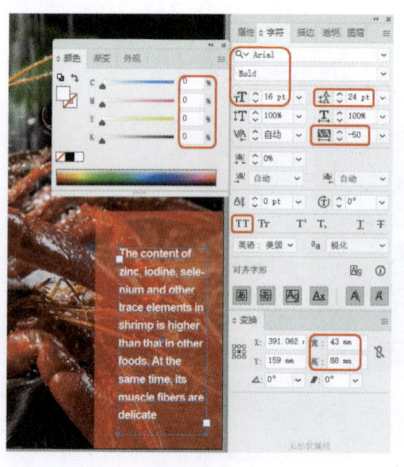　　　　　　图 10-70

第 11 章 Logo 标志与卡片设计

本章导读：

在竞争激烈的全球市场上，严格管理和正确使用统一、标准的公司 Logo，会更有效、更清晰和更亲切地展现公司的市场形象。Logo 标志和卡片是人们在长期的生活和实践中形成的一种视觉化的信息表达方式，具有简洁、明确、使人一目了然的特点。

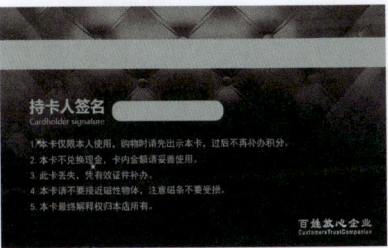

Illustrator CC 2023 平面创意设计案例课堂

案例精讲 088　物流公司 Logo

本案例将介绍如何制作物流公司的 Logo，完成后的效果如图 11-1 所示。

（1）启动软件后，按 Ctrl+N 组合键，在弹出的【新建文档】对话框中设置【名称】为"物流公司 Logo"，将【单位】设置为【毫米】，将【宽度】和【高度】都设置为 50 mm，将【颜色模式】设置为【RGB 颜色】，然后单击【创建】按钮，如图 11-2 所示。

（2）单击工具栏中【文字工具】按钮 T，在画板中输入字母"T"，单击控制栏中的【字符】按钮，在弹出的面板中将【字体系列】设置为【汉仪圆叠体简】，将【字体大小】设置为 27 pt，如图 11-3 所示。

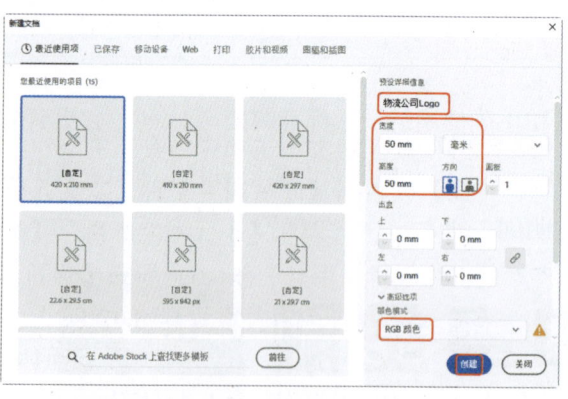

图 11-1

图 11-2 　　　　　　图 11-3

（3）单击工具栏中的【选择工具】按钮，选择上一步输入的字母，在【变换】面板中将【倾斜】设置为 20，如图 11-4 所示。

（4）单击工具栏中的【选择工具】按钮，选择上一步输入的字母，右击鼠标，在弹出的快捷菜单中选择【创建轮廓】命令，如图 11-5 所示。

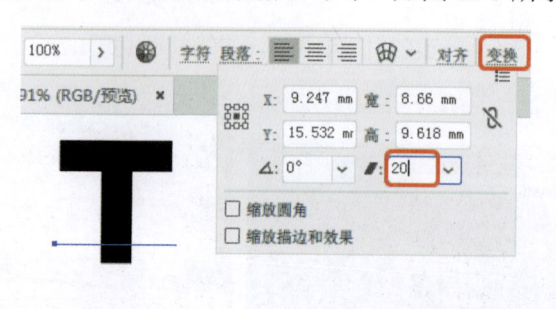

图 11-4 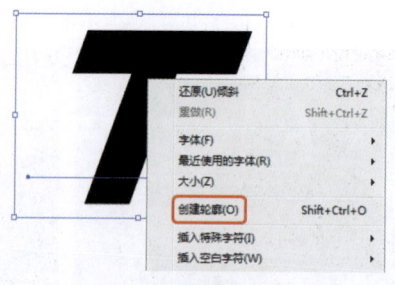　　　　　　图 11-5

（5）单击工具栏中的【直接选择工具】按钮，在画板中对文字图形进行调整，调整完成后在【颜色】面板中将【填色】的 RGB 值设置为 221、83、24，如图 11-6 所示。

第 11 章　Logo 标志与卡片设计

（6）单击工具栏中的【钢笔工具】按钮，在画板中绘制如图 11-7 所示的图形，在【颜色】面板中将其【填色】的 RGB 值设置为 221、83、24，将【描边】设置为无。

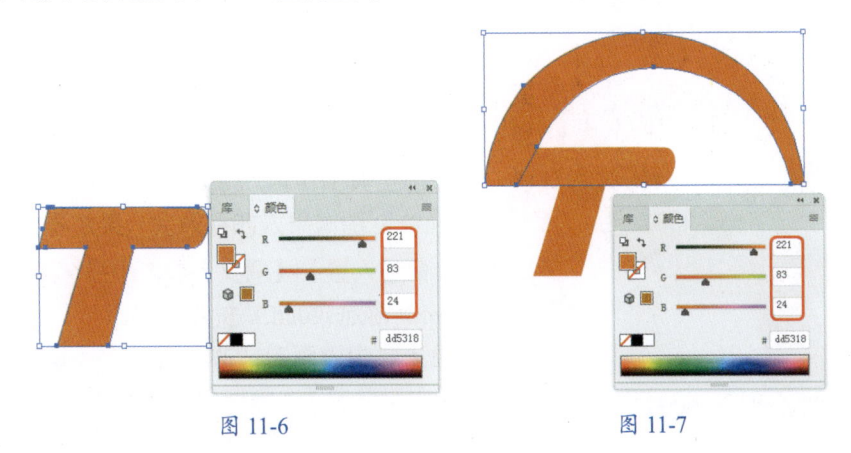

图 11-6　　　　　　　　图 11-7

（7）单击工具栏中的【选择工具】按钮，按住 Shift 键的同时选择绘制的图形和调整后的文字图形，按 Ctrl+G 组合键将其进行编组。在编组后的对象上右击，在弹出的快捷菜单中选择【变换】|【镜像】命令，如图 11-8 所示。

（8）在弹出的对话框中选中【水平】单选按钮，然后单击【复制】按钮，完成镜像并复制，如图 11-9 所示。

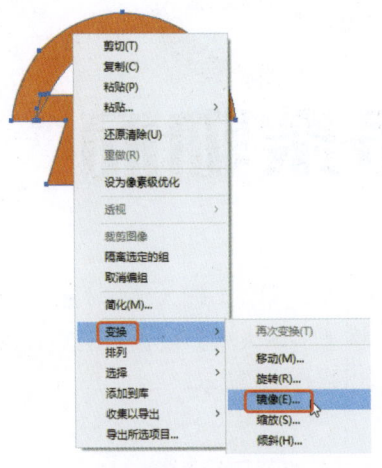

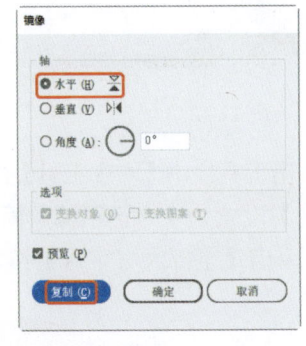

图 11-8　　　　　　　　图 11-9

（9）再次选择【变换】|【镜像】命令，在弹出的对话框中选中【垂直】单选按钮，然后单击【确定】按钮，完成镜像并复制，效果如图 11-10 所示。

（10）单击工具栏中的【删除锚点工具】按钮，对镜像后的对象进行修剪，然后将其调整至合适的位置，效果如图 11-11 所示。

（11）单击工具栏中的【选择工具】按钮，选择上一步修剪的图形，在【颜色】面板中将其【填色】的 RGB 值设置为 184、28、38，如图 11-12 所示。

245

（12）单击工具栏中【文字工具】按钮，在画板中单击，输入文字"金泰物流"，将【字体系列】设置为【方正粗谭黑简体】，将【字体大小】设置为 24 pt，将【字符间距】设置为 20，如图 11-13 所示。

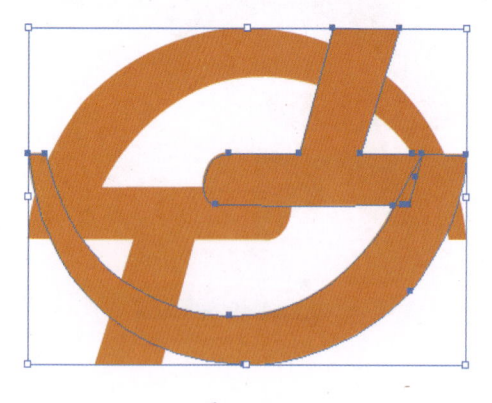

图 11-10

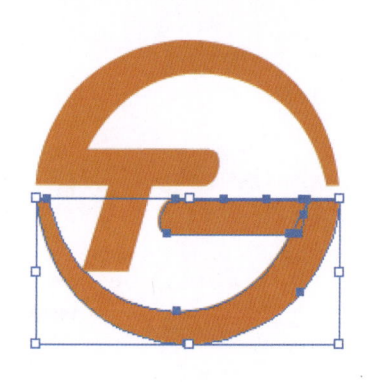

图 11-11

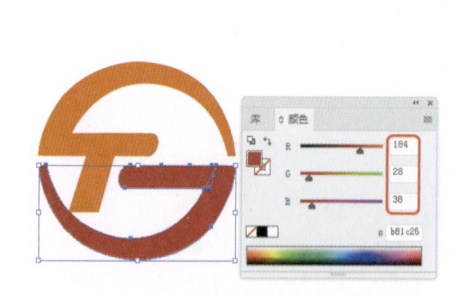

图 11-12

图 11-13

（13）单击工具栏中【文字工具】按钮，在画板中单击，输入英文"JIN TAI LOGISTICS"，将【字体系列】设置为【方正粗谭黑简体】，将【字体大小】设置为 7.3 pt，将【字符间距】设置为 200，单击【全部大写字母】按钮，如图 11-14 所示。

图 11-14

案例精讲 089　金融公司 Logo

本案例将介绍如何制作金融公司的 Logo。听到金融公司，首先会想到钱币，所以本案例以外圆内方的古代钱币的形式来体现金融服务行业的特点，效果如图 11-15 所示。

图 11-15

（1）启动软件后，按 Ctrl+N 组合键，在弹出的【新建文档】对话框中设置【名称】为"金融公司 Logo"，将【单位】设置为【毫米】，将【宽度】设置为 330 mm，将【高度】设置为 130 mm，将【颜色模式】设置为【RGB 颜色】，然后单击【创建】按钮，如图 11-16 所示。

（2）单击工具栏中【钢笔工具】按钮，在画板中绘制如图 11-17 所示的图形，在【颜色】面板中将其【填色】的 RGB 值设置为 201、21、29，将【描边】设置为无。

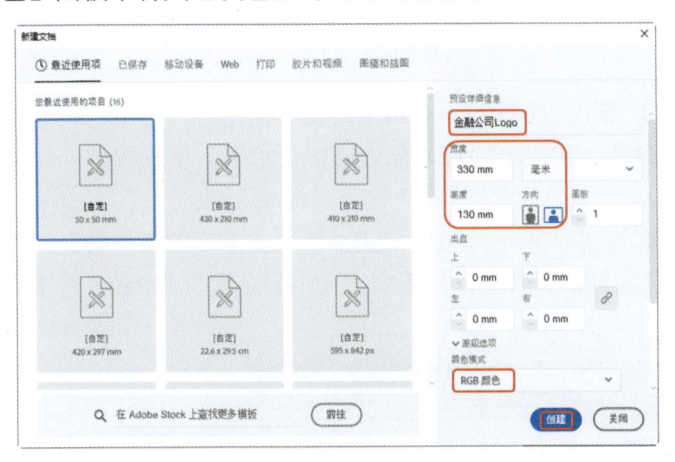

图 11-16　　　　　　图 11-17

（3）单击工具栏中的【矩形工具】按钮，在画板中绘制一个白色的矩形，并将其调整至合适的位置，如图 11-18 所示。

（4）单击工具栏中的【选择工具】按钮，按住 Shift 键的同时选择矩形和前面所绘制的图形，按 Shift+Ctrl+F9 组合键，在弹出的【路径查找器】面板中单击【减去顶层】按钮，如图 11-19 所示。

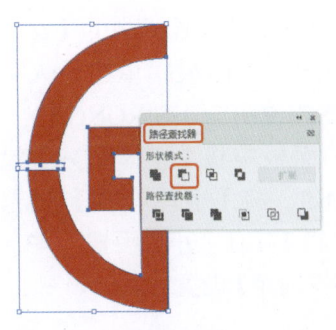

图 11-18　　　　　　图 11-19

（5）单击工具栏中的【选择工具】按钮，选择上一步绘制的图形，右击鼠标，在弹出的快捷菜单中选择【变换】|【镜像】命令，如图11-20所示。

（6）在弹出的对话框中选中【垂直】单选按钮，单击【复制】按钮，完成镜像并复制，如图11-21所示，然后将其调整至合适的位置。

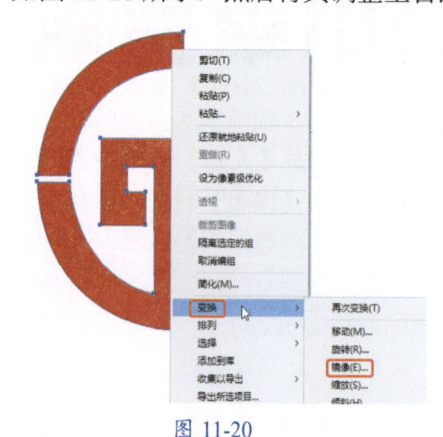

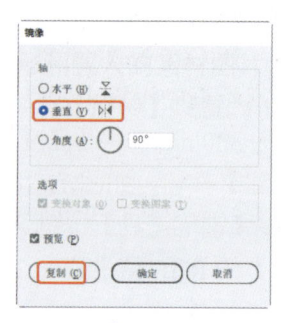

图11-20　　　　　　　　　　　图11-21

（7）单击工具栏中的【选择工具】按钮，选择上一步镜像并复制的图形，右击，在弹出的快捷菜单中选择【变换】|【镜像】命令，在弹出的对话框中选中【水平】单选按钮，然后单击【确定】按钮，效果如图11-22所示。

（8）单击工具栏中的【文字工具】按钮T，在画板中单击，输入文字"中卓金融"，在【字符】面板中将【字体系列】设置为【长城新艺体】，将【字体大小】设置为130 pt，将【字符间距】设置为200，如图11-23所示。

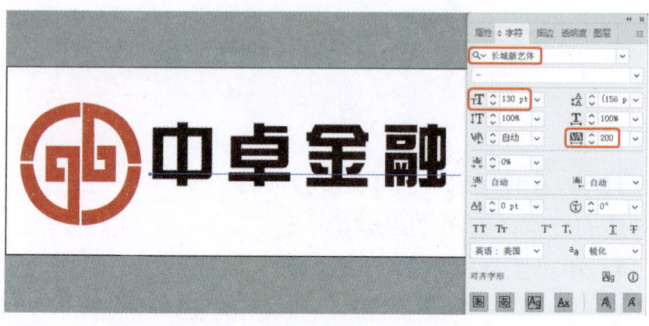

图11-22　　　　　　　　　　　图11-23

（9）单击工具栏中的【文字工具】按钮，在画板中单击输入英文"ZHONG ZHUO JIN RONG"，在弹出的面板中将【字体系列】设置为Corbel，将【字体样式】设置为Bold，将【字体大小】设置为43 pt，将【字符间距】设置为85，如图11-24所示。

图11-24

Logo 标志与卡片设计　第 11 章

案例精讲 090　房地产 Logo

本案例将介绍如何制作房地产 Logo，该 Logo 以凤凰的形状来体现公司名称，效果如图 11-25 所示。

（1）启动软件后，按 Ctrl+N 组合键，在弹出的【新建文档】对话框中设置【名称】为"房地产 Logo"，将【单位】设置为【毫米】，将【宽度】设置为 230 mm，将【高度】设置为 180 mm，将【颜色模式】设置为【RGB 颜色】，然后单击【创建】按钮，如图 11-26 所示。

（2）单击工具栏中的【矩形工具】按钮，在画板中绘制一个与画板同样大小的矩形，如图 11-27 所示。

图 11-25

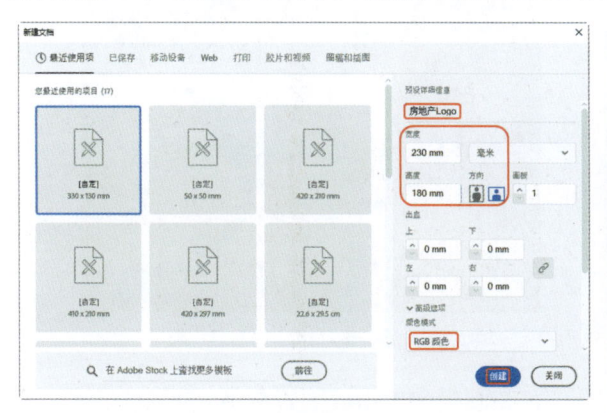

图 11-26　　　　　　图 11-27

（3）单击工具栏中的【选择工具】按钮，选择上一步绘制的矩形，按 Ctrl+F9 组合键，在弹出的【渐变】面板中将【类型】设置为【径向】，将【角度】设置为 0°，将 0 位置色标的 RGB 值设置为 103、102、102，将 100% 位置色标的 RGB 值设置为 25、25、25，将渐变滑块的位置设置为 67%，如图 11-28 所示。

（4）单击工具栏中的【钢笔工具】按钮，在画板中绘制图形，如图 11-29 所示，按 Ctrl+F9 组合键，在弹出的【渐变】面板中将【类型】设置为【线性】，将【角度】设置为 0°，将 0 位置色标的 RGB 值设置为 245、194、31，将 26% 位置色标的 RGB 值设置为 242、176、20，将 57% 位置色标的 RGB 值设置为 215、82、22，将 100% 位置色标的 RGB 值设置为 229、0、28。

（5）单击工具栏中的【钢笔工具】按钮，在画板中绘制如图 11-30 所示的其他图形，并设置相应的渐变参数。

（6）单击工具栏中的【椭圆工具】按钮，在画板中绘制一个适当大小的椭圆，在【变换】面板中将【旋转】设置为 -50°，在【颜色】面板中将其【填色】设置为白色，将【描边】设置为无，如图 11-31 所示。

249

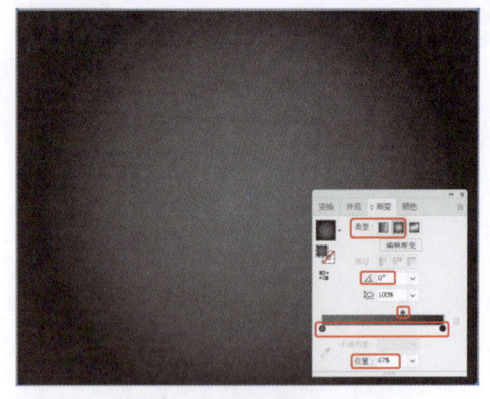

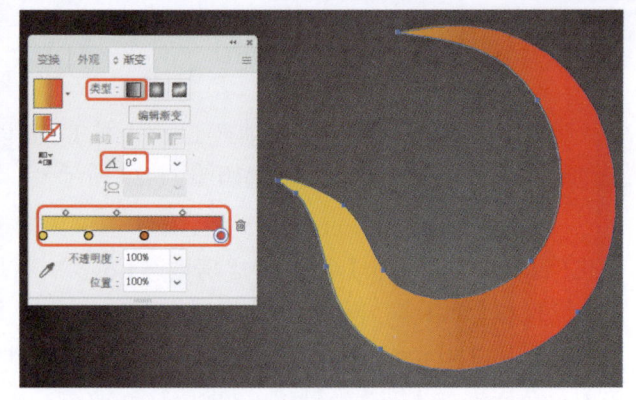

图 11-28

图 11-29

图 11-30

图 11-31

（7）单击工具栏中的【文字工具】按钮，在画板中单击，输入文字"恒达地产"，在【字符】面板中将【字体系列】设置为【汉仪综艺体简】，将【字体大小】设置为 80 pt，将【字符间距】设置为 100，在【颜色】面板中将其【填色】的 RGB 值设置为 181、29、35，如图 11-32 所示。

（8）单击工具栏中的【文字工具】按钮，在画板中单击，输入英文"Heng Da Real Estate"，在【字符】面板中将【字体系列】设置为 Lucida Calligraphy Italic，将【字体大小】设置为 30 pt，将【字符间距】设置为 10，在【颜色】面板中将其【填色】的 RGB 值设置为 181、29、35，如图 11-33 所示。

图 11-32

图 11-33

案例精讲 091　矿泉水 Logo

本案例将介绍如何制作矿泉水 Logo，该案例以白色和蓝色体现雪山效果，以标示天然矿泉水及水源地点，效果如图 11-34 所示。

（1）启动软件后，按 Ctrl+N 组合键，在弹出的【新建文档】对话框中设置【名称】为"矿泉水 Logo"，将【单位】设置为【毫米】，将【宽度】设置为 128 mm，将【高度】设置为 100 mm，将【颜色模式】设置为【RGB 颜色】，然后单击【创建】按钮，如图 11-35 所示。

（2）单击工具栏中的【钢笔工具】按钮，在画板中绘制一个与画板同样大小的矩形，在【颜色】面板中将其【填色】的 RGB 值设置为 213、213、213，如图 11-36 所示。

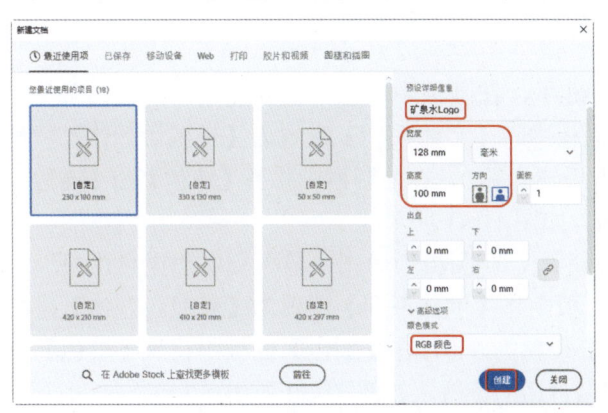

图 11-34

图 11-35　　　　　　　　　　　　图 11-36

（3）单击工具栏中的【钢笔工具】按钮，在画板中绘制一个图形，如图 11-37 所示，在【颜色】面板中将其【填色】的 RGB 值设置为 14、68、96，将【描边】设置为无。

（4）单击工具栏中的【钢笔工具】按钮，在画板中绘制一个图形，如图 11-38 所示，在【颜色】面板中将其【填色】设置为白色，将【描边】设置为无，然后将其调整至合适的位置。

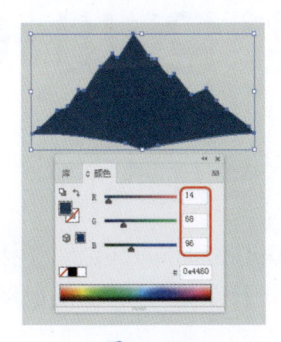

图 11-37 　　　　　　　　　　　　图 11-38

（5）单击工具栏中的【钢笔工具】按钮，在画板中绘制一个图形，如图11-39所示，在【颜色】面板中将其【填色】的RGB值设置为15、136、186，将【描边】设置为无，然后将其调整至合适的位置。

（6）单击工具栏中的【钢笔工具】按钮，在画板中绘制多个图形，如图11-40所示，在【颜色】面板中将其【填色】的RGB值设置为14、68、96，将【描边】设置为无，然后将其调整至合适的位置。

图 11-39　　　　　　　　　　　图 11-40

（7）单击工具栏中的【文字工具】按钮，在画板中单击，输入文字"昆仑山泉"。单击控制栏中的【字符】按钮，在弹出的面板中将【字体系列】设置为【长城新艺体】，将【字体大小】设置为53 pt，将【字符间距】设置为600，在控制栏中将其【填色】和【描边】都设置为白色，将【描边粗细】设置为7 pt，如图11-41所示。

（8）单击工具栏中的【文字工具】按钮，在画板中单击，输入文字"昆仑山泉"。单击控制栏中的【字符】按钮，在弹出的面板中将【字体系列】设置为【长城新艺体】，将【字体大小】设置为53 pt，将【字符间距】设置为600，在【颜色】面板中将其【填色】的RGB值设置为14、68、96，然后将其调整至合适的位置，如图11-42所示。

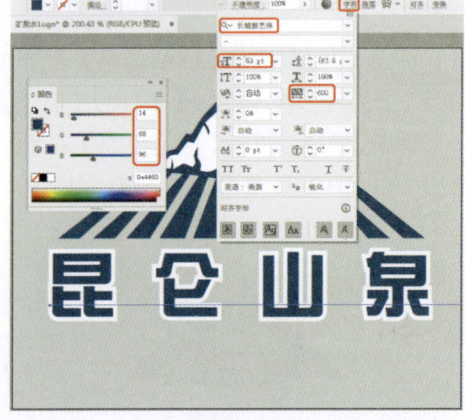

图 11-41　　　　　　　　　　　图 11-42

（9）单击工具栏中的【选择工具】按钮，按住Shift键的同时选择上两步输入的文字，单击控制栏中的【变换】按钮，在弹出的面板中将【倾斜】设置为5，效果如图11-43所示。

（10）单击工具栏中的【椭圆工具】按钮◯，在画板中绘制一个椭圆，在弹出的对话框中将【宽度】设置为 123.5 mm，将【高度】设置为 8 mm，然后单击【确定】按钮，如图 11-44 所示。

图 11-43

图 11-44

（11）单击工具栏中的【选择工具】按钮▶，选择上一步绘制的椭圆，在【颜色】面板中将其【填色】设置为 84、82、82，将【描边】设置为无。在菜单栏选择【效果】|【风格化】|【羽化】命令，在弹出的对话框中将【半径】设置为 7 mm，单击【确定】按钮，如图 11-45 所示。

图 11-45

案例精讲 092 乳业 Logo

本案例将介绍如何绘制乳业 Logo。绿色代表着自然、环保，所以在该 Logo 中采用了绿色的叶子对牛进行环绕，体现了该乳业的乳品自然、健康，效果如图 11-46 所示。

（1）启动软件后，按 Ctrl+N 组合键，在弹出的【新建文档】对话框中设置【名称】为"乳业 Logo"，将【单位】设置为【毫米】，将【宽度】和【高度】都设置为 60 mm，将【颜色模式】设置为【RGB 颜色】，然后单击【创建】按钮，如图 11-47 所示。

（2）单击工具栏中的【矩形工具】按钮▭，在画板中绘制一个与画板大小相同的矩形，在【颜色】面板中将其【填色】的 RGB 值设置为 213、213、213，将【描边】设置为无，如图 11-48 所示。

图 11-46

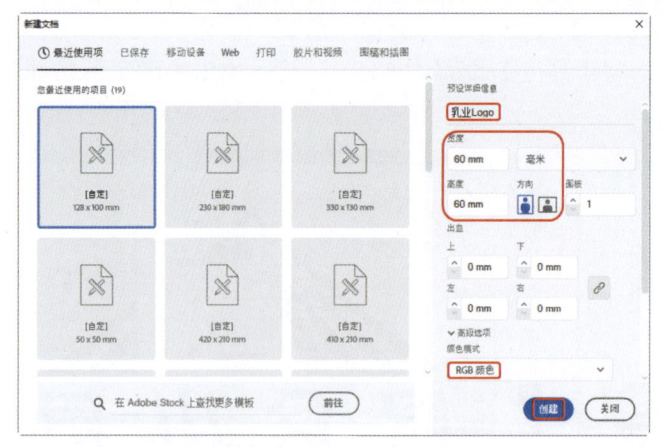

图 11-47 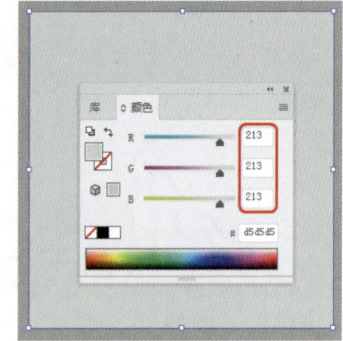　　　　　　　　　　　　　图 11-48

（3）单击工具栏中的【钢笔工具】按钮，在画板中绘制一个图形，如图 11-49 所示，在【颜色】面板中将其【填色】的 RGB 值设置为 107、169、66，将【描边】设置为无。

（4）单击工具栏中的【钢笔工具】按钮，在画板中绘制一个图形，如图 11-50 所示，在【颜色】面板中将其【填色】的 RGB 值设置为 50、46、37，将【描边】设置为无。

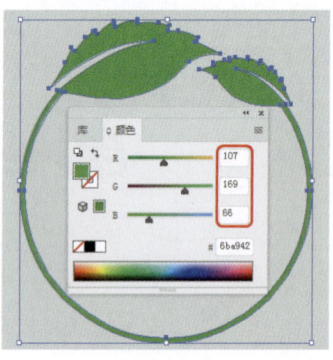

图 11-49 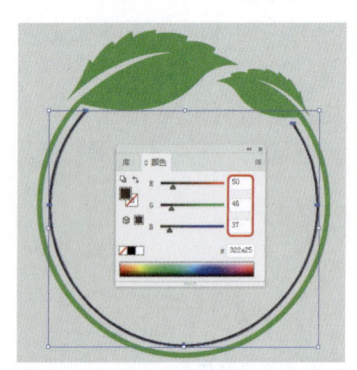　　　　　　　　　　　　　图 11-50

（5）单击工具栏中的【星形工具】按钮，在画板中绘制五个星形，如图 11-51 所示，在【颜色】面板中将其【填色】的 RGB 值设置为 50、46、37，然后将其调整至合适的位置。

（6）单击工具栏中的【钢笔工具】按钮，在画板中绘制一个图形，如图 11-52 所示，在【颜色】面板中将其【填色】的 RGB 值设置为 50、46、37，将【描边】设置为无。

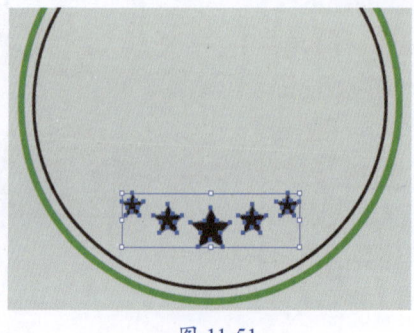

图 11-51 　　　　　　　　　　　　　图 11-52

(7) 单击工具栏中的【钢笔工具】按钮，在画板中绘制一个图形，如图 11-53 所示，在【颜色】面板中将其【填色】的 RGB 值设置为 50、46、37，将【描边】设置为无。

(8) 单击工具栏中的【直线段工具】按钮，在画板中绘制两条水平的直线，在控制栏中将【描边粗细】设置为 2 pt，在【颜色】面板中将其【描边】的 RGB 值设置为 107、169、66，如图 11-54 所示。

(9) 单击工具栏中的【文字工具】按钮，在画板中输入文字"泰源乳业"。单击控制栏中的【字符】按钮，在弹出的面板中将【字体系列】设置为【微软雅黑】，将【字体样式】设置为 Bold，将【字体大小】设置为 24 pt，将【字符间距】设置为 150，在【颜色】面板中将其【填色】的 RGB 值设置为 50、46、37，如图 11-55 所示。

图 11-53　　　　　图 11-54　　　　　图 11-55

案例精讲 093　童装 Logo

本案例将介绍如何制作童装 Logo。在本案例中以一头呆萌的小鹿作为服装的标志，融合纯真童趣、精致品味、流行时尚等多重元素，效果如图 11-56 所示。

(1) 启动软件后，按 Ctrl+N 组合键，在弹出的【新建文档】对话框中设置【名称】为"童装 Logo"，将【单位】设置为【毫米】，将【宽度】设置为 236 mm，将【高度】设置为 188 mm，将【颜色模式】设置为【RGB 颜色】，然后单击【创建】按钮，如图 11-57 所示。

图 11-56

(2) 单击工具栏中的【矩形工具】按钮，在画板中绘制一个与画板大小相同的矩形，在【颜色】面板中将其【填色】的 RGB 值设置为 213、213、213，将【描边】设置为无，如图 11-58 所示。

255

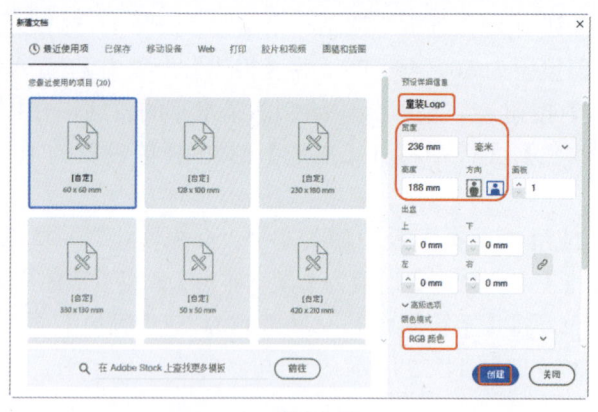

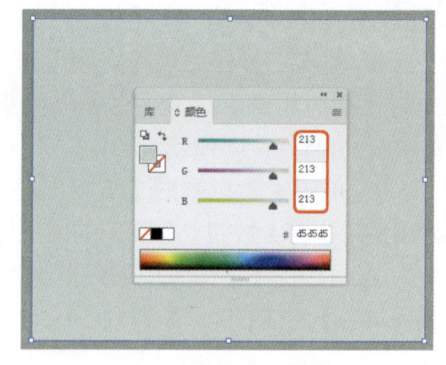

图 11-57

图 11-58

（3）单击工具栏中的【钢笔工具】按钮，在画板中绘制一个图形，如图 11-59 所示，将【填色】的 RGB 值设置为 234、184、84，将【描边】的 RGB 值设置为 129、83、49，将【描边粗细】设置为 2 pt。

（4）单击工具栏中的【钢笔工具】按钮，在画板中绘制两个图形，如图 11-60 所示，将【填色】的 RGB 值设置为 181、178、81，将【描边】的 RGB 值设置为 93、56、26，将【描边粗细】设置为 2 pt，如图 11-60 所示。

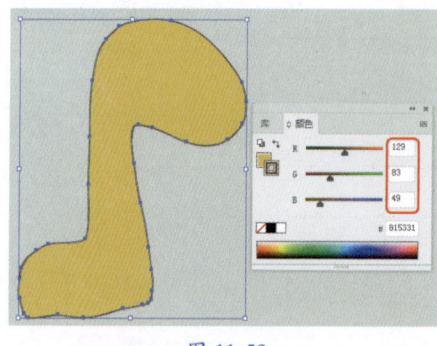

图 11-59

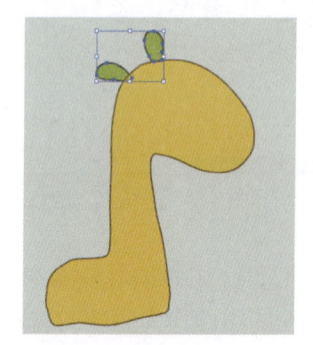

图 11-60

（5）单击工具栏中的【钢笔工具】按钮，在画板中绘制几个图形，如图 11-61 所示，将【填色】的 RGB 值设置为 164、122、79，将【描边】的 RGB 值设置为 93、56、26，将【描边粗细】设置为 2 pt。

（6）单击工具栏中的【钢笔工具】按钮，在画板中绘制几个图形，如图 11-62 所示，将【填色】的 RGB 值设置为 227、118、68，将【描边】的 RGB 值设置为 91、55、25，将【描边粗细】设置为 1.5 pt。

（7）单击工具栏中的【椭圆工具】按钮，在画板中绘制两个大小相同的椭圆形，在【颜色】面板中将其【填色】的 RGB 值设置为 59、36、20，将【描边】设置为无，如图 11-63 所示。

（8）单击工具栏中的【椭圆工具】按钮，按住 Shift 键的同时在画板中单击鼠标并拖曳，绘制一个适当大小的正圆，将【填色】设置为白色，将【描边】设置为黑色，将【描边粗细】设置为 2 pt，如图 11-64 所示。

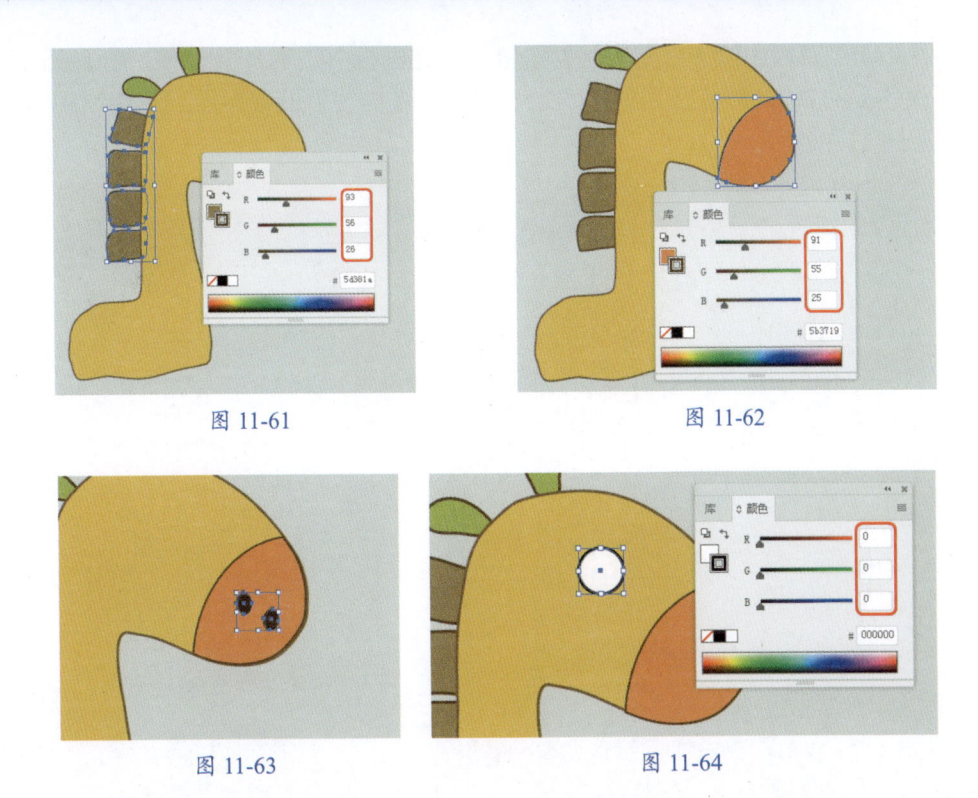

图 11-61

图 11-62

图 11-63

图 11-64

(9) 使用同样的方法再在画板中绘制一个椭圆形和正圆，为其添加颜色，并取消描边，效果如图 11-65 所示。

(10) 单击工具栏中的【钢笔工具】按钮，在画板中绘制眼睫毛和眉毛，在【颜色】面板中将其【填色】的 RGB 值设置为 34、30、31，效果如图 11-66 所示。

图 11-65

图 11-66

(11) 单击工具栏中的【椭圆工具】按钮，按住 Shift 键在画板中单击并拖曳，绘制一个正圆，在【颜色】面板中将其【填色】的 RGB 值设置为 216、92、88，将【描边】设置为无，如图 11-67 所示。

(12) 单击工具栏中的【钢笔工具】按钮，在画板中绘制图形，如图 11-68 所示，在【颜色】面板中将其【填色】的 RGB 值设置为 95、57、26。

(13) 单击工具栏中的【钢笔工具】按钮，在画板中绘制四个图形，如图 11-69 所示，在【颜色】面板中将其【填色】的 RGB 值设置为 234、184、84，将【描边】的 RGB 值设置为 129、83、49，在控制栏中将【描边粗细】设置为 2 pt。

257

（14）单击工具栏中的【钢笔工具】按钮，在画板中绘制多个图形，在【颜色】面板中将其【填色】的RGB值设置为164、122、79，将【描边】设置为无，并将绘制的图形进行编组，如图11-70所示。

图 11-67

图 11-68

图 11-69

图 11-70

（15）单击工具栏中的【钢笔工具】按钮，在画板中再绘制一个小鹿轮廓的图形，在【颜色】面板中将其【填色】设置为无，将【描边】设置为黑色。在画板中按住Shift键选中绘制的轮廓和成组的对象，右击，在弹出的快捷菜单中选择【建立剪切蒙版】命令，效果如图11-71所示。

（16）单击工具栏中的【椭圆工具】按钮和【钢笔工具】按钮，在画板中绘制阴影和尾巴，完成后效果如图11-72所示。

（17）单击工具栏中的【文字工具】按钮，在画板中输入文字"鹿米奇童装"。单击控制栏中的【字符】按钮，在弹出的面板中将【字体系列】设置为【方正少儿简体】，将"鹿米奇"的【字体大小】设置为86 pt，将"童装"的【字体大小】设置为48 pt，在【颜色】面板中将其【填色】和【描边】的RGB值均设置为129、83、49，在控制栏中将其【描边粗细】设置为4 pt，如图11-73所示。

（18）单击工具栏中的【选择工具】按钮，选择上一步输入的文字，按住Alt键对其进行复制，在【颜色】面板中将其【填色】的RGB值设置为233、183、84，将【描边】设置为无，将其调整至合适的位置，如图11-74所示。

（19）单击工具栏中的【文字工具】按钮，在画板中单击鼠标，输入英文"Deer Mickey Baby"。单击控制栏中的【字符】按钮，在弹出的面板中将【字体系列】设置为【方正少儿简体】，将【字体大小】设置为40 pt，将【字符间距】设置为85，在【颜色】面板中将其【填色】的RGB值设置为107、65、30，将【描边】设置为无，如图11-75所示。

258

第 11 章 Logo 标志与卡片设计

图 11-71

图 11-72

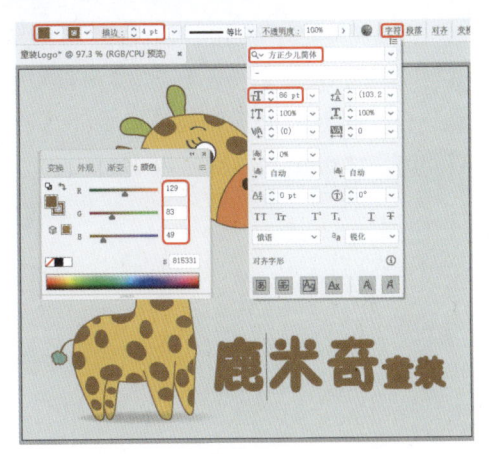

图 11-73

图 11-74

图 11-75

案例精讲 094　会员积分卡正面

本例将介绍如何制作会员积分卡的正面。其主要操作是输入并设置文字内容，为文字添加渐变效果，完成后的效果如图 11-76 所示。

（1）启动软件后，按 Ctrl+N 组合键，在弹出的【新建文档】对话框中将【单位】设置为【毫米】，将【宽度】和【高度】分别设置为 190 mm、62 mm，将【颜色模式】设置为【RGB 颜色】，单击【创建】按钮，如图 11-77 所示。

图 11-76

259

（2）按 Ctrl+Shift+P 组合键，在弹出的对话框中选择"素材 \Cha10\ 积分卡背景 1.jpg"素材文件，单击【置入】按钮，在画板中单击鼠标，将选中的素材文件置入文档中并嵌入对象，在【属性】面板中将【宽】、【高】分别设置为 90 mm、55 mm，将 X、Y 分别设置为 47 mm、31 mm，如图 11-78 所示。

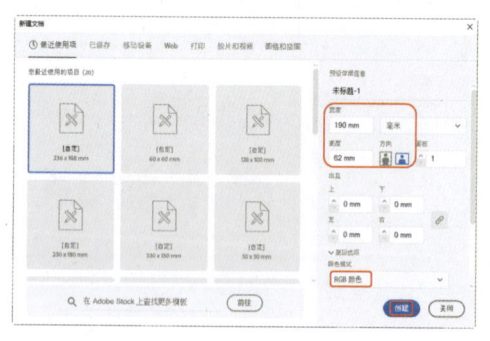

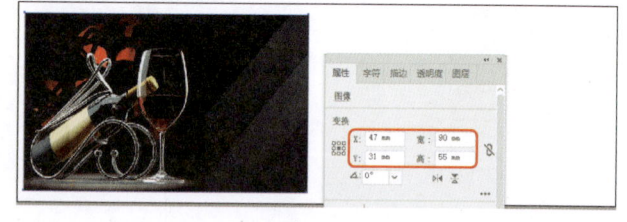

图 11-77　　　　　　　　　　图 11-78

（3）使用【钢笔工具】绘制图形，如图 11-79 所示，将【填色】设置为 #7a7a7a，将【描边】设置为无，将【不透明度】设置为 25%。

（4）使用【文字工具】输入文本，在【字符】面板中将【字体系列】设置为【汉仪大隶书简】，将【字体大小】设置为 17.8 pt，将【水平缩放】设置为 74%。打开【渐变】面板，将【类型】设置为【线性渐变】，将 0 位置处的色标设置为 # 998675，将 50% 位置处的色标设置为 # cccccc，将 100% 位置处的色标设置为 # 998675，如图 11-80 所示。

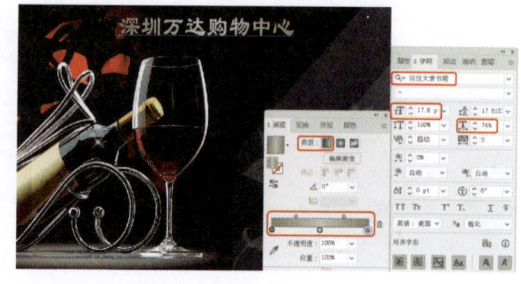

图 11-79　　　　　　　　　　图 11-80

（5）使用【直线段工具】，绘制【高】为 3.5 mm 的直线，将【填色】设置为无，将【描边】的 RGB 值设置为 163、163、163，将【描边粗细】设置为 1 pt，如图 11-81 所示。

（6）使用【文字工具】，输入文本，在【字符】面板中将【字体系列】设置为【汉仪大隶书简】，将【字体大小】设置为 10 pt，【水平缩放】设置为 75%，将【字符间距】设置为 100。打开【渐变】面板，将【类型】设置为【线性渐变】，将 0 位置处的色标设置为 # 998675，将 50% 位置处的色标设置为 # cccccc，将 100% 位置处的色标设置为 # 998675，如图 11-82 所示。

（7）使用【文字工具】，输入文本，在【字符】面板中将【字体系列】设置为 Arial，将【字体样式】设置为 Bold，将【字体大小】设置为 4 pt，将【水平缩放】设置为 75%，将【字符间距】设置为 130。打开【渐变】面板，将【类型】设置为【线性渐变】，将 0 位置处的色

标设置为 #998675，将 50% 位置处的色标设置为 #cccccc，将 100% 位置处的色标设置为 #998675，如图 11-83 所示。

（8）按照前面介绍的方法，为输入的文字填充渐变颜色，然后输入其他文字并设置倾斜角度，效果如图 11-84 所示。

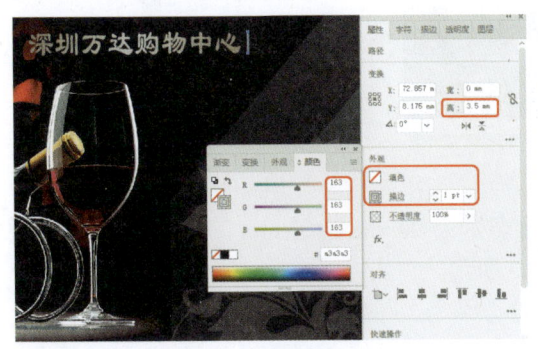

图 11-81

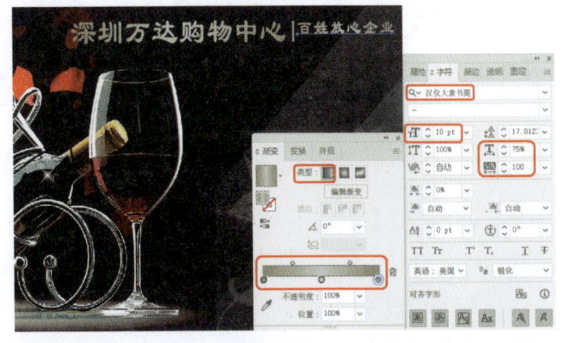

图 11-82

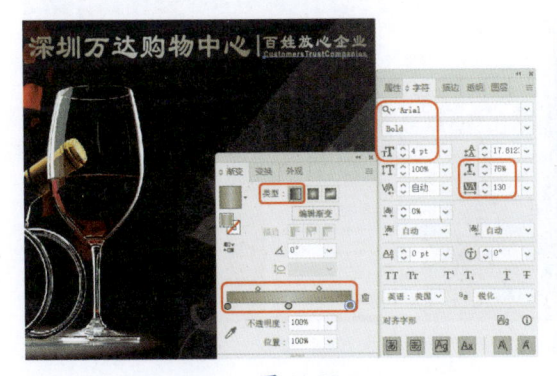

图 11-83

图 11-84

案例精讲 095　会员积分卡反面

本案例将介绍如何制作会员积分卡的反面。首先使用【矩形工具】绘制图形，然后输入文字，并为输入的文字添加渐变效果，完成后的效果如图 11-85 所示。

（1）继续上一节案例的操作，按 Ctrl+Shift+P 组合键，在弹出的对话框中选择"素材 \Cha10\ 积分卡背景 2.jpg"素材文件，单击【置入】按钮，在画板中单击鼠标，将选中的素材文件置入文档中并嵌入对象，在【属性】面板中将【宽】、【高】分别设置为 90 mm、55 mm，将 X、Y 分别设置为 141 mm、31 mm，如图 11-86 所示。

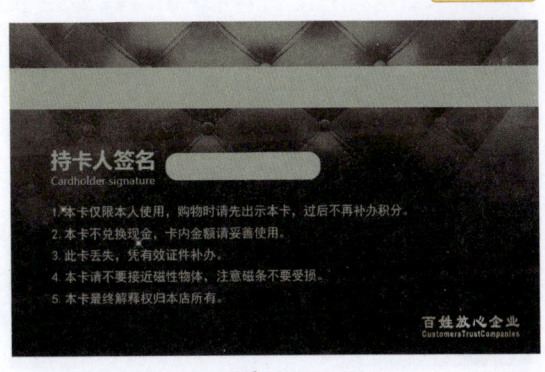

图 11-85

图 11-86

（2）使用【矩形工具】绘制【宽】、【高】分别为 90 mm、6.7 mm 的矩形，将【填色】设置为 #a3a3a3，将【描边】设置为无，如图 11-87 所示。

（3）使用【圆角矩形工具】绘制【宽】、【高】分别为 26 mm、4.5 mm 的圆角矩形，将【圆角半径】都设置为 2 mm，将【填色】设置为 #a3a3a3，将【描边】设置为无，如图 11-88 所示。

图 11-87 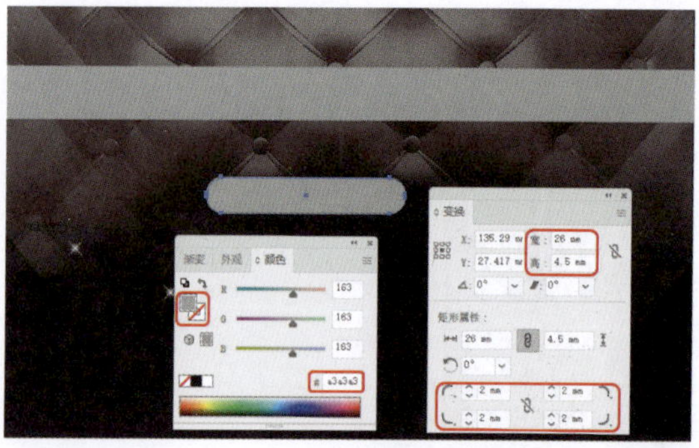　　　　　　　　　　　　　图 11-88

（4）使用【文字工具】输入文本，将【字体系列】设置为【微软雅黑】，将【字体样式】设置为 Bold，将【字体大小】设置为 10 pt，将【颜色】设置为 #a3a3a3，如图 11-89 所示。

（5）使用【文字工具】输入文本，将【字体系列】设置为【微软雅黑】，将【字体样式】设置为 Regular，将【字体大小】设置为 4.9 pt，将【颜色】设置为 # a3a3a3，如图 11-90 所示。

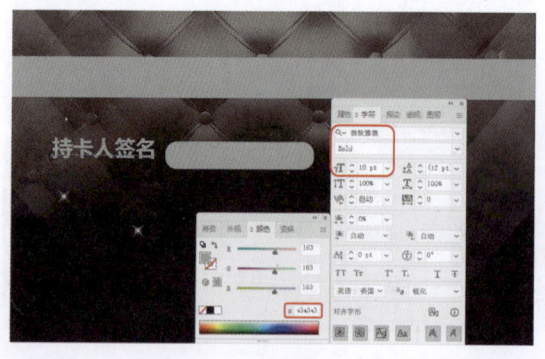

图 11-89 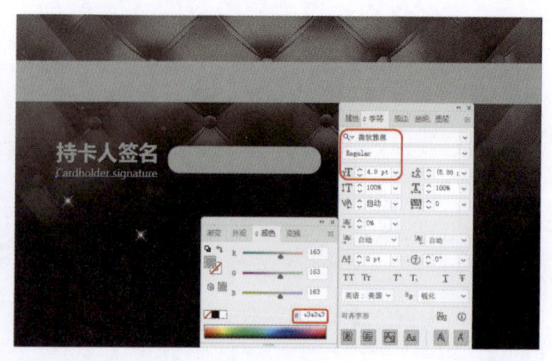　　　　　　　　　　　　　图 11-90

（6）使用【文字工具】输入文本，如图 11-91 所示，将【字体系列】设置为【黑体】，将【字体大小】设置为 6 pt，将【行距】设置为 10 pt，将【字符间距】设置为 0，在【段落】面板中单击【左对齐】按钮，将【填色】设置为 #a3a3a3。

（7）将积分卡正面的内容复制粘贴至积分卡反面，适当调整文字的位置，如图 11-92 所示。

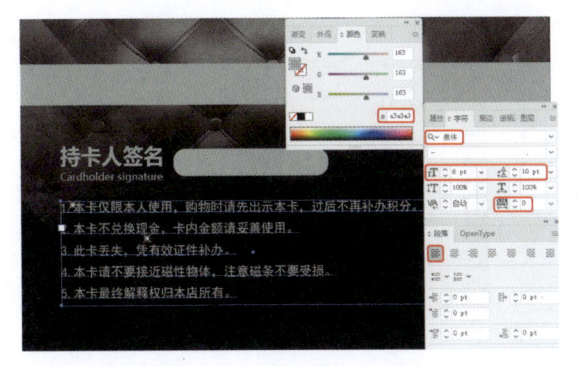

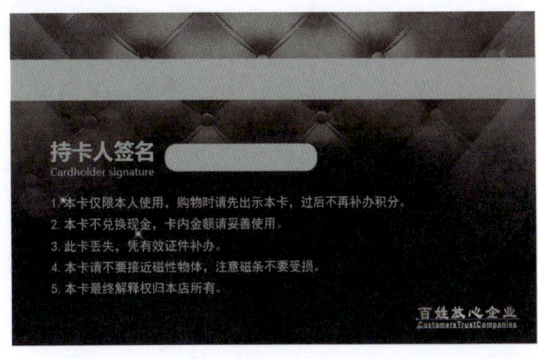

图 11-91

图 11-92

案例精讲 096　嘉宾席桌牌

本案例将介绍如何制作嘉宾席桌牌，首先在置入的素材文件中添加文字并对文字进行设置，然后使用【钢笔工具】绘制图形，再对图形与添加的素材执行【用顶层对象建立】命令，完成后的效果如图 11-93 所示。

（1）按 Ctrl+N 组合键，在弹出的【新建文档】对话框中设置【名称】为"嘉宾席"，将【单位】设置为【像素】，将【宽度】设置为 736 px，将【高度】设置为 396 px。在菜单栏中选择【文件】|【置入】命令，弹出【置入】对话框，选择"素材\Cha13\背景01.jpg"素材文件，单击【置入】按钮。使用【文字工具】输入文字，将文字的【填色】

图 11-93

设置为黑色，将【描边】设置为无，将【字体系列】设置为【方正康体简体】，将【字体大小】设置为 180 pt，将【字符间距】设置为 50，如图 11-94 所示。

（2）在菜单栏中选择【文件】|【置入】命令，弹出【置入】对话框，选择"素材\Cha13\背景02.jpg"素材文件，单击【打开】按钮，调整素材的位置。选中置入的素材，单击鼠标右键，选择【排列】|【后移一层】命令。然后选中素材和文字，单击鼠标右键，在弹出的快捷菜单中选中【建立剪切蒙版】命令，如图 11-95 所示。

（3）在菜单栏中选择【文件】|【置入】命令，弹出【置入】对话框，选择"素材\Cha13\背景03.png"素材文件，单击【打开】按钮，调整素材的位置。选中置入的素材，单击【嵌入】按钮，调整素材的位置。在菜单栏中选择【窗口】|【透明度】命令，打开【透明度】面板，将【混合模式】设置为【滤色】，选中素材，按 AIT 键拖曳鼠标复制图像，调整复制图像的位置，如图 11-96 所示。

（4）使用【文字工具】输入文字，将【字体系列】设置为【微软雅黑】，将【字体样式】设置为 Bold，将【字体大小】设置为 28 pt，【字体间距】设置为 50。选中文字，右击鼠标，在弹出的快捷菜单中选择【创建轮廓】命令，将渐变【类型】设置为【线性】，将【角度】设置为 90°，将左侧渐变滑块的颜色设置为 #f6c25d，将右侧渐变滑块的颜色设置为 #fcf6d9，将【描边】设置为无，如图 11-97 所示。

图 11-94

图 11-95

图 11-96

图 11-97

（5）设置完成后，导出图片。在菜单栏中选择【文件】|【打开】命令，弹出【打开】对话框，选择"素材\Cha13\桌牌.ai"素材文件，单击【打开】按钮，打开素材文件。使用【钢笔工具】绘制如图 11-98 所示图形。

（6）将导出的素材置入打开的素材文件中，将绘制的图形置于顶层。选中绘制的图形与"嘉宾席"素材，选择【对象】|【封套扭曲】|【用顶层对象建立】命令，完成后的效果如图 11-99 所示。

图 11-98

图 11-99

第 12 章　VI 设计

本章导读：

VI 设计，即 Visual Identity Design，中文意为视觉识别设计，是企业 CIS（Corporate Identity System，企业形象识别系统）中的一个重要组成部分。VI 设计以企业标志、标准字体、标准色彩为核心，通过一系列的视觉传达元素，将企业的经营理念、文化精神和价值观有效地传达给社会公众，增强企业的市场竞争力，提升企业的品牌形象。

案例精讲 097　制作 Logo

Logo 是徽标或者商标的外语缩写，起到对徽标拥有企业的识别和推广作用，通过形象的徽标可以让消费者记住企业主体和品牌文化。本案例将通过【文字工具】、【圆角矩形工具】、【橡皮擦工具】来制作 Logo，效果如图 12-1 所示。

（1）按 Ctrl+N 组合键，在弹出的对话框中将【单位】设置为【像素】，将【宽度】、【高度】分别设置为 868 px、550 px，将【颜色模式】设置为【RGB 颜色】，单击【创建】按钮。在工具栏中单击【矩形工具】，在画板中绘制一个矩形，在【属性】面板中将【宽】、【高】分别设置为 868 px、550 px，将 X、Y 分别设置为 434 px、275 px，将【填色】设置为 #e8e8e8，将【描边】设置为无，如图 12-2 所示。

（2）在画板中选择绘制的矩形，按 Ctrl+2 组合键将选中的矩形锁定。在工具栏中单击【圆角矩形工具】按钮，在画板中绘制一个圆角矩形，在【变换】面板中将【宽】、【高】分别设置为 314 px、302 px，将 X、Y 分别设置为 438.5 px、209.5 px，将【圆角半径】分别设置为 5.7 px、5.7 px、11 px、20 px，在【颜色】面板中将【填色】设置为 #cd0000，将【描边】设置为无，效果如图 12-3 所示。

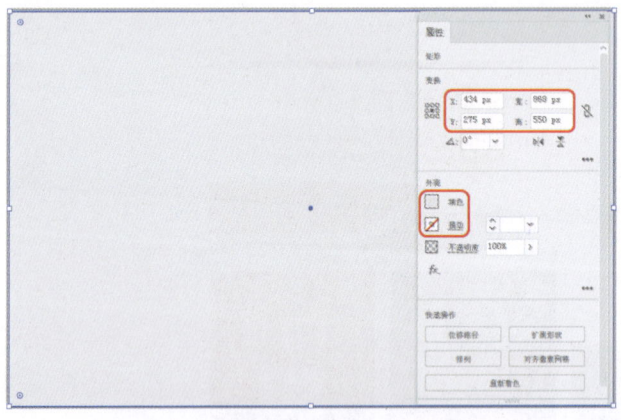

图 12-2

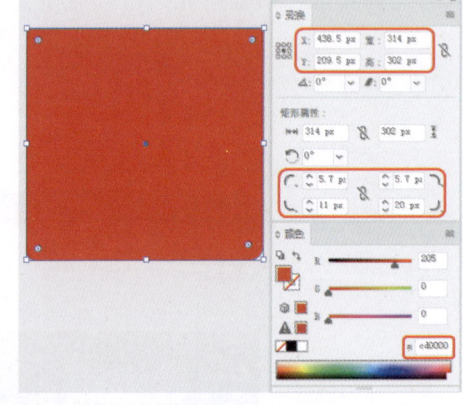

图 12-3

（3）使用【圆角矩形工具】，在画板中绘制一个圆角矩形，在【变换】面板中将【宽】、【高】分别设置为 20 px、303 px，将 X、Y 分别设置为 273 px、211.5 px，将【圆角半径】均设置为 3 px，在【颜色】面板中将【填色】设置为 #cd0000，将【描边】设置为无，效果如图 12-4 所示。

（4）使用【圆角矩形工具】，在画板中绘制一个圆角矩形，在【变换】面板中将【宽】、【高】分别设置为 331.6 px、24 px，将 X、Y 分别设置为 445 px、46.6 px，将【圆角半径】均设置为 12 px，在【颜色】面板中将【填色】设置为 #cd0000，将【描边】设置为无，效果如图 12-5 所示。

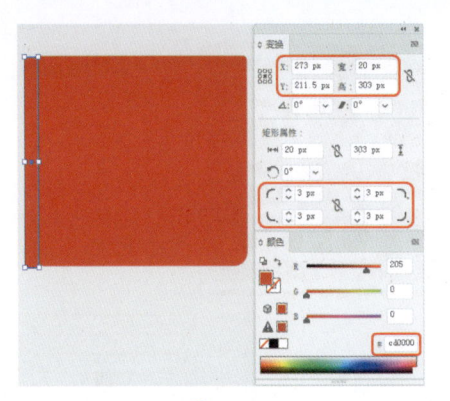

图 12-4 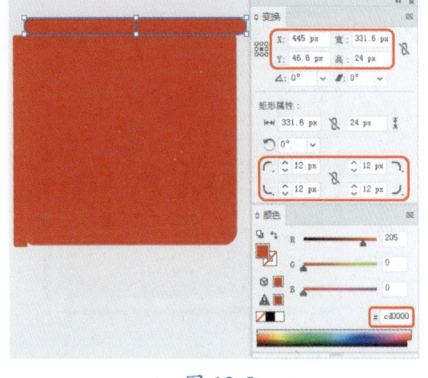　　　　　　　　　　　　　　　　　图 12-5

（5）使用【圆角矩形工具】▢在画板中绘制一个圆角矩形，在【变换】面板中将【宽】、【高】分别设置为 11 px、329 px，将 X、Y 分别设置为 608.5 px、212.5 px，将【圆角半径】均设置为 5.5 px，在【颜色】面板中将【填色】设置为 #cd0000，将【描边】设置为无，效果如图 12-6 所示。

（6）使用【圆角矩形工具】▢在画板中绘制一个圆角矩形，在【变换】面板中将【宽】、【高】分别设置为 320 px、15 px，将 X、Y 分别设置为 432 px、374.5 px，将【圆角半径】均设置为 6 px，在【颜色】面板中将【填色】设置为 #cd0000，将【描边】设置为无。在画板中选择所有的红色圆角矩形，在【路径查找器】面板中单击【联集】按钮，如图 12-7 所示。

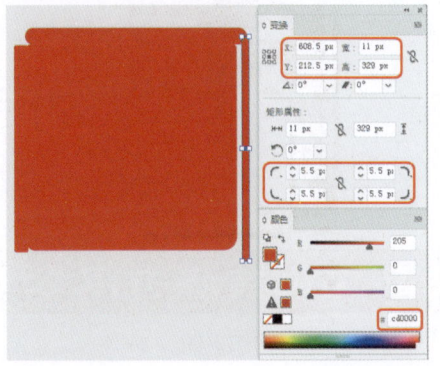

图 12-6 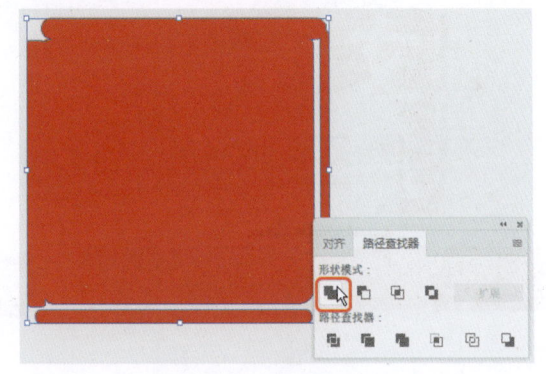　　　　　　　　　　　　　　　　　图 12-7

（7）在工具栏中单击【橡皮擦工具】按钮，在画板中对联集后的图形进行擦除，效果如图 12-8 所示。

> 提示：
> 若对使用【橡皮擦工具】擦除的效果不满意，可以按 Ctrl+Z 组合键撤销上一步操作。

（8）在工具栏中单击【直排文字工具】按钮，在画板中单击鼠标，输入文字。选中输入的文字，在【属性】面板中将【填色】设置为 #ffffff，将【描边】设置为 #ffffff，将【描边粗细】设置为 3 px，将【字体系列】设置为【文鼎古印體繁】，将【字体大小】设置为 140 px，将【行距】设置为 150 px，将【字符间距】设置为 0，并在画板中调整其位置，效果如图 12-9 所示。

267

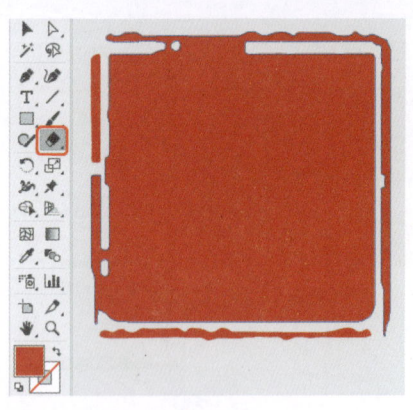

图 12-8 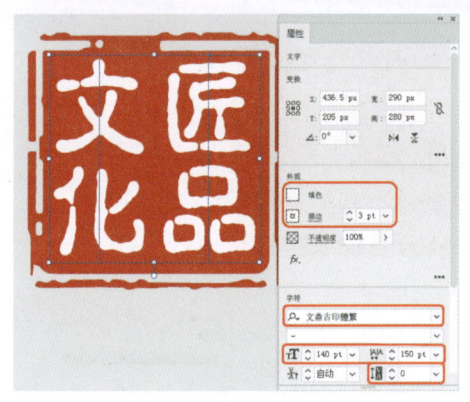　　　　　　　　　　　　　图 12-9

（9）在工具栏中单击【矩形工具】按钮，在画板中绘制一个矩形，在【变换】面板中将【宽】、【高】分别设置为737 px、91 px，将X、Y分别设置为436.5 px、448.5 px，在【颜色】面板中将【填色】设置为#cd0000，将【描边】设置为无，效果如图12-10所示。

（10）在工具栏中单击【文字工具】按钮，在画板中单击鼠标，输入文字。选中输入的文字，在【字符】面板中将【字体系列】设置为【汉仪大隶书简】，将【字体大小】设置为95 pt，将【垂直缩放】、【水平缩放】、【字符间距】分别设置为80%、80%、-50，在【颜色】面板中将【填色】设置为#ffffff，并画板中调整其位置，效果如图12-11所示。

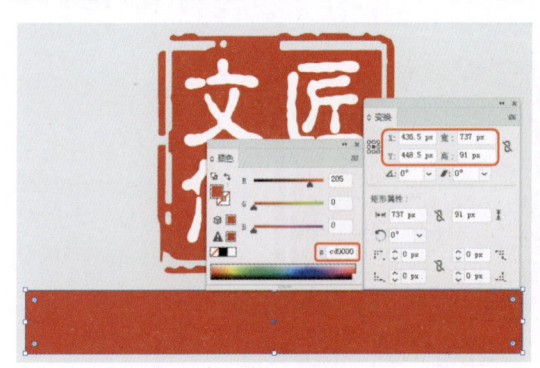

图 12-10 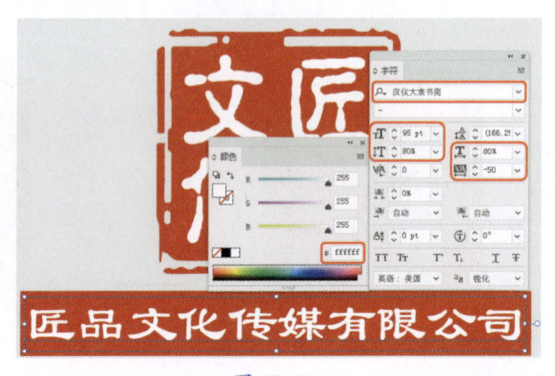　　　　　　　　　　　　　图 12-11

案例精讲 098　制作名片正面

本案例将介绍名片正面的制作方法，效果如图 12-12 所示。

图 12-12

（1）按 Ctrl+N 组合键，在弹出的对话框中将【单位】设置为【像素】，将【宽度】、【高度】分别设置为 1134 px、661 px，将【画板】设置为 2，将【颜色模式】设置为【RGB 颜色】，单击【创建】按钮。在工具栏中单击【矩形工具】按钮，在画板中绘制一个和画板同样大小的矩形，在【颜色】面板中将【填色】设置为 #fdfdfd，将【描边】设置为无。在工具栏中单击【钢笔工具】按钮，在画板中绘制图形，如图 12-13 所示，在【颜色】面板中将【填色】设置为 #74665f，将【描边】设置为无，在【透明度】面板中将【不透明度】设置为 10%。

（2）使用同样的方法在画板中再绘制两个图形，将其【填色】设置为 #74665f，将【不透明度】设置为 10%，打开"场景\Cha12\Logo.ai"场景文件，在画板中选中 Logo 图标，按 Ctrl+C 组合键进行复制，返回到前面新建的文档中，按 Ctrl+V 组合键进行粘贴，在画板中调整粘贴对象的大小与位置。选中粘贴的文字对象，在【描边】面板中将【粗细】设置为 2 pt，如图 12-14 所示。

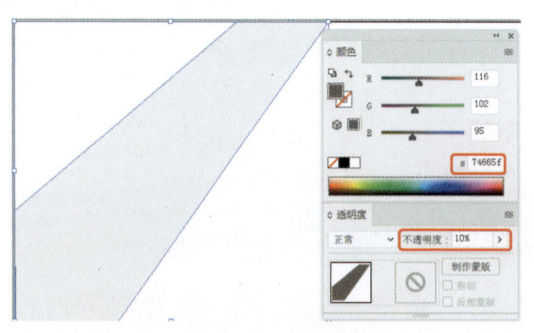

图 12-13

图 12-14

（3）在工具栏中单击【矩形工具】按钮，在画板中绘制一个矩形，在【属性】面板中将【宽】、【高】分别设置为 1134 px、170 px，将【填色】设置为 #e9e8e8，将【描边】设置无，在画板中调整其位置。在【图层】面板中将新绘制的矩形调整至路径图层的下方，效果如图 12-15 所示。

（4）在工具栏中单击【钢笔工具】按钮，在画板中绘制如图 12-16 所示的图形，在【颜色】面板中将【填色】设置为 #3f3f3f，将【描边】设置无，在画板中调整其位置。

图 12-15

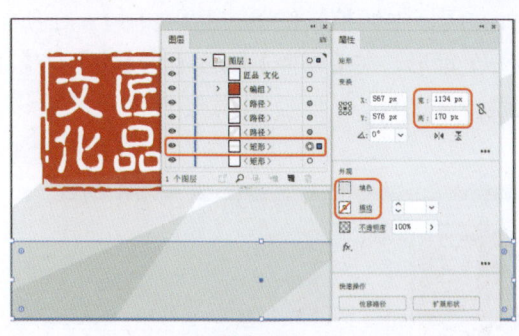

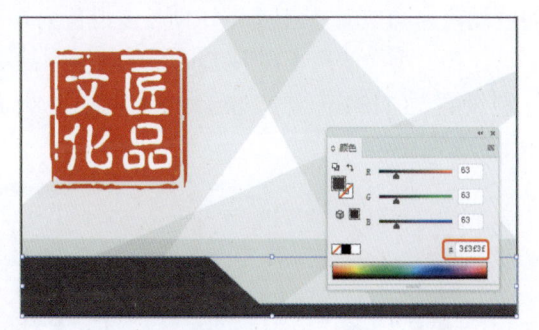

图 12-16

（5）使用【钢笔工具】在画板中绘制图形，如图 12-17 所示，在【颜色】面板中将【填色】设置为 #de2330，将【描边】设置无，在画板中调整其位置。

（6）使用【钢笔工具】在画板中绘制图形，如图 12-18 所示，在【颜色】面板中将【填色】设置为 #a01e28，将【描边】设置无，在画板中调整其位置。

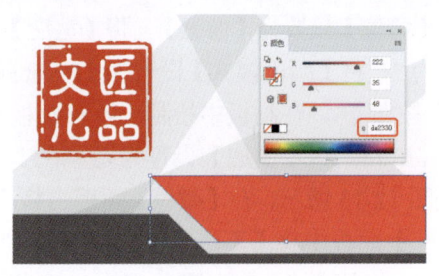

图 12-17 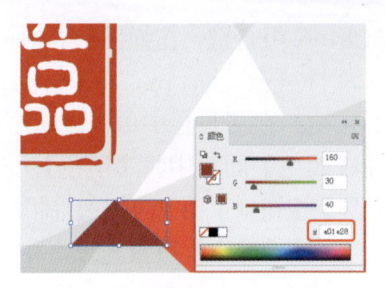　　　　　　　　　　　　　　图 12-18

（7）继续选中该图形，右击鼠标，在弹出的快捷菜单中选择【排列】|【后移一层】命令。在工具栏中单击【文字工具】按钮，在画板中单击鼠标，输入文字。选中输入的文字，在【属性】面板中将【填色】设置为白色，将【字体系列】设置为【Adobe 黑体 Std R】，将【字体大小】设置为 61 pt，将【字符间距】设置为 0，并在画板中调整其位置，效果如图 12-19 所示。

（8）使用【文字工具】在画板中输入其他文字，并进行相应的设置，效果如图 12-20 所示。

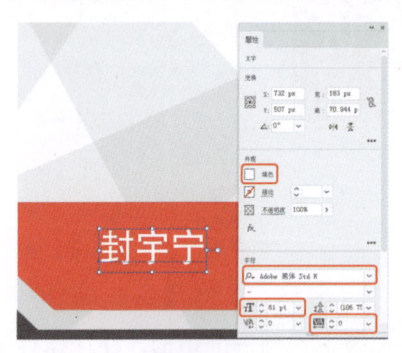

图 12-19 　　　　　　　　　　　　　　图 12-20

（9）在工具栏中单击【矩形工具】按钮，在画板中绘制一个矩形，在【变换】面板中将【宽】、【高】分别设置为 5 px、356 px，在【渐变】面板中将【类型】设置为【线性】，将【角度】设置为 90°，将左侧色标的值设置为 #ffffff，将其【不透明度】设置为 0，在 50%位置处添加一个色标，将其值设置为 #787878，将其【不透明度】设置为 100%，将右侧色标的值设置为 #ffffff，将其【不透明度】设置为 0，并在画板中调整其位置，效果如图 12-21 所示。

（10）再次使用【矩形工具】在画板中绘制一个矩形，在【属性】面板中将【宽】、【高】分别设置为 1134 px、27 px，将【填色】设置为 #3f3f3f，在画板中调整其位置，效果如图 12-22 所示。

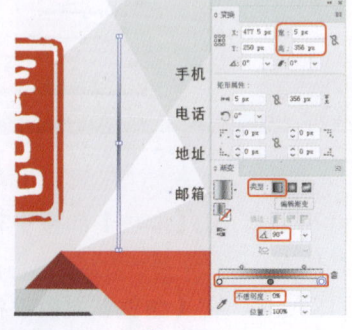

图 12-21 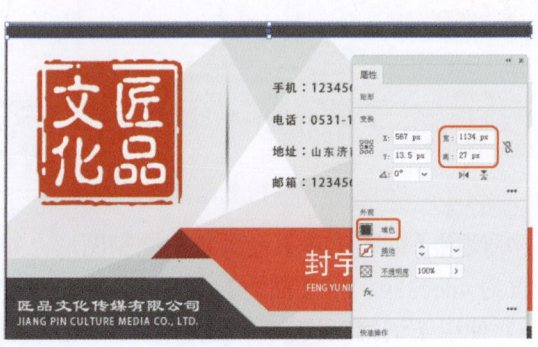　　　　　　　　　　　　　　图 12-22

案例精讲 099　制作名片反面

本案例将介绍如何制作名片反面，首先使用【矩形工具】、【钢笔工具】、【椭圆工具】绘制图形，然后对绘制的图形建立复合路径，效果如图 12-23 所示。

（1）继续上一个案例的操作，单击工具栏中的【矩形工具】按钮，在第二个画板中绘制一个和画板同样大小的矩形，在【颜色】面板中将【填色】设置为 #3e3e3e。在左侧画板中选择 Logo 图

图 12-23

标，按 Ctrl+C 组合键进行复制，按 Ctrl+V 组合键进行粘贴，选中粘贴后的对象，在画板中调整其大小与位置。选中红色图形，在【属性】面板中将【填色】设置为白色，将【不透明度】设置为 85%，然后选中文字对象，在【属性】面板中将【填色】设置为 #3e3e3e，将【描边】设置为 #3e3e3e，如图 12-24 所示。

（2）使用【矩形工具】在画板中绘制一个矩形，在【属性】面板中将【宽】、【高】分别设置为 1134 px、145 px，将【填色】设置为 #e8e8e8，将【描边】设置为无，在画板中调整其位置，效果如图 12-25 所示。

图 12-24 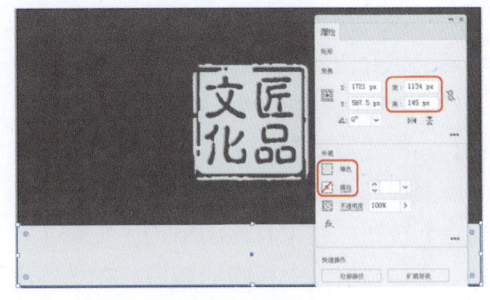　　　　　　　　　　　　　　图 12-25

（3）在工具栏中单击【钢笔工具】按钮，在画板中绘制如图 12-26 所示的图形，在【颜色】面板中将【填色】设置为 #a11f28，将【描边】设置无，并调整其位置。

（4）在工具栏中单击【钢笔工具】按钮，在画板中绘制如图 12-27 所示的图形，在【颜色】面板中将【填色】设置为 #de2230，将【描边】设置无，并调整其位置。

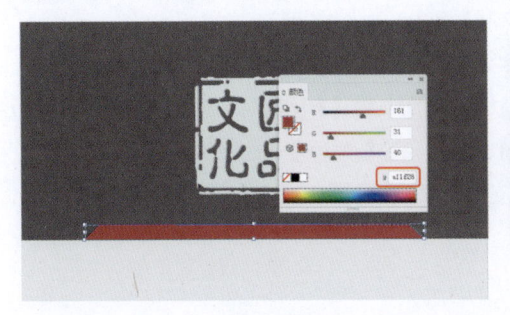

图 12-26 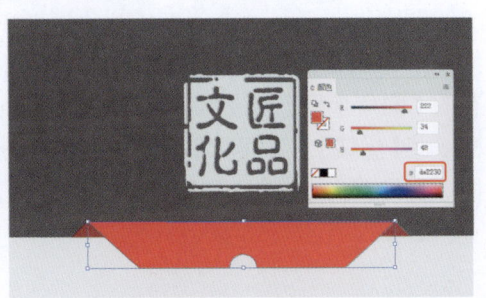　　　　　　　　　　　　　　图 12-27

（5）使用【钢笔工具】在画板中绘制图形，如图 12-28 所示，在【颜色】面板中将【填色】设置为 #de2230。然后再使用【椭圆工具】在画板中按住 Shift 键绘制一个正圆，在【属性】面板中将【宽】、【高】均设置为 20 px，将【填色】设置为 #ffff00，将【描边】设置为无，在画板中调整其位置。

（6）在画板中选择新绘制的两个图形，在【路径查找器】面板中单击【减去顶层】按钮，并根据前面介绍的方法在画板中输入文字，效果如图 12-29 所示。

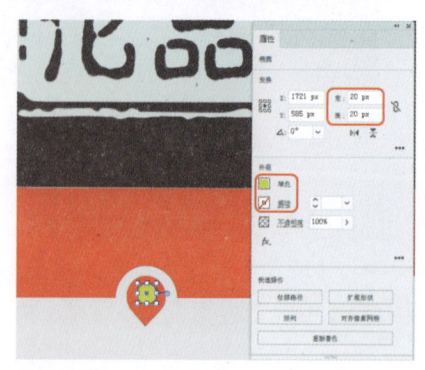

图 12-28　　　　　　　　　图 12-29

案例精讲 100　制作工作证正面

本案例将介绍如何制作工作证正面，效果如图 12-30 所示。

（1）按 Ctrl+N 组合键，在弹出的对话框中将【单位】设置为【像素】，将【宽度】、【高度】分别设置为 685 px、1057 px，将【画板】设置为 2，将【颜色模式】设置为【RGB 颜色】，单击【创建】按钮。在工具栏中单击【矩形工具】按钮，在画板中绘制一个与画板大小相同的矩形，在【颜色】面板中将【填色】设置为 #31353d，将【描边】设置为无。然后再使用【矩形工具】在画板中绘制一个矩形，在【属性】面板中将【宽】、【高】分别设置为 685 px、468 px，将【填色】设置为 #e8e8e8，在画板中调整其位置，效果如图 12-31 所示。

（2）根据前面介绍的方法将 Logo 图标添加至文档中，并进行相应的调整。在工具栏中单击【圆角矩形工具】按钮，在画板中绘制一个圆角矩形，在【变换】面板中将【宽】、【高】分别设置为 237 px、293 px，将所有的【圆角半径】均设置为 12 px，在【描边】面板中将【粗细】设置为 4 pt，选中【虚线】复选框，将【虚线】、【间隙】分别设置为 16 pt、8 pt，在【颜色】面板中将【填色】设置为无，将【描边】设置为 #ffffff，并在画板中调整其位置，效果如图 12-32 所示。

图 12-30

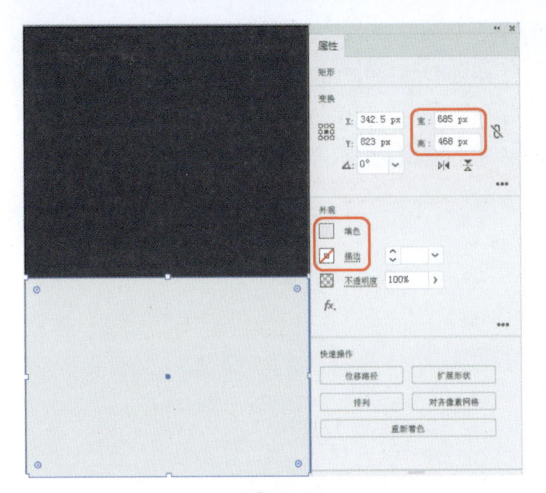

图 12-31 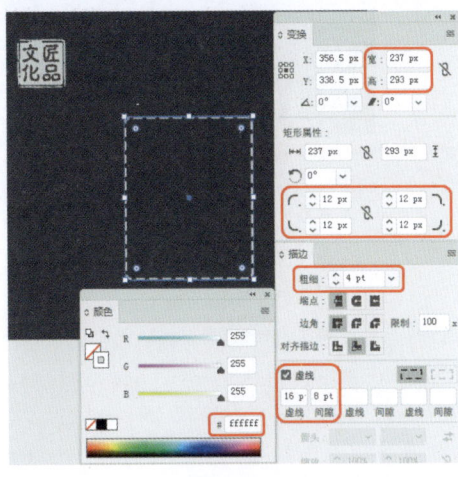　　　　　　　　　　　　　图 12-32

（3）将"头像.ai"素材文件置入文档中，并将其嵌入文档，在【透明度】面板中将【不透明度】设置为30%，效果如图12-33所示。

（4）根据前面介绍的方法在画板中绘制如图12-34所示的两个图形，并为其填充颜色，然后在画板中单击【文字工具】按钮，在画板中单击鼠标，输入文字。选中输入的文字，在【属性】面板中将【填色】设置为白色，将【字体系列】设置为【汉仪大隶书简】，将【字体大小】设置为33 pt，将【字符间距】设置为100，并在画板中调整其位置，效果如图12-34所示。

图 12-33 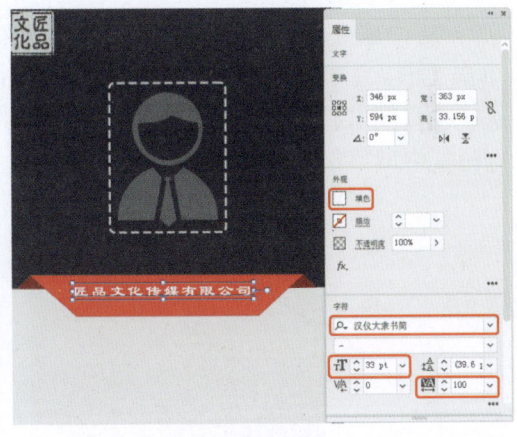　　　　　　　　　　　　　图 12-34

（5）使用同样的方法在画板中输入其他文字，并进行相应的设置，效果如图12-35所示。

（6）在工具栏中单击【直线段工具】按钮，在画板中按住Shift键绘制四条水平直线，在【属性】面板中将【宽】设置为488 px，将【填色】设置为无，将【描边】设置为#02050e，将【描边粗细】设置为1 pt，效果如图12-36所示。

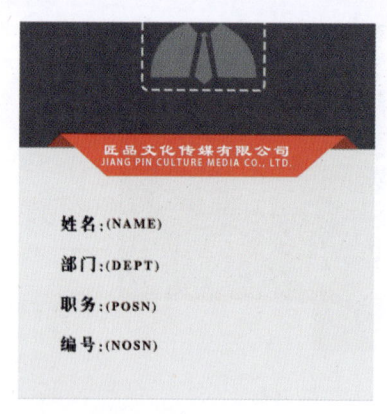

图 12-35 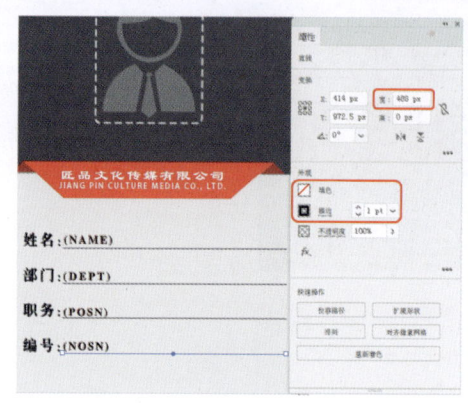　　　　　　　　　　图 12-36

案例精讲 101　制作工作证反面

本案例将介绍如何制作工作证反面，效果如图 12-37 所示。

（1）继续上一个案例的操作，单击工具栏中的【矩形工具】按钮，在第二个画板中绘制一个与画板相同大小的矩形。按 Ctrl+F9 组合键，在弹出的【渐变】面板中将【类型】设置为【线性】，将【角度】设置为 90°，将左侧色标的颜色值设置为 #b4030f，将右侧色标的颜色值设置为 #de2330，如图 12-38 所示。

（2）将"底纹 .psd"素材文件置入文档中，在【属性】面板中单击【嵌入】按钮，在弹出的【Photoshop 导入选项】对话框中选中【将图层转换为对象】单选按钮，单击【确定】按钮，然后在画板中调整其大小与位置，效果如图 12-39 所示。

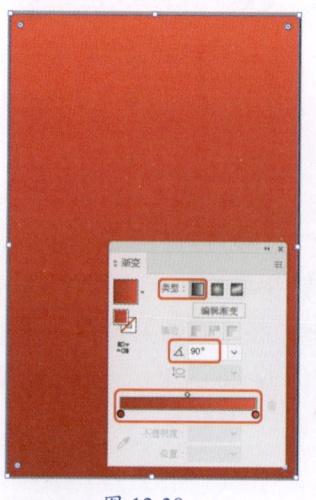

图 12-37

图 12-38　　　　　　　　　　图 12-39

（3）在工具栏中单击【文字工具】按钮，在画板中单击鼠标，输入文字。选中输入的文字，在【属性】面板中将【填色】设置为白色，将【字体系列】设置为【方正大标宋简体】，将【字体大小】设置为 141 pt，将【字符间距】设置为 0，在画板中调整其位置，效果如图 12-40 所示。

（4）根据前面介绍的方法将 Logo 图标添加至文档中，并对其进行相应的调整，然后在画板中绘制其他图形并输入文字，效果如图 12-41 所示。

图 12-40　　　　　　　　　　图 12-41

案例精讲 102　制作信纸正面

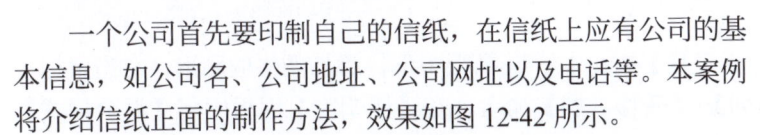

一个公司首先要印制自己的信纸，在信纸上应有公司的基本信息，如公司名、公司地址、公司网址以及电话等。本案例将介绍信纸正面的制作方法，效果如图 12-42 所示。

（1）按 Ctrl+N 组合键，在弹出的对话框中将【单位】设置为【毫米】，将【宽度】、【高度】分别设置为 478 mm、339 mm，将【画板】设置为 1，将【颜色模式】设置为【RGB 颜色】，单击【创建】按钮。在工具栏中单击【矩形工具】按钮，在画板中绘制一个与画板大小相同的矩形，在【颜色】面板中将【填色】设置为 #4e445a，将【描边】设置为无，效果如图 12-43 所示。

（2）使用【矩形工具】在画板中绘制一个矩形，在【属性】面板中将【宽】、【高】分别设置为 210 mm、297 mm，将 X、Y 分别设置为 123 mm、166 mm，将【填色】设置为白色，将【描边】设置为无，效果如图 12-44 所示。

（3）在工具栏中单击【钢笔工具】按钮，在画板中绘制如图 12-45 所示的图形，并在【颜色】面板中将【填色】设置为 #ffffff，将【描边】设置无。

（4）继续选中新绘制的图形，在工具栏中单击【网格工具】按钮，在选中的图形中添加多个网格点，并将网格点的【填色】设置为 #626363，然后调整网格点的位置，效果如图 12-46 所示。

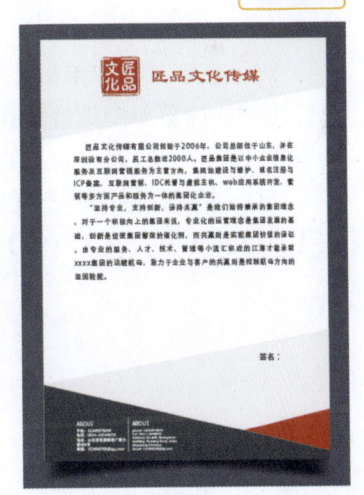

图 12-42

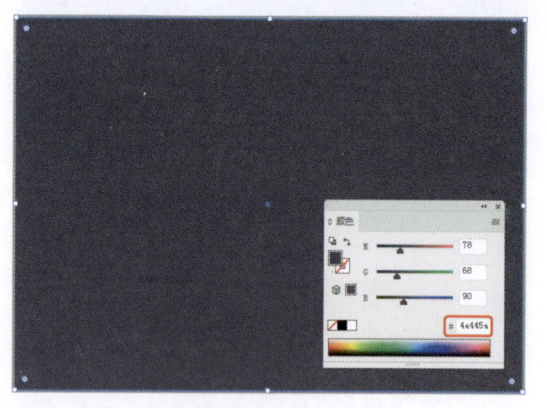

图 12-43 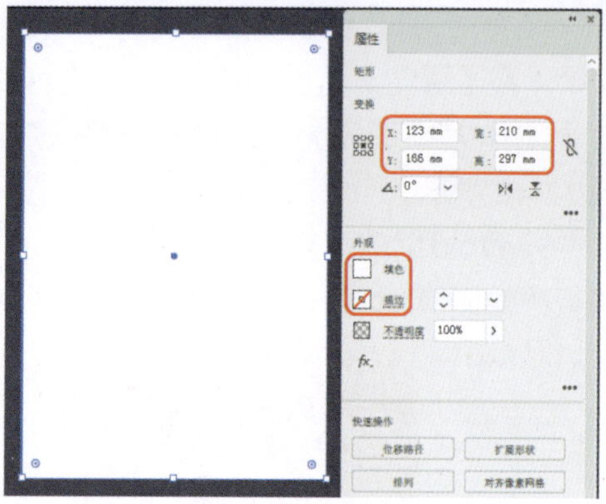　　　　　　　　　　　　　　　图 12-44

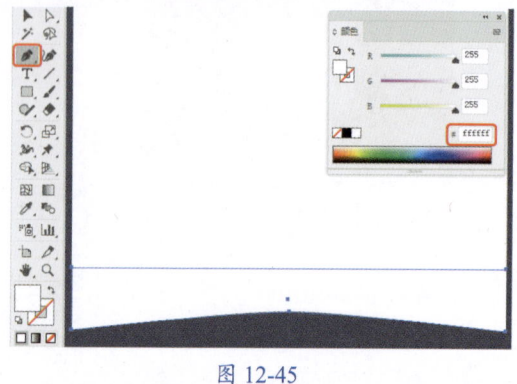

图 12-45 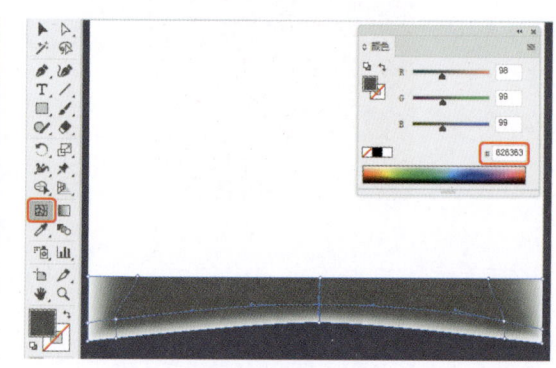　　　　　　　　　　　　　　　图 12-46

（5）在工具栏中单击【选择工具】按钮，在画板中选择添加网格的图形，右击鼠标，在弹出的快捷菜单中选择【排列】|【后移一层】命令，在【透明度】面板中将【混合模式】设置为【正片叠底】，效果如图 12-47 所示。

（6）在工具栏中单击【钢笔工具】按钮，在画板中绘制两个图形，如图 12-48 所示，在【颜色】面板中将【填色】设置为 #f4f3f3，将【描边】设置为无。

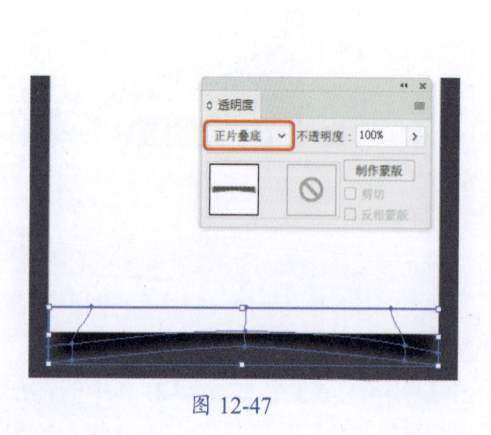

图 12-47 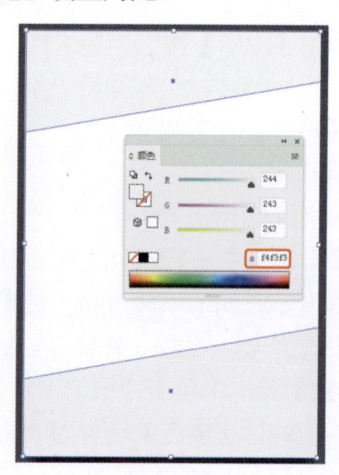　　　　　　　　　　　　　　　图 12-48

（7）根据前面介绍的方法将 Logo 图标添加至文档中，并进行相应的调整。在工具栏中单击【文字工具】按钮，在画板中单击鼠标，输入文字。选中输入的文字，在【字符】面板中将【字体系列】设置为【汉仪大隶书简】，将【字体大小】设置为 50 pt，将【垂直缩放】、【水平缩放】均设置为 80%，将【字符间距】设置为 -50，在【颜色】面板中将【填色】设置为 #b41e23，效果如图 12-49 所示。

（8）在工具栏中单击【钢笔工具】按钮，在画板中绘制图形，如图 12-50 所示，在【颜色】面板中将【填色】设置为 #b41e23，将【描边】设置无。

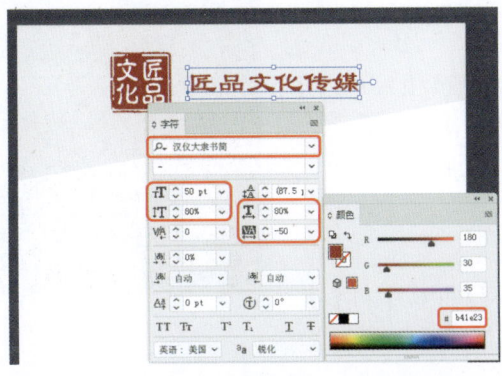

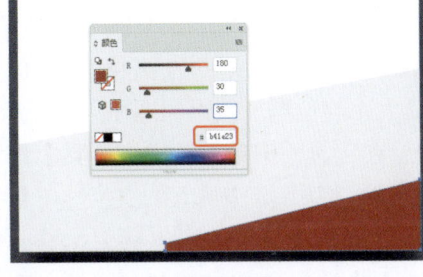

图 12-49　　　　　　　　图 12-50

（9）在工具栏中单击【钢笔工具】按钮，在画板中绘制图形，如图 12-51 所示，在【颜色】面板中将【填色】设置为 #31353d，将【描边】设置无。

（10）根据前面介绍的方法在画板中输入其他文字，并绘制相应的图形，效果如图 12-52 所示。

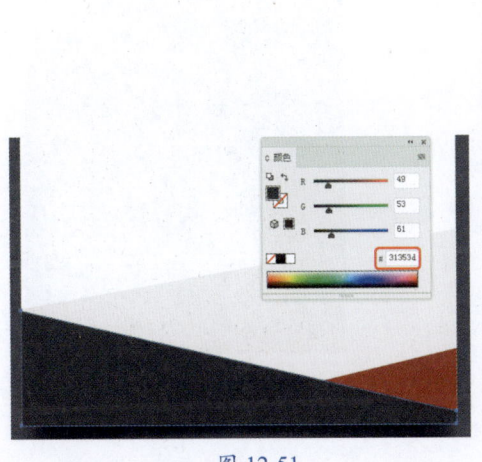

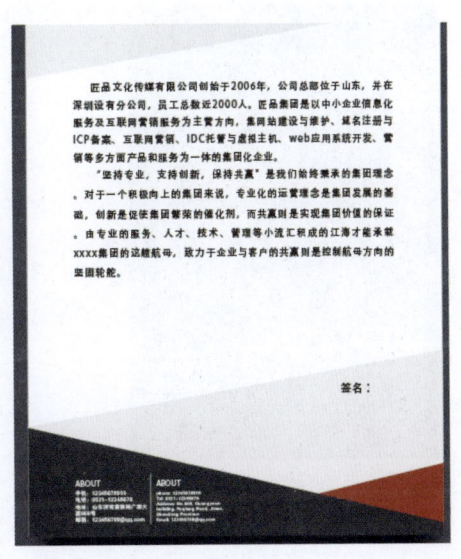

图 12-51　　　　　　　　图 12-52

案例精讲 103　制作信纸反面

本案例将介绍如何制作信纸反面，效果如图 12-53 所示。

（1）继续上一个案例的操作，在工具栏中单击【矩形工具】按钮，在画板中绘制一个矩形，在【属性】面板中将【宽】、【高】分别设置为 210 mm、297 mm，将 X、Y 分别设置为 356 mm、166 mm，将【填色】设置为 #31353d，将【描边】设置为无，效果如图 12-54 所示。

（2）在画板中选中前面制作的投影效果，按住 Alt 键向右拖动鼠标，对其进行复制，复制后的效果如图 12-55 所示。

（3）根据前面介绍的方法将 Logo 图标添加至文档中，并调整其大小与位置，效果如图 12-56 所示。

（4）在工具栏中单击【文字工具】按钮，在画板中单击鼠标，输入文字，选中输入的文字，在【字符】面板中将【字体系列】设置为【汉仪大隶书简】，将【字体大小】设置为 50 pt，将【垂直缩放】、【水平缩放】均设置为 80%，将【字符间距】设置为 -50，在【颜色】面板中将【填色】设置为 #ffffff。然后再使用【文字工具】在画板中输入文字，选中输入的文字，在【字符】面板中将【字体系列】设置为 Arial，将【字体大小】设置为 18 pt，将【垂直缩放】、【水平缩放】均设置为 80%，将【字符间距】设置为 -50，在【颜色】面板中将【填色】设置为 #ffffff，效果如图 12-57 所示。

图 12-53

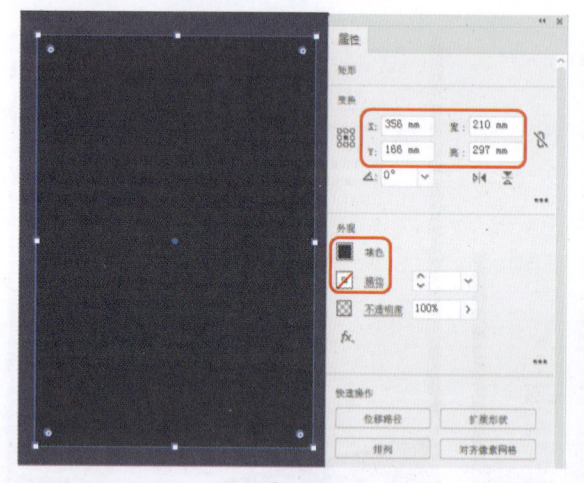

图 12-54

图 12-55

图 12-56

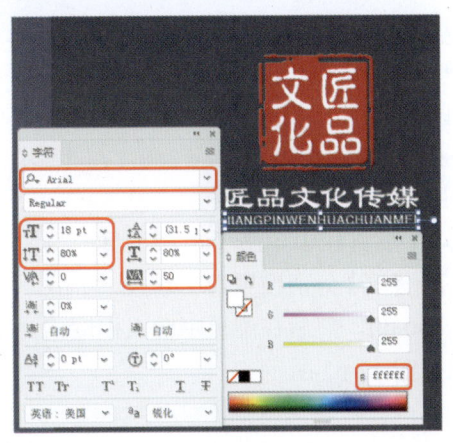

图 12-57

案例精讲 104　制作档案袋正面

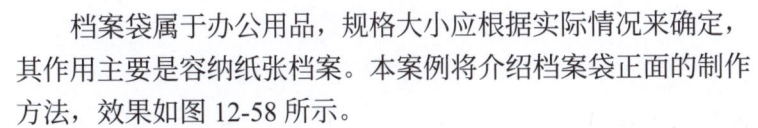

档案袋属于办公用品，规格大小应根据实际情况来确定，其作用主要是容纳纸张档案。本案例将介绍档案袋正面的制作方法，效果如图 12-58 所示。

（1）打开"素材\Cha12\背景.ai"素材文件，在工具栏中单击【矩形工具】按钮，在画板中绘制一个矩形，在【属性】面板中将【宽】、【高】分别设置为 370 px、508 px，将 X、Y 分别设置为 336 px、365 px，将【填色】设置为 #fbe6cb，将【描边】设置为无，效果如图 12-59 所示。

（2）选中绘制的矩形，在【外观】面板中单击【添加新效果】按钮，在弹出的下拉菜单中选择【风格化】|【投影】命令，在弹出的对话框中将【模式】设置为【正片叠底】，将【不透明度】、【X 位移】、【Y 位移】、【模糊】分别设置为 41%、0 px、0 px、6 px，将【颜色】设置为 #0b0306，如图 12-60 所示。

图 12-58

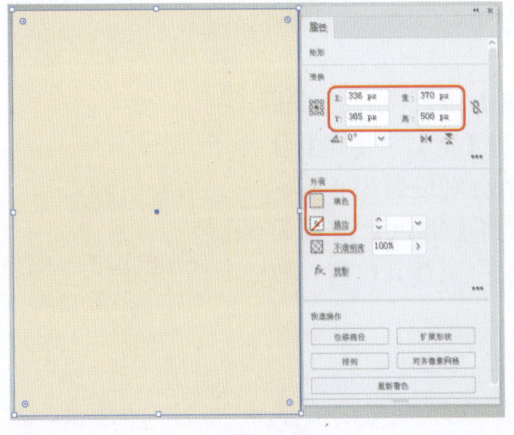

图 12-59

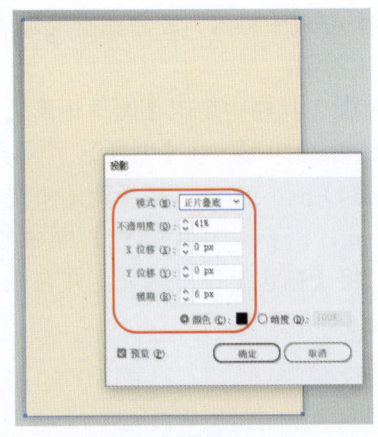

图 12-60

(3)设置完成后单击【确定】按钮。在工具栏中单击【直排文字工具】按钮 IT ，在画板中单击鼠标，输入文字。选中输入的文字，在【字符】面板中将【字体系列】设置为【方正粗宋简体】，将【字体大小】设置为 59 pt，将【垂直缩放】、【水平缩放】均设置为 100%，将【字符间距】设置为 260，在【颜色】面板中将【填色】设置为 # b4030f，效果如图 12-61 所示。

(4)在工具栏中单击【矩形工具】按钮 ▢ ，在画板中绘制一个矩形，在【属性】面板中将【宽】、【高】分别设置为 370 px、31 px，将 X、Y 分别设置为 336 px、603.5 px，将【填色】设置为 # b4030f，然后在画板中输入相应的文字内容，并根据前面所介绍的方法添加 Logo 图标，效果如图 12-62 所示。

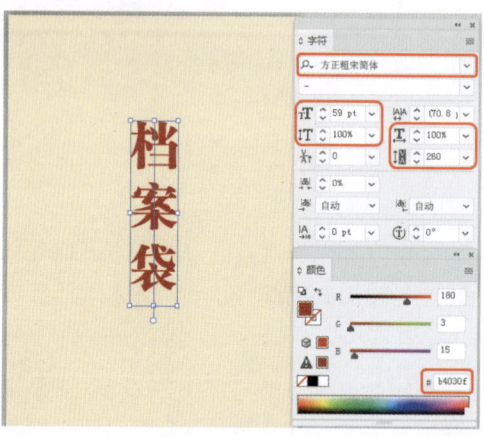

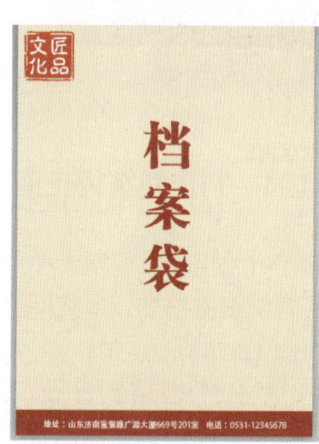

图 12-61

图 12-62

案例精讲 105　制作档案袋反面

本案例将介绍档案袋反面的制作方法，效果如图 12-63 所示。

(1)继续上一个案例的操作，在画板中选择最底层带有投影的大矩形，按住 Alt 键对其进行复制。选中复制后的矩形，在【变换】面板中将 X、Y 分别设置为 771 px、365 px，效果如图 12-64 所示。

(2)在工具栏中单击【圆角矩形工具】按钮 ▢ ，在画板中绘制一个圆角矩形，在【变换】面板中将【宽】、【高】分别设置为 343 px、95 px，将【圆角半径】分别设置为 0 px、0 px、12 px、12 px，在【颜色】面板中将【填色】设置为 #3a3a3a，将【描边】设置为无，并在画板中调整其位置，效果如图 12-65 所示。

图 12-63

图 12-64 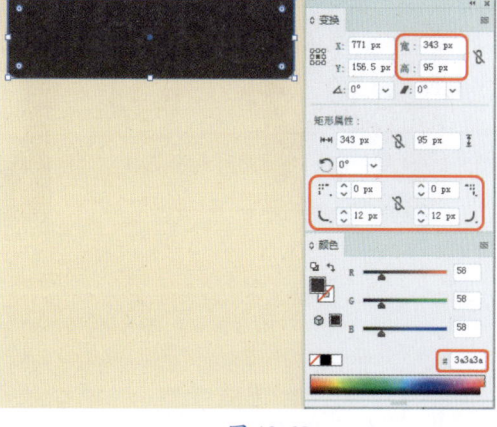　　　　　　　　　　　　　　图 12-65

（3）在工具栏中单击【直接选择工具】按钮，在画板中对圆角矩形进行调整。选中调整后的图形，在【外观】面板中单击【添加新效果】按钮，在弹出的下拉菜单中选择【风格化】|【羽化】命令，在弹出的对话框中将【半径】设置为 20 px，如图 12-66 所示。

（4）设置完成后单击【确定】按钮，使用同样的方法在画板中绘制相同的图形，在【颜色】面板中将【填色】设置为 #b4030f，并在画板中调整其位置，效果如图 12-67 所示。

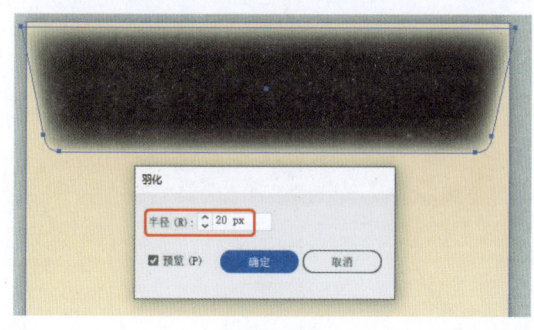

图 12-66 　　　　　　　　　　　　　　图 12-67

（5）在工具栏中单击【椭圆工具】按钮，在画板中按住 Shift 键绘制一个正圆，在【属性】面板中将【宽】、【高】均设置为 24 px，将【填色】设置为无，将【描边】设置为 #ebe8e8，将【描边粗细】设置为 12 pt。然后再在画板中绘制一个正圆，在【属性】面板中将【宽】、【高】均设置为 16 px，将【填色】设置为无，将【描边】设置为 #ffffff，将【描边粗细】设置为 6 pt，并调整其位置，如图 12-68 所示。

（6）在画板中选择绘制的两个正圆，按 Ctrl+G 组合键，对选中的对象进行编组。在【外观】面板中单击【添加新效果】按钮，在弹出的下拉菜单中选择【风格化】|【投影】命令，在弹出的对话框中将【模式】设置为【正片叠底】，将【不透明度】、【X 位移】、【Y 位移】、【模糊】分别设置为 30%、0 px、2 px、0 px，将【颜色】设置为 #0b0306，如图 12-69 所示。

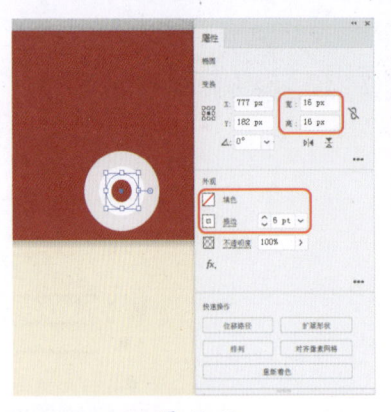

图 12-68 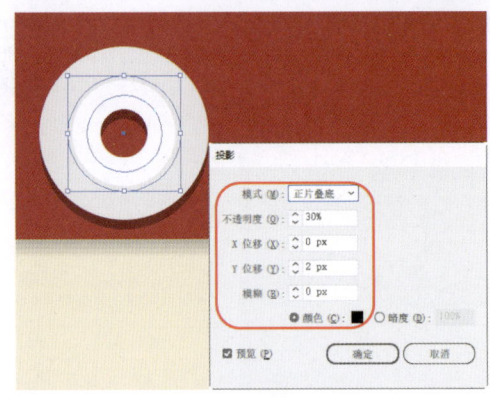　　　　　　　　　　　　　图 12-69

（7）设置完成后单击【确定】按钮，在工具栏中单击【钢笔工具】按钮，在画板中绘制如图 12-70 所示的路径，在【属性】面板中将【填色】设置为无，将【描边】设置为 # 262626，将【描边粗细】设置为 1 pt，如图 12-70 所示。

（8）继续选中该路径，右击鼠标，在弹出的快捷菜单中选择【排列】|【后移一层】命令。在【外观】面板中单击【添加新效果】按钮，在弹出的下拉菜单中选择【风格化】|【投影】命令，在弹出的对话框中将【模式】设置为【正片叠底】，将【不透明度】、【X 位移】、【Y 位移】、【模糊】分别设置为 30%、0 px、2 px、0 px，将【颜色】设置为 # 0b0306，如图 12-71 所示。

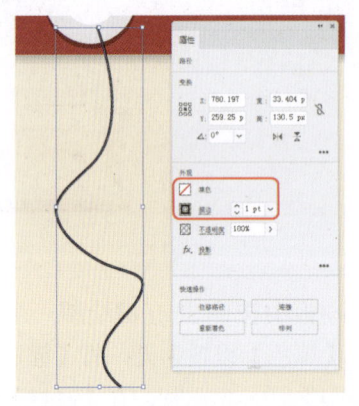

图 12-70 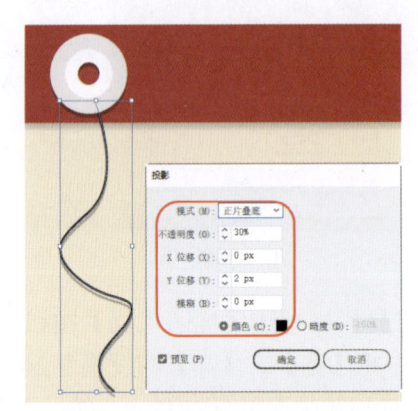　　　　　　　　　　　　　图 12-71

（9）设置完成后单击【确定】按钮，在画板中对前面所绘制的圆形进行复制，并调整其位置。在工具栏中单击【文字工具】按钮，在画板中单击鼠标，输入文字。选中输入的文字，在【属性】面板中将【填色】设置为 # b4030f，将【字体系列】设置为【方正粗宋简体】，将【字体大小】设置为 8 pt，将【行距】设置为 18 pt，将【字符间距】设置为 260，并在画板中调整其位置，效果如图 12-72 所示。

（10）使用同样的方法在画板中输入其他文字。在工具栏中单击【直线段工具】按钮，在画板中绘制 5 条水平直线，将绘制的直线的【填色】设置为无，将【描边】设置为 # b4030f，将【描边粗细】设置为 1 pt，将【不透明度】设置为 30%，如图 12-73 所示。

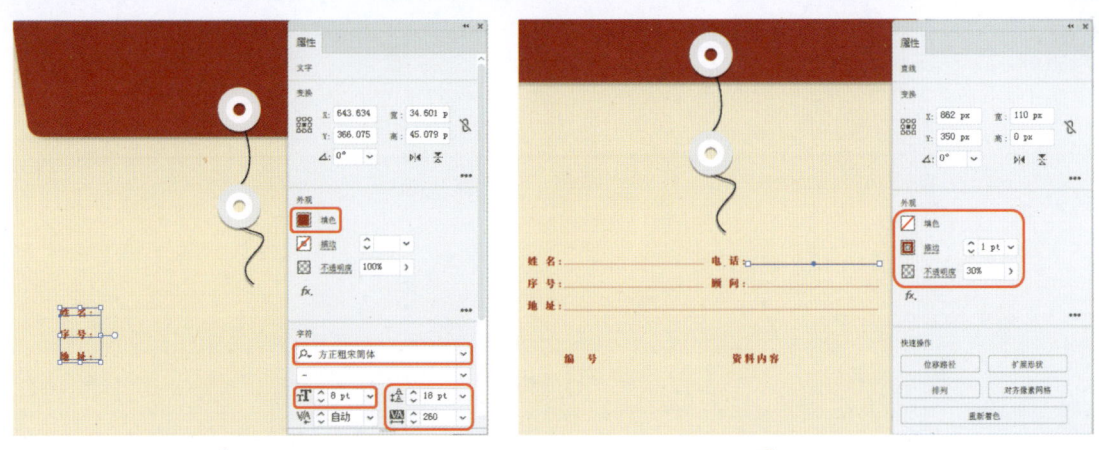

图 12-72　　　　　　　　　　　　　　　　图 12-73

（11）在工具栏中单击【矩形工具】按钮▢，在画板中绘制一个矩形，在【属性】面板中将【宽】、【高】分别设置为 291 px、136.5 px，将【填色】设置为无，将【描边】设置为 #b4030f，将【描边粗细】设置为 1 pt，将【不透明度】设置为 100%，并在画板中调整其位置，效果如图 12-74 所示。

（12）根据前面介绍的方法在画板中绘制直线，并进行相应的设置，效果如图 12-75 所示。

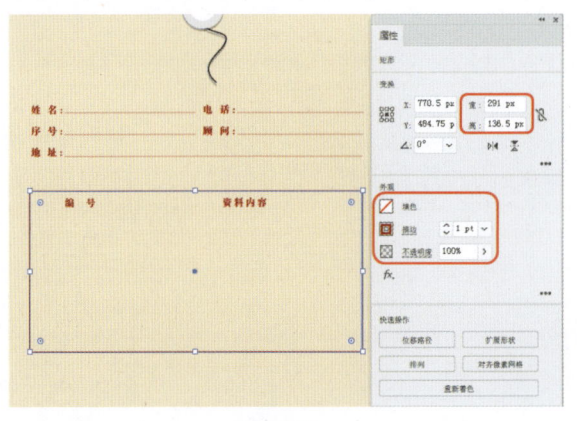

图 12-74 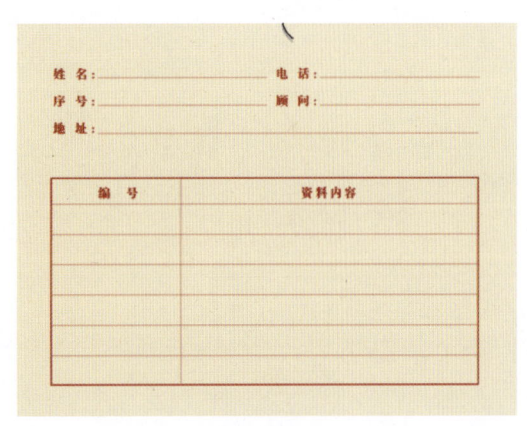　　　　　　　　　　　　　　　　图 12-75

283

第 13 章　包装设计

本章导读：

　　包装设计是一门综合运用自然科学和美学知识，为在商品流通过程中更好地保护商品，并促进商品的销售而开设的专业学科。产品通过包装设计的特色来体现其独特新颖之处，以此来吸引更多的消费者前来购买。由此可见，包装设计对产品的推广和建立品牌至关重要。

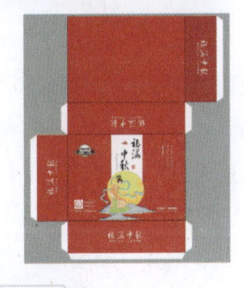

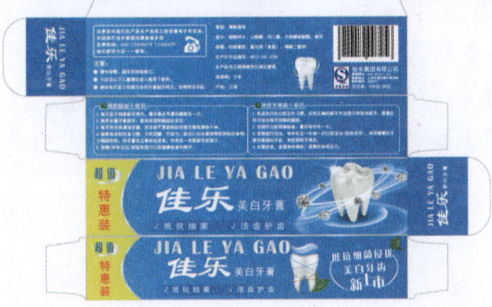

案例精讲 106　酸奶包装设计

本案例将介绍如何制作酸奶包装盒，主要介绍了包装盒正面图形、文字的制作方法，此外，还简单介绍了包装盒侧面的制作方法，通过全面的结合，从而完成包装盒的绘制，效果如图 13-1 所示。

（1）按 Ctrl+N 组合键，在弹出的对话框中将【单位】设置为【毫米】，将【宽度】、【高度】分别设置为 420 mm、280 mm，单击【创建】按钮，如图 13-2 所示。

图 13-1

（2）在工具栏中单击【矩形工具】按钮，在画板中绘制一个与画板大小相同的矩形，如图 13-3 所示。

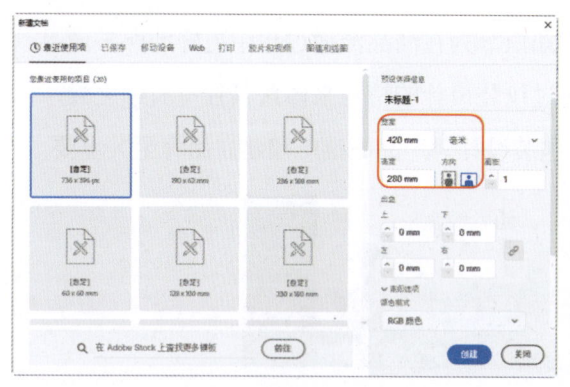

图 13-2

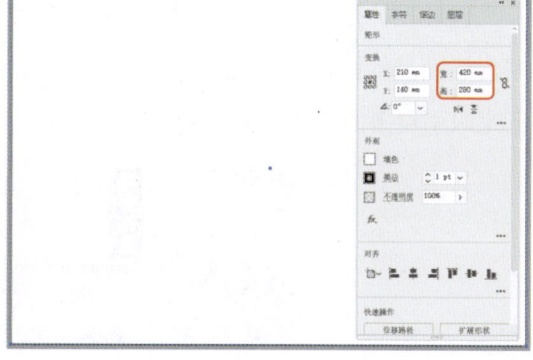

图 13-3

（3）选中绘制的矩形，在【渐变】面板中将【类型】设置为【径向】，将左侧色标的颜色值设置为 #676666，将右侧色标的颜色值设置为 #161616，将上方的渐变滑块调整至 67% 位置处，将【描边】设置为无，如图 13-4 所示。

（4）在工具栏中单击【矩形工具】按钮，绘制一个矩形，在【属性】面板中将【宽】、【高】分别设置为 260 mm、65 mm，将【填色】设置为 #2096d4，将【描边】设置为无，并在画板中调整其位置，效果如图 13-5 所示。

（5）在工具栏中单击【钢笔工具】按钮，在画板中绘制一个图形，如图 13-6 所示，在【属性】面板中将【填色】设置为白色，将【描边】设置为无。

（6）使用【钢笔工具】再次绘制如图 13-7 所示的图形，并为其填充白色，将【描边】设置为无。

包装设计 第13章

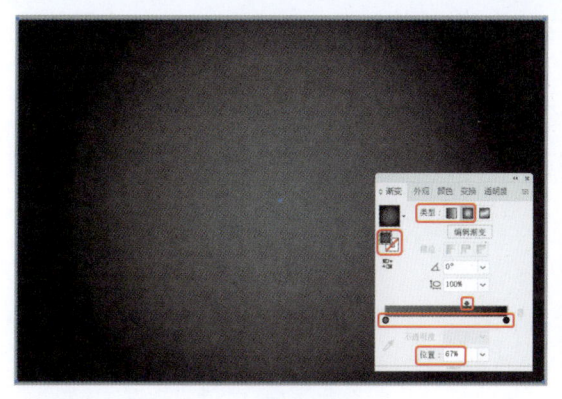

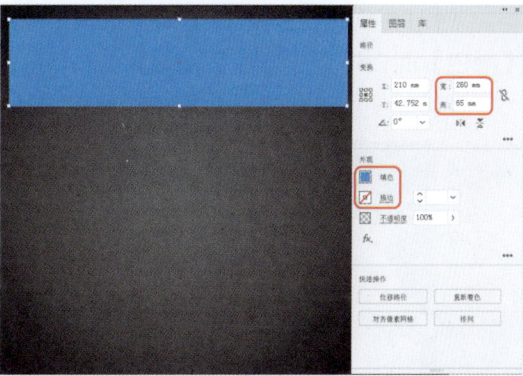

图 13-4

图 13-5

图 13-6

图 13-7

（7）使用【钢笔工具】在画板中绘制一个图形，如图 13-8 所示，在【颜色】面板中将【填色】设置为 #b5dcf0，将【描边】设置为无。

（8）使用【钢笔工具】绘制一个图形，如图 13-9 所示，在【颜色】面板中将【填色】设置为 #c2dbed。

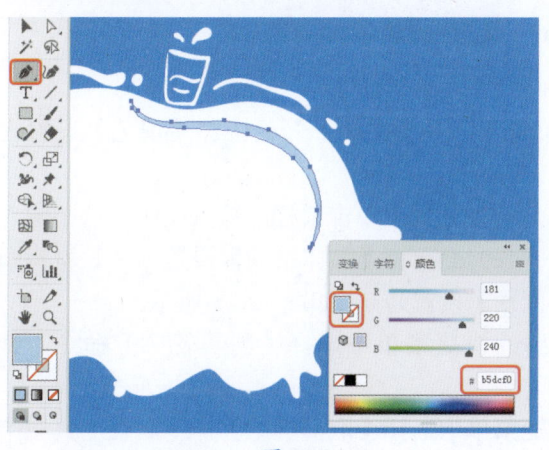

图 13-8

图 13-9

287

（9）在工具栏中单击【钢笔工具】按钮，在画板中绘制图形，如图13-10所示，在【颜色】面板中将【填色】设置为#e9f5fc。

（10）使用【钢笔工具】在画板中绘制四个图形，如图13-11所示。

图13-10 　　　　　　　　　　图13-11

（11）选中新绘制的四个图形，按Ctrl+G组合键，将其进行编组，按住Alt键对该对象进行复制，如图13-12所示。

（12）在画板中选择如图13-13所示的图形，在【属性】面板中将【填色】设置为白色，将【描边】设置为白色，将【描边粗细】设置为6 pt。

图13-12 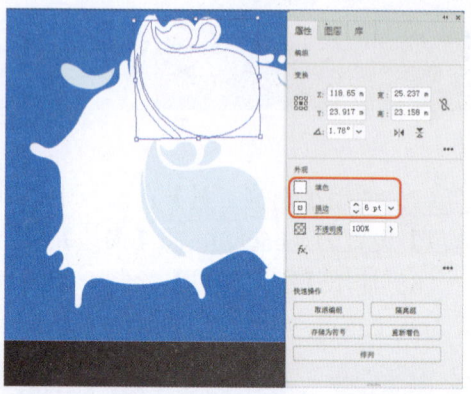　　　　　　　　　　图13-13

（13）将前面复制的对象调整至原来的位置上，在【属性】面板中将【填色】设置为#2096d4，效果如图13-14所示。

（14）在工具栏中单击【文字工具】按钮，在画板中单击鼠标，输入文字。选中输入的文字，在【属性】面板中将【填色】设置为#1e94d3，将【字体系列】设置为【长城特圆体】，将【字体大小】设置为48 pt，将【字符间距】设置为0，如图13-15所示。

（15）选中文字对象，右击鼠标，在弹出的快捷菜单中选择【创建轮廓】命令，如图13-16所示。

（16）再次在该对象上右击，在弹出的快捷菜单中选择【取消群组】命令。在工具栏中单击【直接选择工具】按钮，在画板中对创建轮廓的文字对象进行调整，效果如图13-17所示。

包装设计 第 13 章

图 13-14

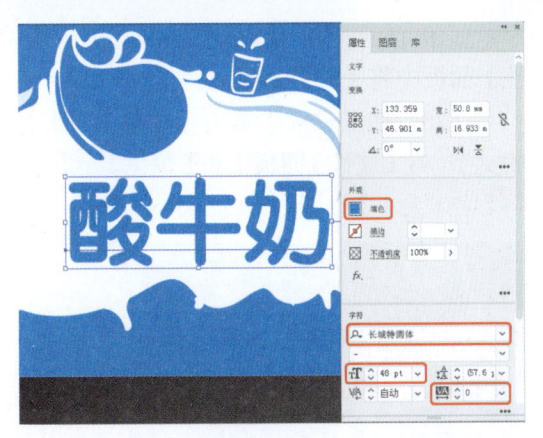

图 13-15

图 13-16

图 13-17

（17）在工具栏中单击【钢笔工具】按钮，在画板中绘制如图 13-18 所示的图形，在【属性】面板中将【填色】设置为 #1e94d3，将【描边】设置为白色，将【描边粗细】设置为 2 pt，并调整其位置。

（18）在画板中选中新绘制的图形，右击鼠标，在弹出快捷菜单中选择【排列】|【后移一层】命令，如图 13-19 所示。

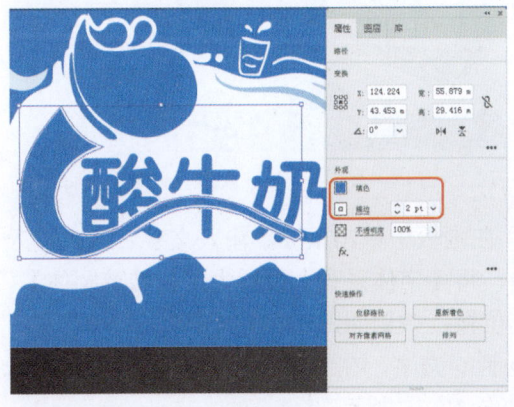

图 13-18

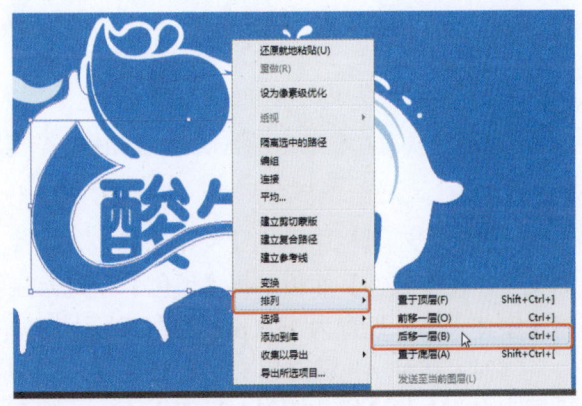

图 13-19

289

（19）在画板中选择调整后的图形与文字轮廓，按 Ctrl+G 组合键，将其进行编组，在【属性】面板中将【旋转】设置为 2°，如图 13-20 所示。

（20）在工具栏中单击【文字工具】按钮，在画板中单击鼠标，输入文字。选中输入的文字，在【属性】面板中将【填色】设置为 #34a1d7，将【字体系列】设置为【文鼎 CS 中黑】，将【字体大小】设置为 19 pt，将【旋转】设置为 2°，并在画板中调整其位置，如图 13-21 所示。

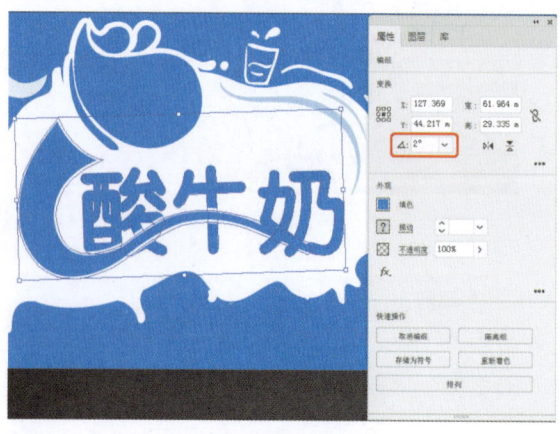

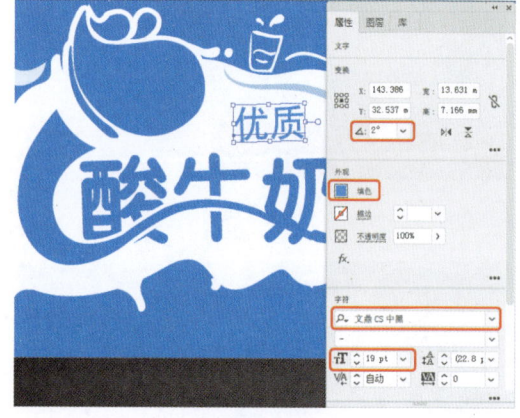

图 13-20　　　　　　　　　　图 13-21

（21）在工具栏中单击【文字工具】按钮，在画板中单击鼠标，输入文字。选中输入的文字，在【属性】面板中将【填色】设置为白色，将【字体系列】设置为【方正水柱简体】，将【字体大小】设置为 28 pt，将【旋转】设置为 7°，并在画板中调整其位置，如图 13-22 所示。

（22）在工具栏中单击【文字工具】按钮，在画板中单击鼠标，输入文字。选中输入的文字，在【属性】面板中将【填色】设置为白色，将【字体系列】设置为【方正水柱简体】，将【字体大小】设置为 10 pt，将【旋转】设置为 8°，并在画板中调整其位置，如图 13-23 所示。

图 13-22　　　　　　　　　　图 13-23

（23）在工具栏中单击【文字工具】按钮，在画板中单击鼠标，输入文字。选中输入的文字，在【属性】面板中将【填色】设置为白色，将【字体系列】设置为【长城特圆体】，将【字体大小】设置为 35.8 pt，并在画板中调整其位置，效果如图 13-24 所示。

（24）按住 Alt 键对该文字进行复制，选中复制的文字，在【属性】面板中将【描边】设置为白色，将【描边粗细】设置为 10 pt，效果如图 13-25 所示。

包装设计 第 13 章

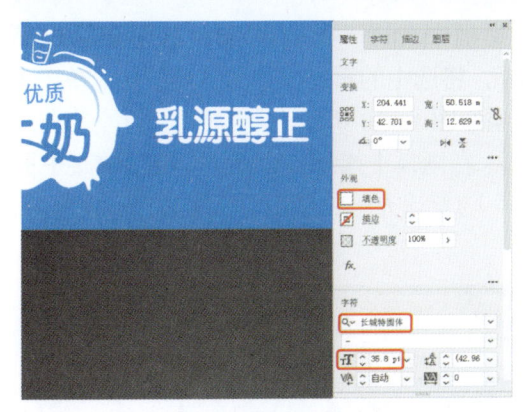

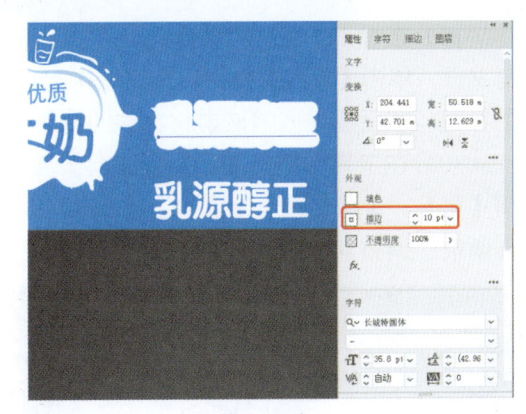

图 13-24

图 13-25

（25）再对添加描边后的文字进行复制，选中复制后的对象，在【属性】面板中将【描边】设置为#2096d4，将【描边粗细】设置为 5 pt，效果如图 13-26 所示。

（26）设置完成后，将第一次复制的文字调整至原来的位置，并将图层置于顶层，效果如图 13-27 所示。

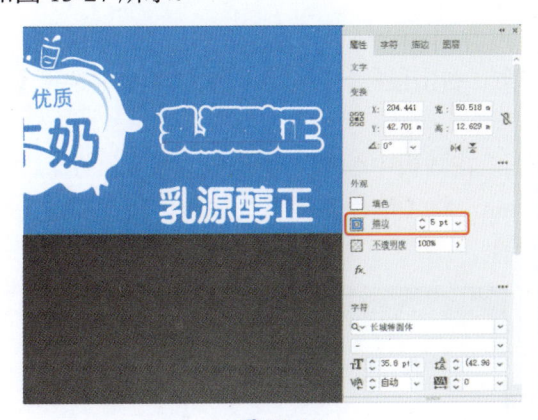

图 13-26

图 13-27

（27）选中创建完成后的文字，按 Ctrl+G 组合键进行编组，在【属性】面板中将【旋转】设置为 5°，效果如图 13-28 所示。

（28）使用同样的方法输入其他文字，并对其进行相应的调整，效果如图 13-29 所示。

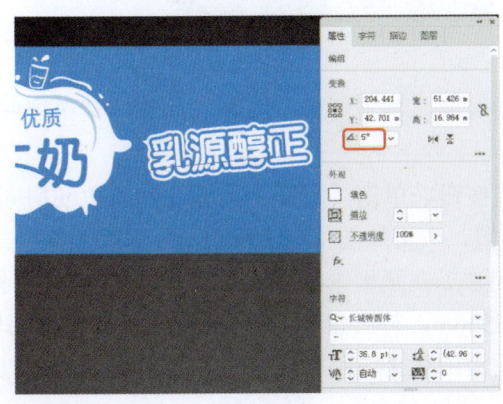

图 13-28

图 13-29

（29）按 Shift+Ctrl+P 组合键，在弹出的对话框中选择"素材\Cha13\酸奶素材 01.ai"素材文件，单击【置入】按钮，在画板中单击鼠标，将选中的素材文件置入画板中，单击【嵌入】按钮，在画板中调整该素材文件的位置，效果如图 13-30 所示。

（30）在工具栏中单击【矩形工具】按钮，在画板中绘制一个矩形，在【属性】面板中将【宽】、【高】分别设置为 260 mm、65 mm，随意填充一种颜色，将【描边】设置为无，并在画板中调整其位置，效果如图 13-31 所示。

图 13-30 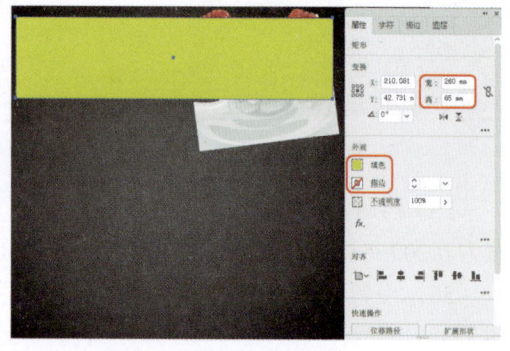　　　　　　　　　　　图 13-31

（31）在画板中选中除黑色背景外的其他对象，右击鼠标，在弹出的快捷菜单中选择【建立剪切蒙版】命令，如图 13-32 所示。

（32）在工具栏中单击【矩形工具】按钮，在画板中绘制一个矩形，在【属性】面板中将【宽】、【高】分别设置为 260 mm、130 mm，将【填色】设置为白色，将【描边】设置为无，并在画板中调整其位置，如图 13-33 所示。

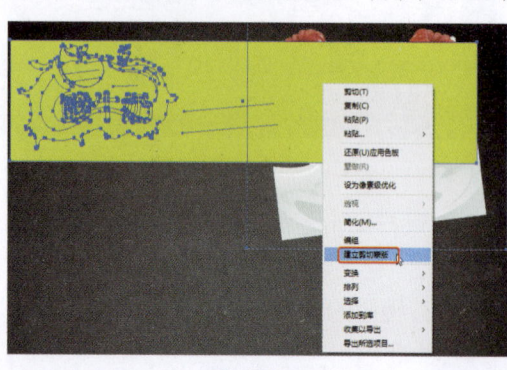

图 13-32 　　　　　　　　　　　图 13-33

（33）在画板中选择前面建立剪切蒙版后的对象，右击鼠标，在弹出的快捷菜单中选择【变换】|【镜像】命令，如图 13-34 所示。

（34）在弹出的对话框中选择【水平】单选按钮，单击【复制】按钮，然后再使用同样的方法对镜像的对象进行垂直翻转，并调整其位置，效果如图 13-35 所示。

（35）在工具栏中单击【圆角矩形工具】按钮，在画板中绘制一个圆角矩形，在【变换】面板中将【宽】、【高】分别设置为 130 mm、65 mm，将圆角半径取消链接，并将其分别设置为 5 mm、5 mm、0 mm、0 mm，在【颜色】面板中将【填色】设置为 #2096d4，将【描边】设置为无，如图 13-36 所示。

（36）在工具栏中单击【文字工具】按钮 T.，在画板中绘制一个文本框，输入文字。选中输入的文字，在【属性】面板中将【填色】设置为白色，将【字体系列】设置为【微软雅黑】，将【字体大小】设置为 11 pt，效果如图 13-37 所示。

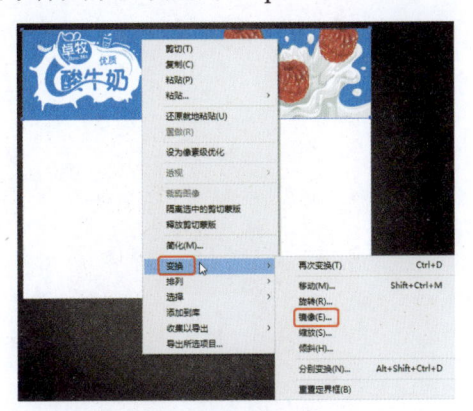

图 13-34

图 13-35

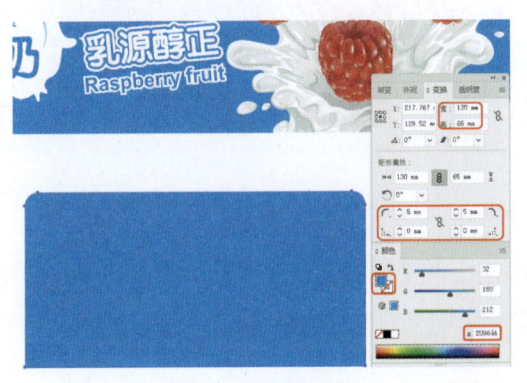

图 13-36

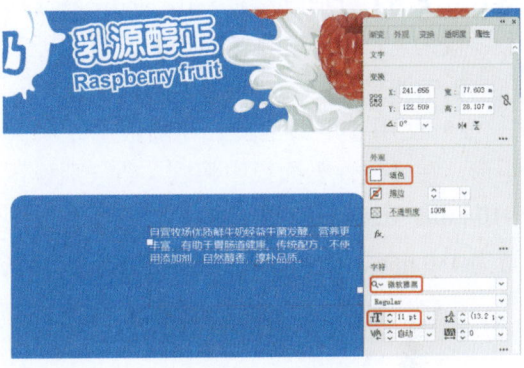

图 13-37

（37）使用同样的方法创建其他图形和文字，并对创建的图形与文字进行编组，在画板中调整其位置与角度，效果如图 13-38 所示。

（38）根据前面介绍的方法在画板中制作其他内容，并进行相应的调整，然后将"酸奶素材 02.ai"素材文件置入文档中，效果如图 13-39 所示。

图 13-38

图 13-39

293

案例精讲 107　月饼包装设计

本案例将介绍如何制作月饼包装，首先使用【矩形工具】、【文字工具】制作出月饼包装封面，然后置入相应的素材文件，并使用【钢笔工具】制作月饼包装边框，完成后的效果如图 13-40 所示。

（1）按 Ctrl+N 组合键，在弹出的对话框中将【单位】设置为【毫米】，将【宽度】、【高度】分别设置为 820 mm、960 mm，将【颜色模式】设置为【RGB 颜色】，单击【创建】按钮。在工具栏中单击【矩形工具】按钮，在画板中绘制一个矩形，在【属性】面板中将【宽】、【高】分别设置为 820、960，将【填色】设置为 #a6a6a6，将【描边】设置为无，并在画板中调整其位置，如图 13-41 所示。

（2）使用【矩形工具】在画板中绘制一个矩形，在【属性】面板中将 X、Y 分别设置为 410 mm、628 mm，将【宽】、【高】分别设置为 450 mm、320 mm，将【填色】设置为 #c81d1d，将【描边】设置为无，如图 13-42 所示。

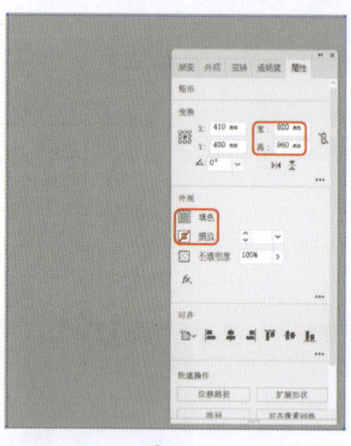

图 13-40

图 13-41 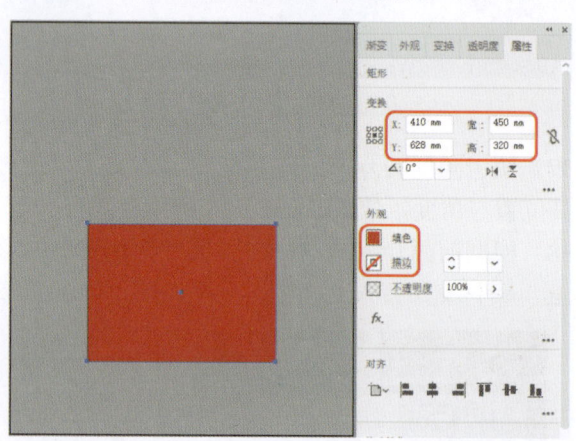　　　　　　图 13-42

（3）按 Shift+Ctrl+P 组合键，在弹出的对话框中选择"素材 \Cha13\ 底纹 .psd"素材文件，单击【置入】按钮，在画板中调整其位置，在【属性】面板中将【不透明度】设置为 10%，单击【嵌入】按钮，如图 13-43 所示。

（4）在弹出的对话框中使用默认设置，单击【确定】按钮。使用【矩形工具】在画板中绘制一个矩形，在【属性】面板中将 X、Y 分别设置为 410 mm、575 mm，将【宽】、【高】分别设置为 118 mm、214 mm，将【填色】设置为白色，将【描边】设置为无，如图 13-44 所示。

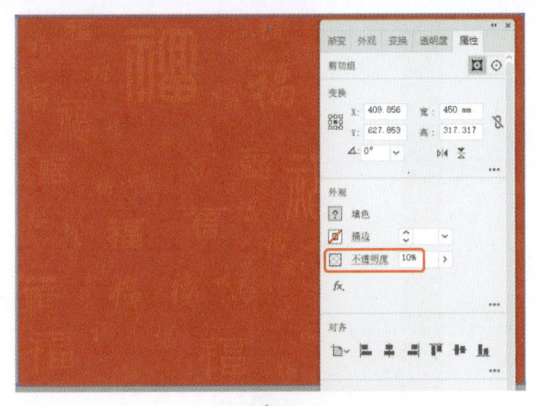

图 13-43 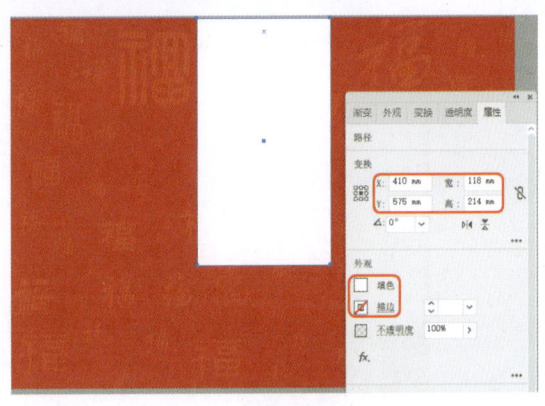　　　　　　　　　　　　图 13-44

（5）将"月饼素材 01.png"素材文件置入文档中，并将其嵌入，在画板中调整其位置，如图 13-45 所示。

（6）在画板中绘制一个【宽】、【高】分别为 118 mm、214 mm 的矩形，并为其填充任意一种颜色。选中绘制的矩形与置入的素材文件，右击鼠标，在弹出的快捷菜单中选择【建立剪切蒙版】命令，如图 13-46 所示。

图 13-45 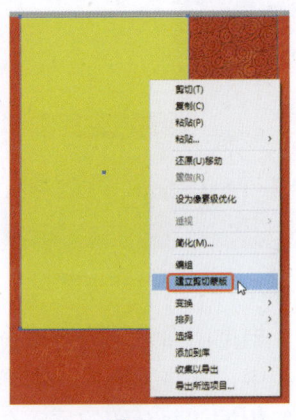　　　　　　　　　　　　图 13-46

（7）选中创建剪切蒙版后的对象，在【属性】面板中将【不透明度】设置为 30%，如图 13-47 所示。

（8）在工具栏中单击【直排文字工具】按钮，在画板中单击鼠标，输入文字。选中输入的文字，在【属性】面板中将【填色】设置为 #040000，将【字体系列】设置为【方正黄草简体】，将【字体大小】设置为 140 pt，将【字符间距】设置为 -200，并在画板中调整其位置，如图 13-48 所示。

（9）使用【选择工具】选择创建的文字，按住 Alt 键拖动鼠标对选中的文字进行复制，并对复制的文字内容进行修改，效果如图 13-49 所示。

（10）在工具栏中单击【文字工具】按钮，在画板中单击鼠标，输入文字。选中输入的文字，在【属性】面板中将【填色】设置为 #231815，将【不透明度】设置为 50%，将【字体系列】设置为【方正粗宋简体】，将【字体大小】设置为 21 pt，将【字符间距】设置为 -10，将【旋转】设置为 270°，并在画板中调整其位置，效果如图 13-50 所示。

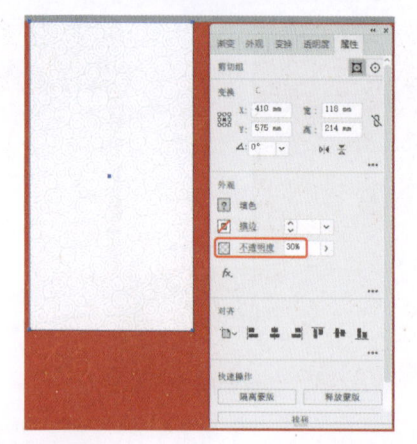

图 13-47

图 13-48

图 13-49

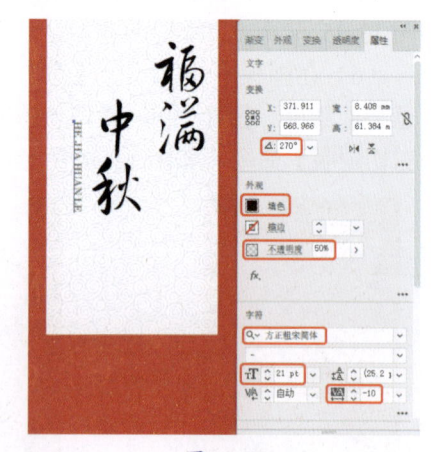

图 13-50

（11）根据前面介绍的方法将"祥云.ai""月饼素材02.png""月饼素材03.ai"素材文件置入文档中，并将其嵌入，在画板中调整其位置，效果如图13-51所示。

（12）根据前面介绍的方法在画板中制作如图13-52所示的内容，并进行相应的设置。

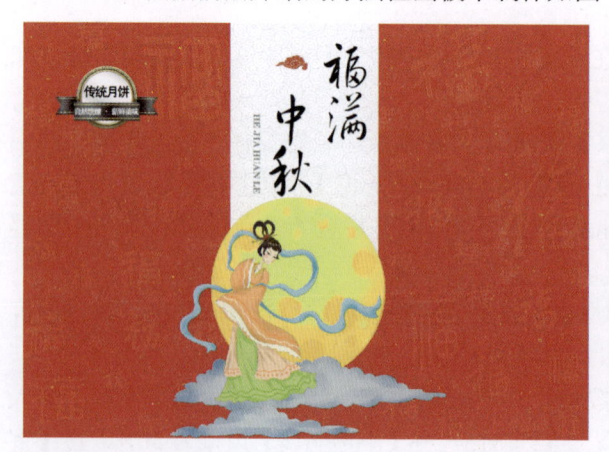

图 13-51

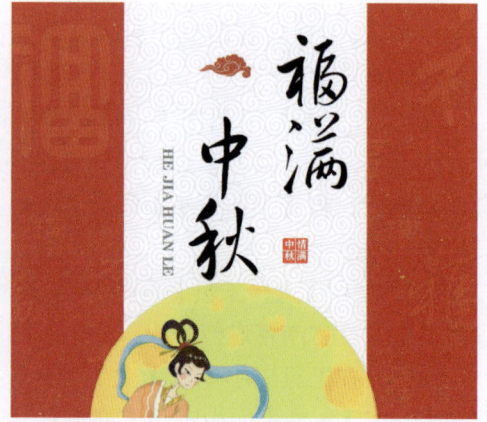

图 13-52

（13）在工具栏中单击【直排文字工具】按钮，在画板中单击鼠标，输入文字。选中输入的文字，在【属性】面板中将【填色】设置为白色，将【字体系列】设置为【方正粗宋简体】，将【字体大小】设置为 21 pt，将【字符间距】设置为 75，并在画板中调整其位置，效果如图 13-53 所示。

（14）在工具栏中单击【直排文字工具】按钮，在画板中绘制一个文本框，输入文字。选中输入的文字，在【属性】面板中将【填色】设置为白色，将【字体系列】设置为 Adobe 宋体 Std L，将【字体大小】设置为 18 pt，将【行距】设置为 48，将【字符间距】设置为 200，并在画板中调整其位置，效果如图 13-54 所示。

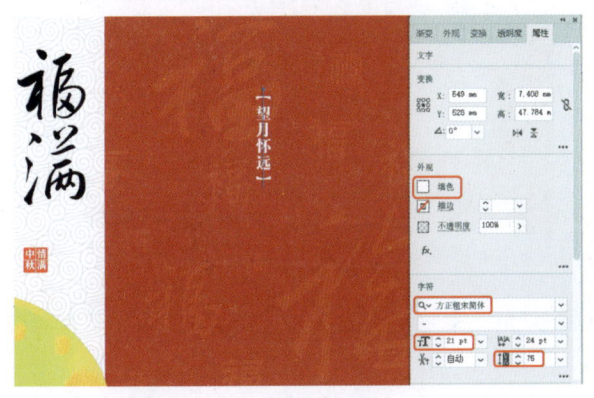

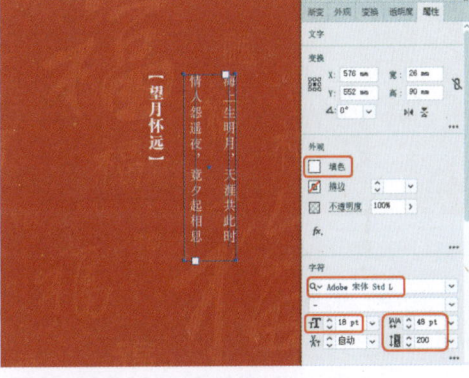

图 13-53

图 13-54

（15）在工具栏中单击【直线段工具】按钮，在画板中按住 Shift 键绘制两条垂直直线，在【属性】面板中将【高】设置为 82 mm，将【填色】设置为无，将【描边】设置为白色，将【描边粗细】设置为 1 pt，并在画板中调整其位置，效果如图 13-55 所示。

（16）根据前面介绍的方法在画板中输入其他文字，并进行相应的设置，效果如图 13-56 所示。

图 13-55

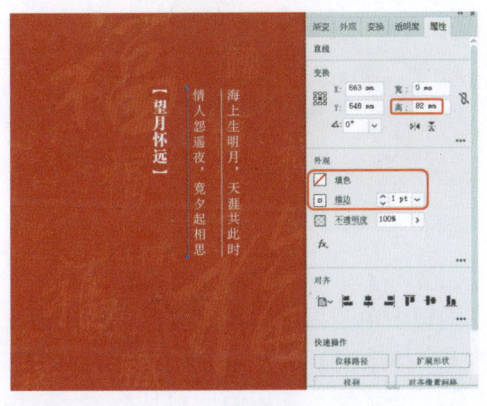

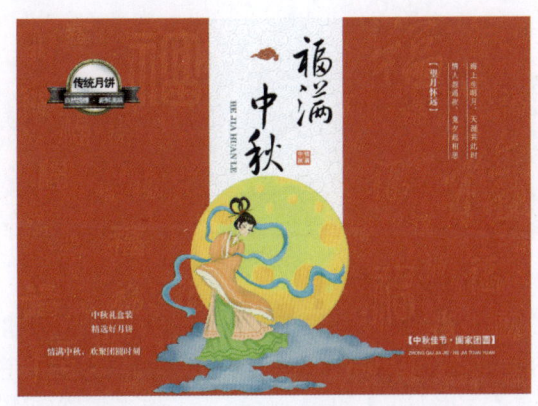

图 13-56

（17）在工具栏中单击【圆角矩形工具】按钮，在画板中绘制一个圆角矩形，在【变换】面板中将【宽】、【高】分别设置为 78 mm、32 mm，将所有的【圆角半径】均设置为 2 mm，在【颜色】面板中将【填色】设置为无，将【描边】设置为 #ffffff，并在画板中调整其位置，效果如图 13-57 所示。

297

（18）使用【圆角矩形工具】▢在画板中绘制一个圆角矩形，在【变换】面板中将【宽】、【高】均设置为32 mm，将所有的【圆角半径】均设置为2 mm，在【颜色】面板中将【填色】设置为#ffffff，将【描边】设置为无，并在画板中调整其位置，效果如图13-58所示。

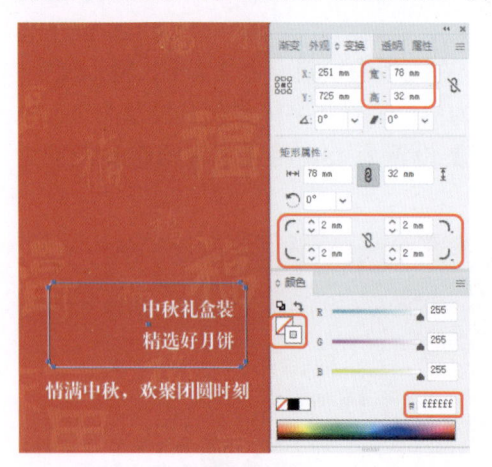

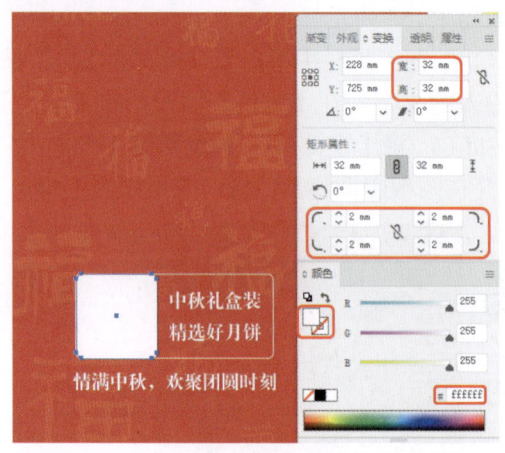

图13-57

图13-58

（19）根据前面介绍的方法将"月饼素材04.ai"素材文件置入文档中，并将其嵌入，在画板中调整其位置，效果如图13-59所示。

（20）在工具栏中单击【矩形工具】按钮▢，在画板中绘制一个矩形，在【属性】面板中将【X】、【Y】分别设置为410 mm、848 mm，将【宽】、【高】分别设置为450 mm、120 mm，将【填色】设置为#c81d1d，将【描边】设置为无，如图13-60所示。

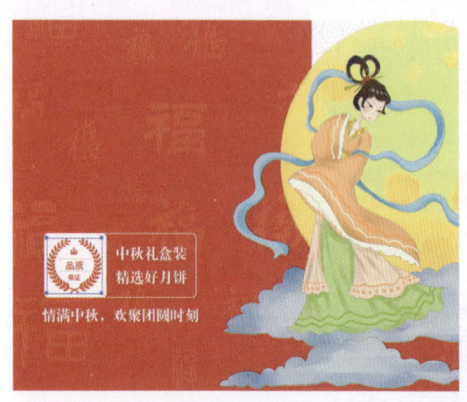

图13-59

图13-60

（21）在工具栏中单击【文字工具】按钮 T，在画板中单击鼠标，输入文字。选中输入的文字，在【属性】面板中将【填色】设置为白色，将【字体系列】设置为【方正黄草简体】，将【字体大小】设置为109 pt，将【字符间距】设置为-100，并在画板中调整其位置，效果如图13-61所示。

（22）再次使用【文字工具】在画板中单击鼠标，输入文字。选中输入的文字，在【属性】面板中将【填色】设置为白色，将【字体系列】设置为【创艺简老宋】，将【字体大小】设置为22 pt，将【字符间距】设置为400，并在画板中调整其位置，效果如图13-62所示。

298

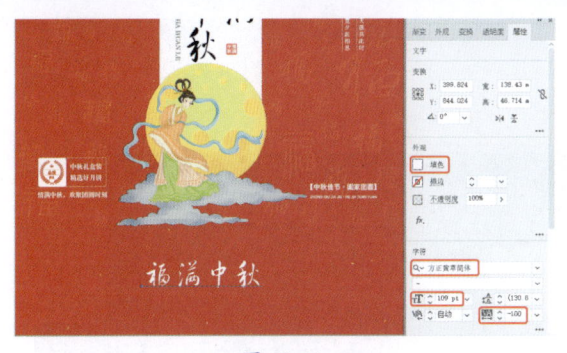

图 13-61

图 13-62

（23）在工具栏中单击【钢笔工具】按钮，在画板中绘制如图 13-63 所示的图形，在【属性】面板中将【填色】设置为白色，将【描边】设置为无，在画板中调整其位置。

（24）使用同样的方法在画板中绘制如图 13-64 所示的图形，并调整其位置。

图 13-63

图 13-64

（25）根据前面介绍的方法在画板中制作其他内容，效果如图 13-65 所示。

（26）在工具栏中单击【矩形工具】按钮，在画板中绘制两个【宽】、【高】分别为 450 mm、320 mm 的矩形，在【属性】面板中将【填色】设置为无，将【描边】设置为黑色，将【描边粗细】设置为 2 pt，并在画板中调整其位置，如图 13-66 所示。

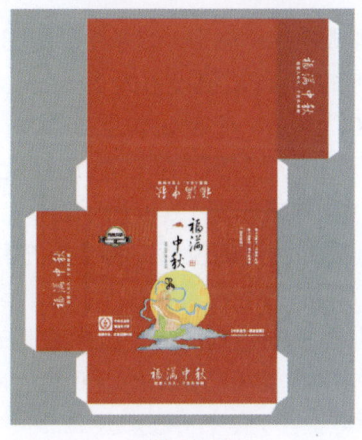

图 13-65

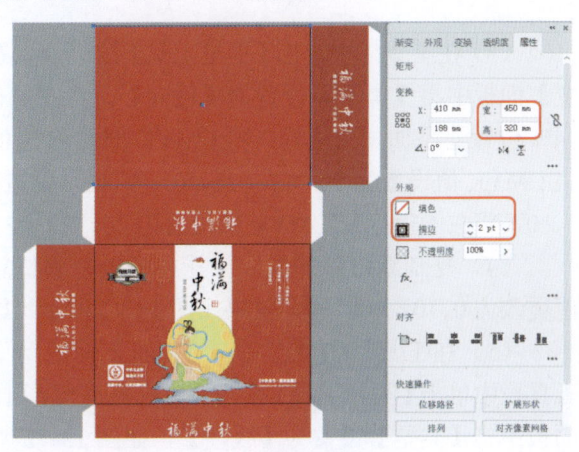

图 13-66

299

案例精讲 108　牙膏包装设计

本案例来介绍如何制作牙膏包装，效果如图 13-67 所示。

（1）按 Ctrl+N 组合键，在弹出的对话框中将【单位】设置为【毫米】，将【宽度】、【高度】分别设置为 340 mm、215 mm，将【颜色模式】设置为【CMYK 颜色】，单击【创建】按钮，如图 13-68 所示。

（2）在工具栏中单击【矩形工具】按钮，在画板中绘制一个矩形，在【变换】面板中将【宽】、【高】分别设置为 210 mm、50 mm，在【渐变】面板中将【类型】设置为【线性】，将左侧色标的 CMYK 值设置为 73、24、6、0，将右侧色标的 CMYK 值设置为 100、41、0、0，将【描边】设置为无，并在画板中调整其位置，效果如图 13-69 所示。

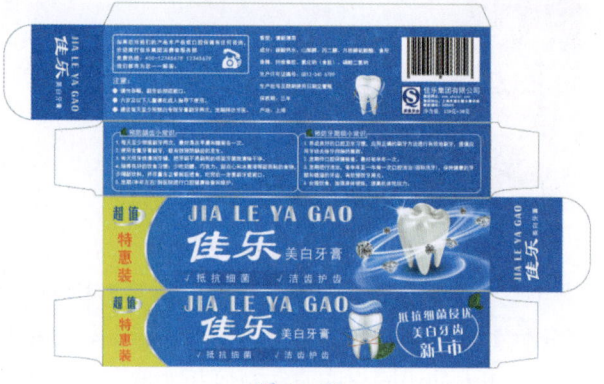

图 13-67

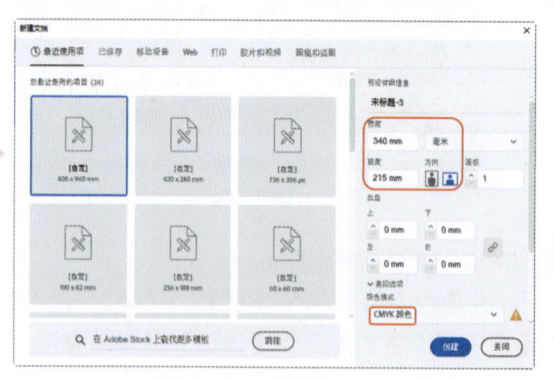

图 13-68

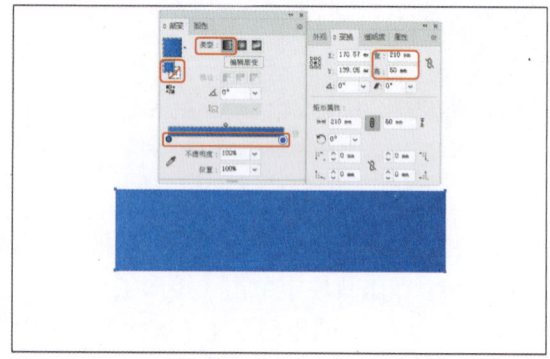

图 13-69

（3）在工具栏中单击【钢笔工具】按钮，在画板中绘制图形。选择绘制的图形，在【渐变】面板中将【类型】设置为【径向】，将左侧色标的 CMYK 值设置为 29、23、21、0，在 24% 位置处添加一个色标，将 CMYK 值设置为 0、0、0、0，在 56% 位置处添加一个色标，将 CMYK 值设置为 29、23、21、0，在 80% 位置处添加一个色标，将 CMYK 值设置为 0、0、0、0，将右侧色标的 CMYK 值设置为 29、23、21、0，效果如图 13-70 所示。

（4）复制新绘制的图形，并在画板中调整复制后的图形的位置，将【填充】的 CMYK 值更改为 0、0、100、0，效果如图 13-71 所示。

（5）在工具栏中单击【钢笔工具】按钮，在画板中绘制图形。选中绘制的图形，在工具栏中单击【吸管工具】按钮，在渐变图形上单击，为其填充相同的渐变颜色，在【渐变】面板中将【类型】设置为【线性】，如图 13-72 所示。

（6）在工具栏中单击【文字工具】按钮，在画板中输入文字。选择输入的文字，在【属性】面板中将【填充】的 CMYK 值设置为 100、41、0、0，将【字体系列】设置为【方正美黑简体】，将【字体大小】设置为 22.5 pt，将【字符间距】设置为 0，并在画板中调整其位置，如图 13-73 所示。

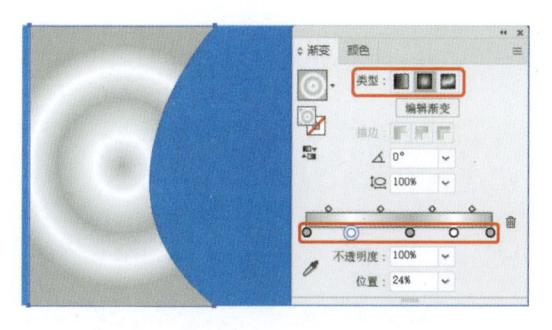

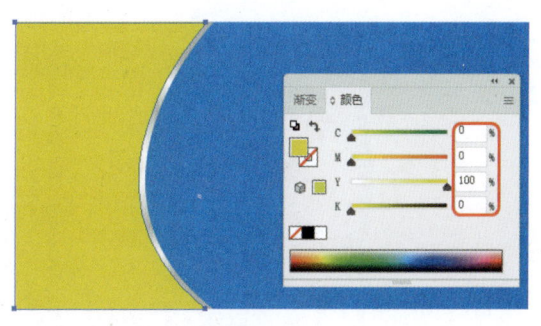

图 13-70

图 13-71

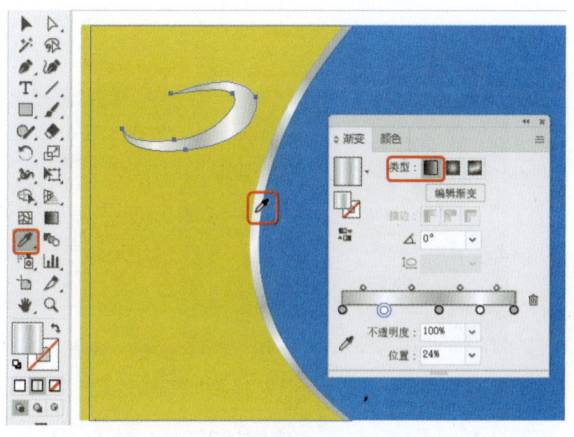

图 13-72

图 13-73

（7）在工具栏中单击【直排文字工具】按钮，在画板中输入文字。选中输入的文字，在【属性】面板中将【填色】的 CMYK 值设置为 0、90、95、0，将【字体系列】设置为【方正大黑简体】，将【字体大小】设置为 24 pt，将【字符间距】设置为 100，并在画板中调整其位置，如图 13-74 所示。

（8）使用【文字工具】按钮在画板中输入文字，并选择输入的文字，在【字符】面板中将【字体系列】设置为 Britannic Bold，将【字体大小】设置为 34.6 pt，将【字符间距】设置为 100。选中输入的文字，右击鼠标，在弹出的快捷菜单中选择【创建轮廓】命令，在工具栏中单击【吸管工具】按钮，在"超值"下方的渐变图形上单击鼠标，为选中的文字填充渐变颜色，在画板中调整其位置，如图 13-75 所示。

（9）在工具栏中单击【文字工具】按钮，在画板中输入文字。选择输入的文字，在【属性】面板中将【填色】设置为白色，将【字体系列】设置为【方正隶书简体】，将【字体大小】设置为 75.7 pt，将【字符间距】设置为 0，并在画板中调整其位置，效果如图 13-76 所示。

（10）继续选中文字，在【变换】面板中将【倾斜】设置为 15°，效果如图 13-77 所示。

301

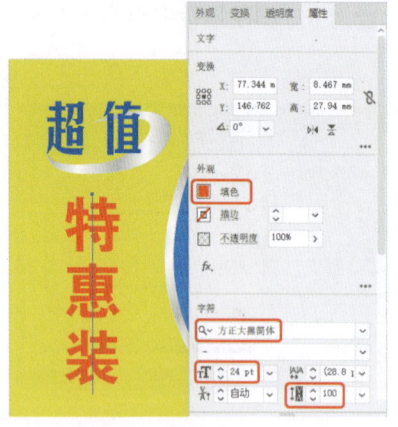

图 13-74 　　　　　　　　　　　　　图 13-75

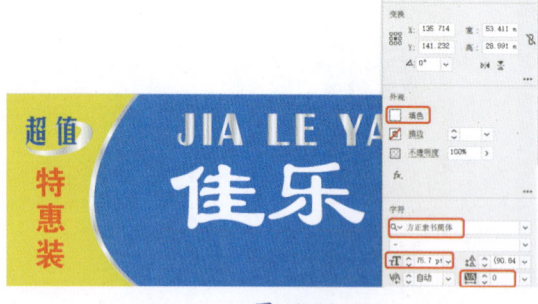

图 13-76 　　　　　　　　　　　　　图 13-77

（11）继续使用【文字工具】按钮，在画板中输入其他文字，效果如图 13-78 所示。

（12）在工具栏中单击【矩形工具】按钮，在画板中绘制一个矩形，然后选择绘制的矩形，在【渐变】面板中将【类型】设置为【线性】，将左侧色标的 CMYK 值设置为 100、41、0、0，将【不透明度】设置为 0，在 23% 位置处添加一个色标，将 CMYK 值设置为 100、41、0、0，在 50% 位置处添加一个色标，将 CMYK 值设置为 100、41、0、0，将右侧色标的 CMYK 值设置为 100、41、0、0，将【不透明度】设置为 0，在【变换】面板中将【宽】、【高】分别设置为 111 mm、8 mm，并在画板中调整其位置，效果如图 13-79 所示。

图 13-78 　　　　　　　　　　　　　图 13-79

包装设计　第 13 章

（13）在【图层】面板中将绘制的矩形移至文字的下方，效果如图 13-80 所示。

> 提示：
> 【图层】面板中图层的排列顺序，与在画板中创建图像的顺序是一致的，【图层】面板中顶层的对象，在画板中则排列在最上方，而最底层的对象，在画板中则排列在最底层，同一图层中的对象也是按照该顺序进行排列的。

（14）按 Ctrl+O 组合键，在弹出的对话框中选择"素材\Cha13\牙膏素材 01.ai"素材文件，单击【打开】按钮，即可打开选择的素材文件，然后在素材文件中选择如图 13-81 所示的对象。

图 13-80　　　　　　图 13-81

（15）按 Ctrl+C 组合键复制选择的对象，返回到当前制作的场景中，按 Ctrl+V 组合键粘贴选择的对象，并调整复制后的对象的位置，效果如图 13-82 所示。

（16）在工具栏中单击【矩形工具】按钮，在画板中绘制一个矩形，在【属性】面板中将【宽】、【高】分别设置为 94 mm、50 mm，为其填充任意一种颜色，并在画板中调整其位置，效果如图 13-83 所示。

图 13-82　　　　　　图 13-83

（17）在画板中选中绘制的矩形与粘贴的素材，右击鼠标，在弹出的快捷菜单中选择【建立剪切蒙版】命令，如图 13-84 所示。

（18）在画板中对如图 13-85 所示的对象进行复制，并调整复制后的对象的大小与位置。

（19）在工具栏中单击【文字工具】按钮，在画板中输入文字。选择输入的文字，在【属性】面板中将【旋转】设置为 4.3°，将【填色】设置为白色，将【字体系列】设置为【方正粗倩简体】，将【字体大小】设置为 16.5 pt，将【字符间距】设置为 200，并在画板中调整其位置，效果如图 13-86 所示。

303

（20）使用同样的方法输入其他文字，然后使用【钢笔工具】绘制图形，效果如图 13-87 所示。

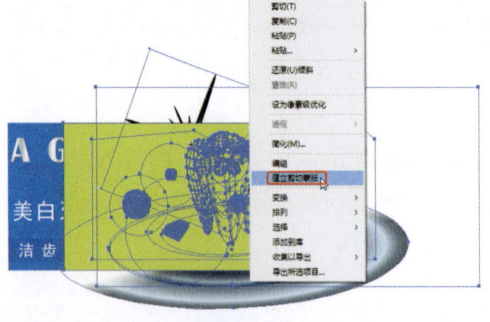

图 13-84

图 13-85

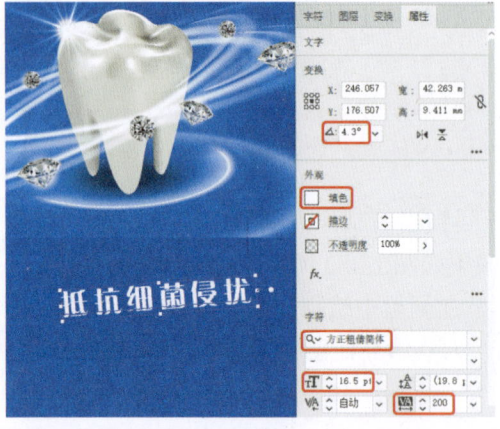

图 13-86

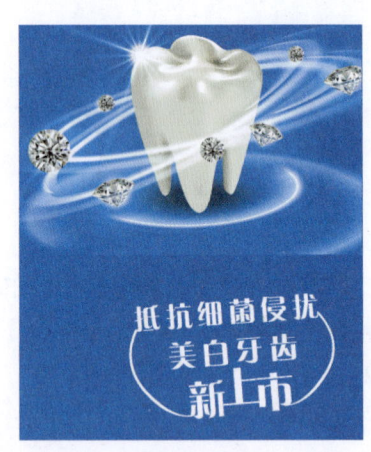

图 13-87

（21）切换至"牙膏素材 01.ai"素材文件中，在画板中选择如图 13-88 所示的对象，按 Ctrl+C 组合键进行复制。

（22）切换至前面所制作的文档中，按 Ctrl+V 组合键将复制的对象进行粘贴，并调整其大小和位置，然后将"牙膏素材 02.png""牙膏素材 03.png"素材文件置入文档中，将其嵌入，并调整其大小与位置，效果如图 13-89 所示。

图 13-88

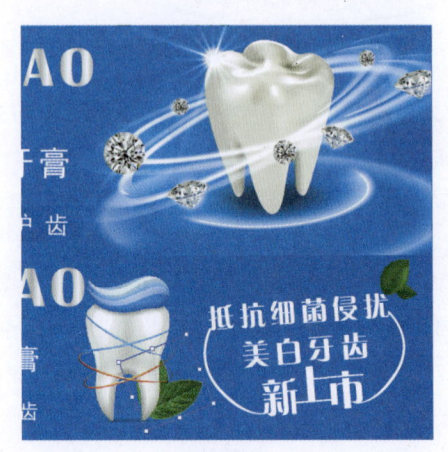

图 13-89

（23）在画板中选择两个渐变矩形，对其进行复制，然后调整其位置，效果如图 13-90 所示。

（24）在工具栏中单击【钢笔工具】按钮，在画板中绘制图形，并选择绘制的图形，在【属性】面板中将【填色】设置为白色，将【描边】设置为黑色，将【描边粗细】设置为 0.6 pt，效果如图 13-91 所示。

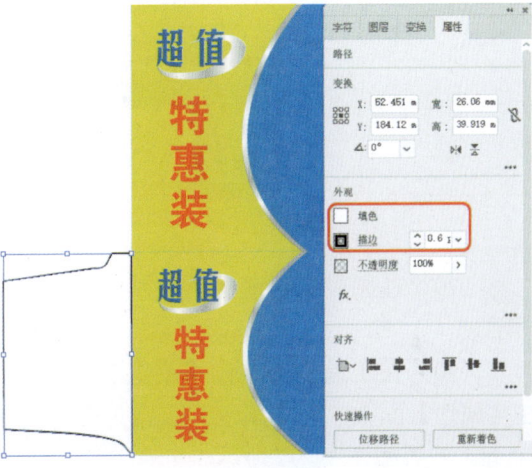

图 13-90

图 13-91

（25）在画板中选择新绘制的图形，按 Alt 键对其进行复制。选中复制的图形，在【属性】面板中将【旋转】设置为 180°，并在画板中调整其位置，如图 13-92 所示。

（26）在工具栏中单击【圆角矩形工具】按钮，在画板中绘制一个圆角矩形，在【变换】面板中将【宽】、【高】分别设置为 54 mm、50 mm，将所有的【圆角半径】均设置为 16 mm，在【颜色】面板中将【填色】设置为白色，将【描边】设置为黑色，在【描边】面板中将【描边粗细】设置为 0.6 pt，如图 13-93 所示。

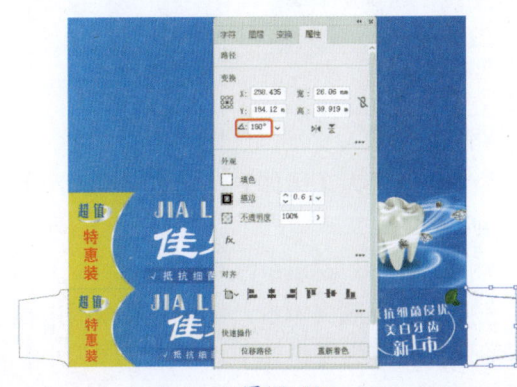

图 13-92

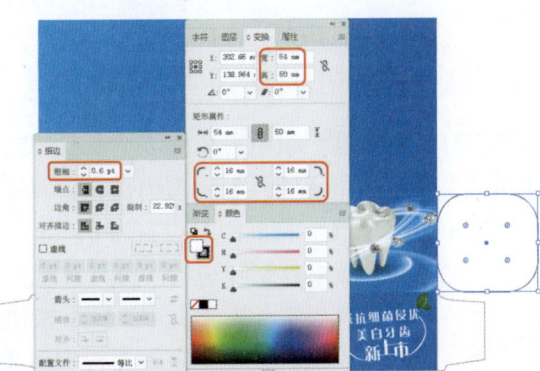

图 13-93

（27）在工具栏中单击【矩形工具】按钮，在画板中绘制一个矩形，在【属性】面板中将【宽】、【高】分别设置为 39 mm、50 mm，将【填色】的 CMYK 值设置为 100、41、0、0，将【描边】设置为无，在画板中调整其位置，如图 13-94 所示。

（28）在画板中对前面所制作的文字进行复制，并旋转其角度，如图 13-95 所示。

305

Illustrator CC 2023 平面创意设计案例课堂

图 13-94

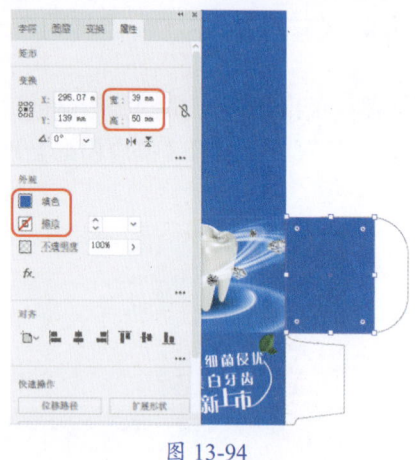

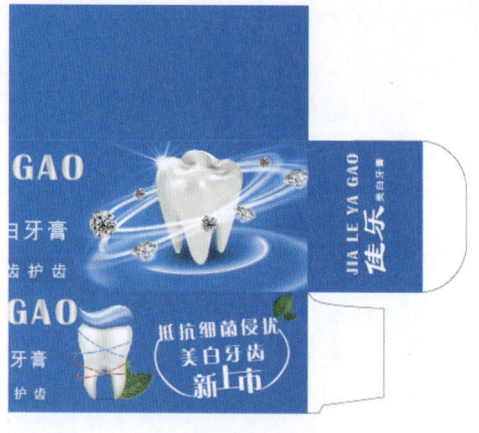

图 13-95

（29）在画板中对前面所绘制的图形与文字进行复制，并调整其角度，效果如图 13-96 所示。

（30）在工具栏中单击【钢笔工具】按钮，在画板中绘制图形，选择绘制的图形，在【属性】面板中将【填色】设置为白色，将【描边】设置为黑色，将【描边粗细】设置为 0.6 pt，效果如图 13-97 所示。

图 13-96

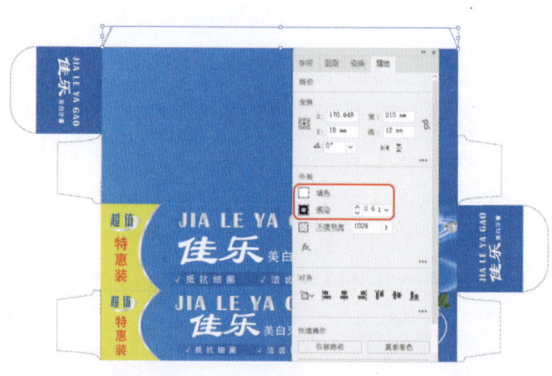

图 13-97

（31）在工具栏中单击【文字工具】按钮，在画板中输入文字。选择输入的文字，在【属性】面板中将【填色】设置为白色，将【字体系列】设置为【黑体】，将【字体大小】设置为 10 pt，将【字符间距】设置为 0，如图 13-98 所示。

（32）在画板中复制叶子的素材，并调整其大小和位置，效果如图 13-99 所示。

（33）在工具栏中单击【文字工具】按钮，在画板中绘制文本框，然后在文本框中输入内容。选中文本框，在【字符】面板中将【字体系列】设置为【黑体】，将【字体大小】设置为 8 pt，将【行距】设置为 12 pt，在【颜色】面板中将【填色】设置为白色，效果如图 13-100 所示。

（34）在工具栏中单击【圆角矩形工具】按钮，在画板中绘制一个圆角矩形，在【属性】面板中将【宽】、【高】分别设置为 100 mm、31 mm，将【填色】设置为无，将【描边】设置为白色，将【描边粗细】设置为 1 pt，在【变换】面板中将所有的【圆角半径】均设置为 3 mm，在画板中调整其位置，效果如图 13-101 所示。

包装设计 第 13 章

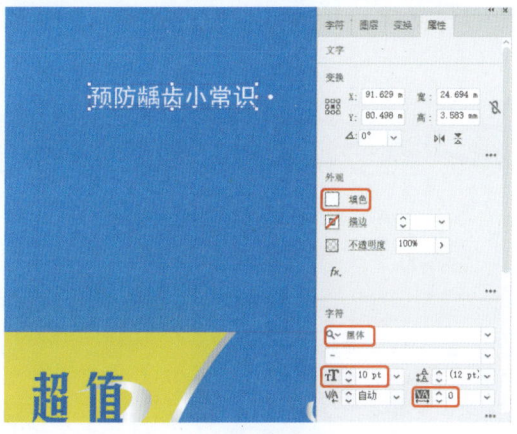

图 13-98

图 13-99

图 13-100

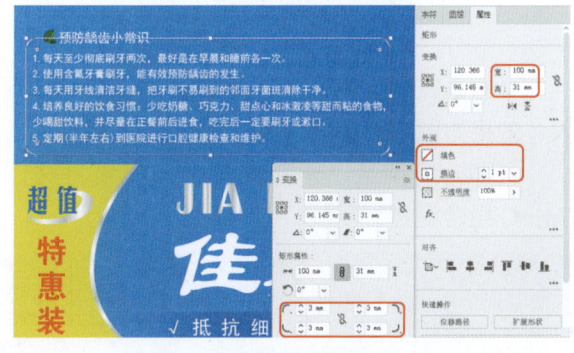

图 13-101

（35）在工具栏中单击【矩形工具】按钮，在画板中绘制一个矩形，在【属性】面板中将【宽】、【高】分别设置为 30 mm、5 mm，将【填色】设置为无，将【描边】设置为白色，将【描边粗细】设置为 1 pt，在画板中调整其位置，效果如图 13-102 所示。

（36）选择圆角矩形和矩形对象，在【路径查找器】面板中单击【减去顶层】按钮，如图 13-103 所示。

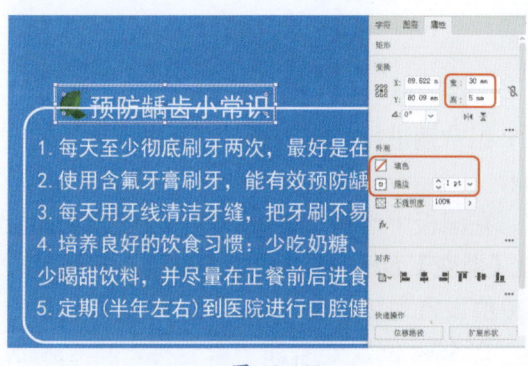

图 13-102

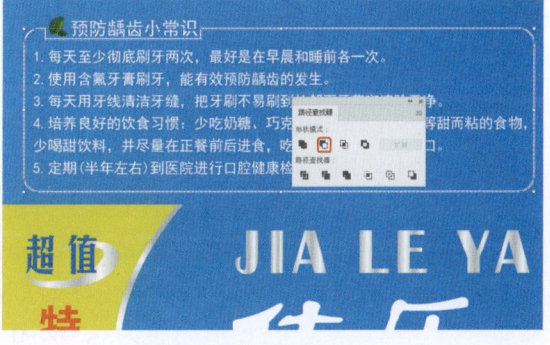

图 13-103

（37）根据前面介绍的方法在画板中继续输入文字并设置路径，复制叶子对象，效果如图 13-104 所示。

307

（38）使用同样的方法在画板中创建其他图形与文字，并进行相应的调整，效果如图 13-105 所示。

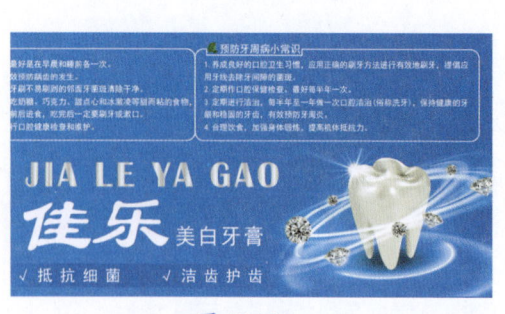

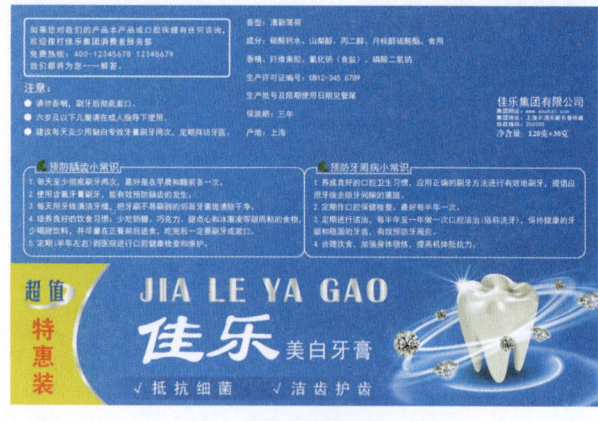

图 13-104

图 13-105

（39）在画板中将"牙膏素材 04.ai""牙膏素材 05.ai"素材文件置入文档中，并将其嵌入，效果如图 13-106 所示。

（40）切换至"牙膏素材 01.ai"素材文件中，选择如图 13-107 所示的牙齿对象，按 Ctrl+C 组合键进行复制。

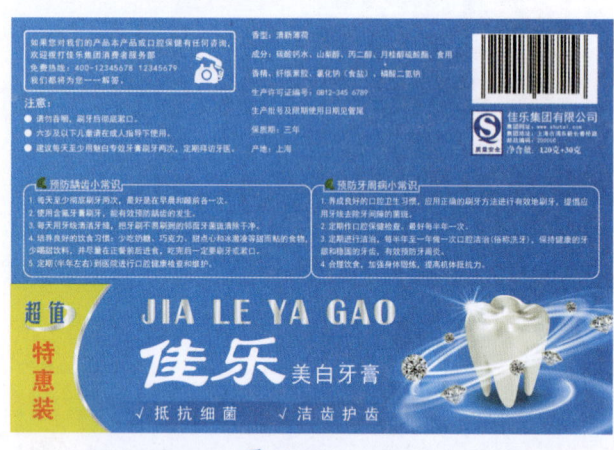

图 13-106

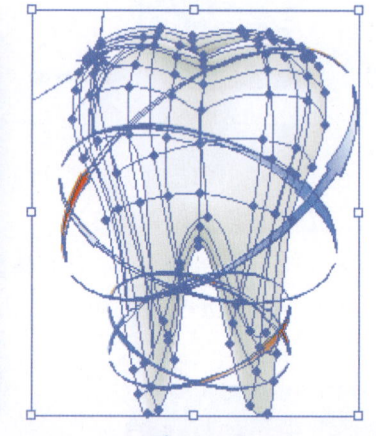

图 13-107

（41）切换至前面所制作的文档中，按 Ctrl+V 组合键进行粘贴，并在画板中调整其大小与位置，效果如图 13-108 所示。

（42）在工具栏中单击【矩形工具】按钮▭，在画板中绘制一个矩形，在【变换】面板中将【宽】、【高】分别设置为 210 mm、1 mm，在【渐变】面板中将【类型】设置为【径向】，将【长宽比】设置为 124%，将左侧色标的 CMYK 值设置为 29、23、21、0，在 24% 位置处添加一个色标，将 CMYK 值设置为 0、0、0、0，在 56% 位置处添加一个色标，将 CMYK 值设置为 29、23、21、0，在 80% 位置处添加一个色标，将 CMYK 值设置为 0、0、0、0，将右侧色标的 CMYK 值设置为 29、23、21、0，将【描边】设置为无，如图 13-109 所示。

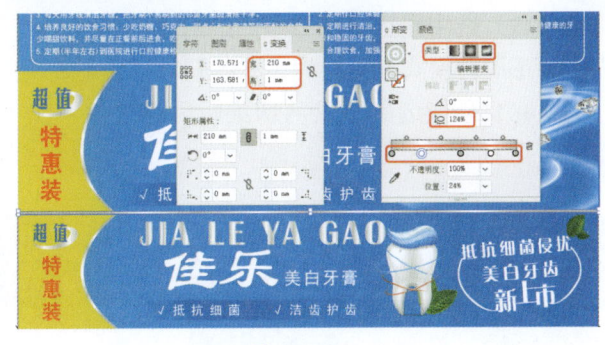

图 13-108

图 13-109

（43）在工具栏中单击【选择工具】按钮，选择矩形并进行复制，并进行相应的调整，效果如图 13-110 所示。

（44）根据前面介绍的方法将"牙膏素材 06.png"素材文件置入文档中，并将其嵌入，在【变换】面板中将【旋转】设置为 180°，在画板中调整其大小与位置，如图 13-111 所示。

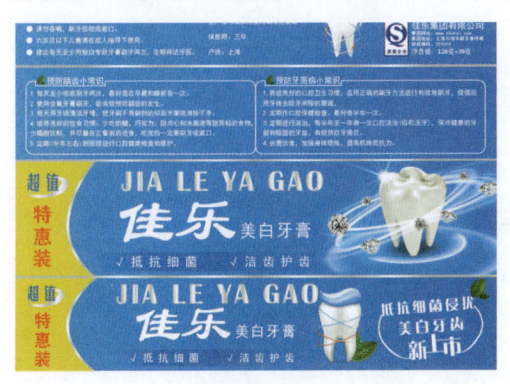

图 13-110

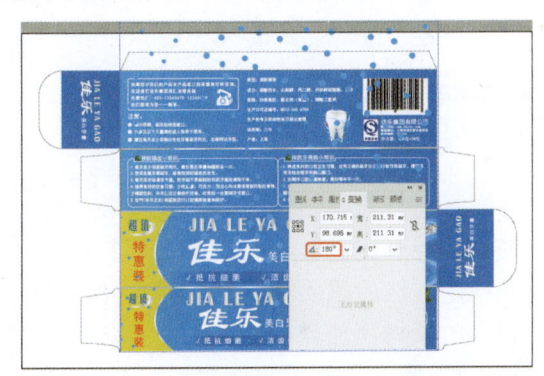

图 13-111

（45）在工具栏中单击【矩形工具】按钮，在画板中绘制一个矩形，在【属性】面板中将【宽】、【高】分别设置为 210 mm、180 mm，并为其填充任意一种颜色，将【描边】设置为无，并在画板中调整其位置，如图 13-112 所示。

（46）在画板中选择新绘制的矩形与"牙膏素材 06"素材文件，右击鼠标，在弹出的快捷菜单中选择【建立剪切蒙版】命令，如图 13-113 所示。

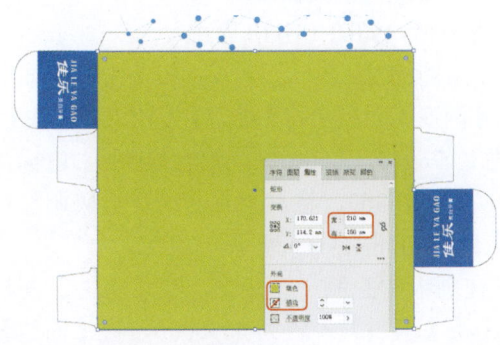

图 13-112

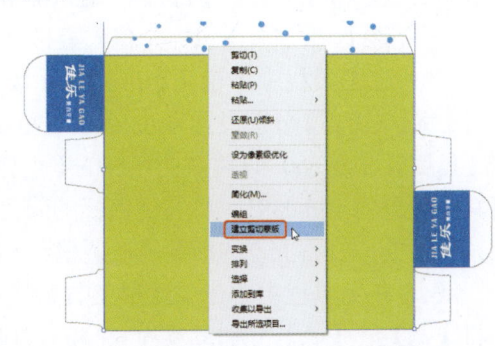

图 13-113

（47）选中建立剪切蒙版后的对象，在【外观】面板中单击【不透明度】，在弹出的列表中将【混合模式】设置为【滤色】，将【不透明度】设置为30%，如图13-114所示。

（48）继续选中建立剪切蒙版后的对象，在【图层】面板中调整其排放顺序，效果如图13-115所示。

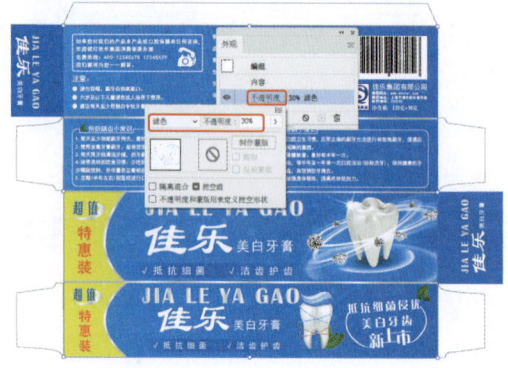

图 13-114

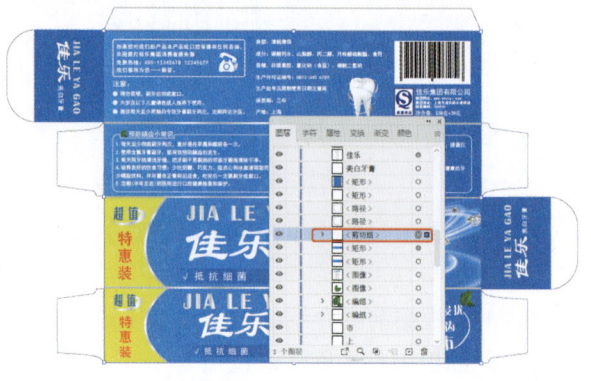

图 13-115

案例精讲109 坚果包装设计

本案例将介绍如何制作坚果包装，首先使用【矩形工具】与【文字工具】制作包装标题，然后置入相应的素材文件，并为置入的素材添加投影效果，使素材变得更加立体，效果如图13-116所示。

（1）按 Ctrl+N 组合键，在弹出的对话框中将【单位】设置为【毫米】，将【宽度】、【高度】分别设置为 570 mm、320 mm，将【颜色模式】设置为【RGB 颜色】，单击【创建】按钮，如图13-117所示。

图 13-116

（2）按 Shift+Ctrl+P 组合键，在弹出的对话框中选择"素材 \Cha13\ 坚果素材 01.jpg"素材文件，在画板中单击鼠标，置入素材文件并嵌入素材，如图13-118所示。

（3）在工具栏中单击【矩形工具】按钮▭，在画板中绘制一个矩形，在【属性】面板中将【宽】、【高】分别设置为 68 mm、170 mm，在【渐变】面板中将【类型】设置为【线性】，将【角度】设置为 0°，将左侧色标的颜色值设置为 #c7a94a，在 50% 位置处添加一个色标，将其值设置为 #ebd891，将右侧色标的颜色值设置为 #c7b363，将左上方的渐变滑块调整至22% 位置处，将右上方的渐变滑块调整至 81% 位置处，如图13-119所示。

（4）在工具栏中单击【矩形工具】按钮▭，在画板中绘制一个矩形，在【属性】面板中将【宽】、【高】分别设置为 63 mm、168 mm，将【填色】设置为 #030000，将【描边】设置为无，在画板中调整其位置，效果如图13-120所示。

310

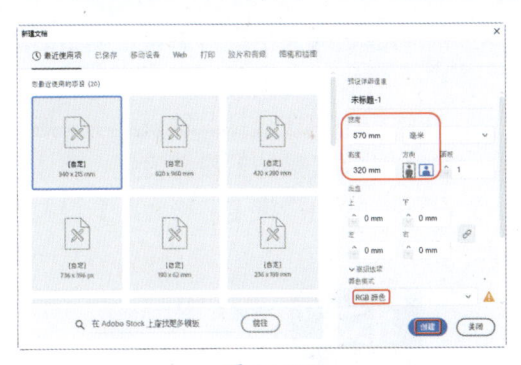

图 13-117

图 13-118

图 13-119

图 13-120

（5）在工具栏中单击【直排文字工具】按钮，在画板中单击鼠标，输入文字。选中输入的文字，在【属性】面板中将【填色】设置为 #f1db92，将【描边】设置为无，将【字体系列】设置为【长城粗圆体】，将【字体大小】设置为 108 pt，将【字符间距】设置为 0，并在画板中调整其位置，效果如图 13-121 所示。

（6）在工具栏中单击【选择工具】按钮，选中输入的文字，右击鼠标，在弹出的快捷菜单中选择【创建轮廓】命令，如图 13-122 所示。

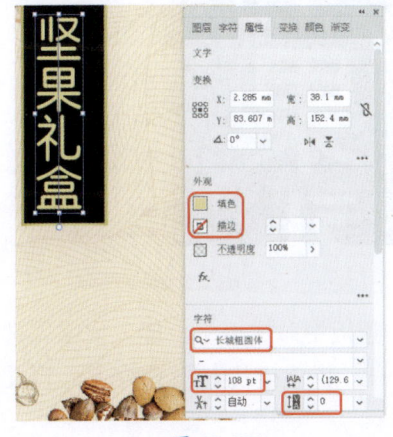

图 13-121

图 13-122

311

（7）在工具栏中单击【直接选择工具】按钮，在画板中对文字进行调整，调整后的效果如图13-123所示。

（8）在工具栏中单击【直排文字工具】按钮，在画板中单击鼠标，输入文字。选中输入的文字，在【属性】面板中将【填色】设置为#f0da91，将【描边】设置为无，将【字体系列】设置为【汉仪中隶书简】，将【字体大小】设置为19 pt，将【字符间距】设置为200，并在画板中调整其位置，效果如图13-124所示。

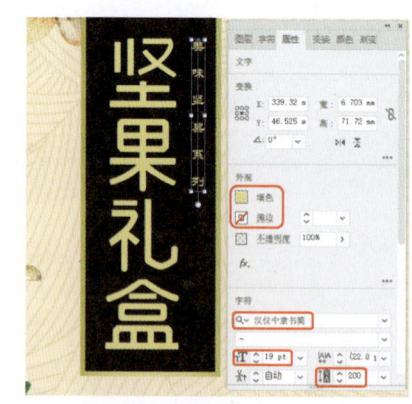

图 13-123

图 13-124

（9）在工具栏中单击【直线段工具】按钮，在画板中绘制多条斜线，在【属性】面板中将【填色】设置为无，将【描边】设置为#f0da91，将【描边粗细】设置为1 pt，并调整其位置，效果如图13-125所示。

（10）在工具栏中单击【圆角矩形工具】按钮，在画板中绘制一个圆角矩形，在【变换】面板中将【宽】、【高】分别设置为6.5 mm、7 mm，将所有的【圆角半径】均设置为1 mm，在【颜色】面板中将【填色】设置为#ae1e24，并在画板中调整其位置，效果如图13-126所示。

图 13-125

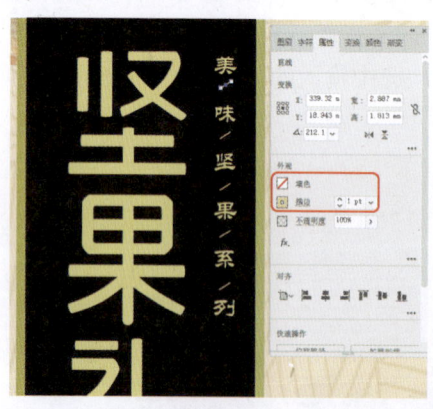

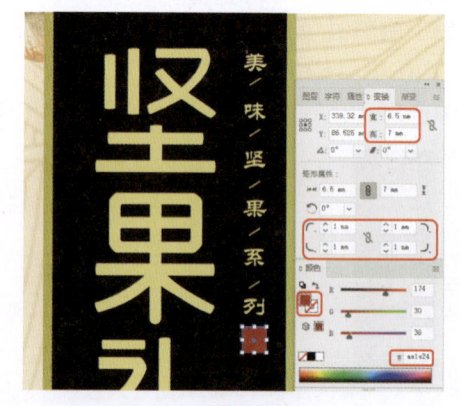

图 13-126

（11）在工具栏中单击【文字工具】按钮，在画板中单击鼠标，输入文字。选中输入的文字，在【属性】面板中将【填色】设置为#f0da91，将【描边】设置为无，将【字体系列】设置为【方正古隶简体】，将【字体大小】设置为 19 pt，在画板中调整其位置，效果如图 13-127 所示。

（12）在文字上右击鼠标，在弹出的快捷菜单中选择【创建轮廓】命令，如图 13-128 所示。

图 13-127

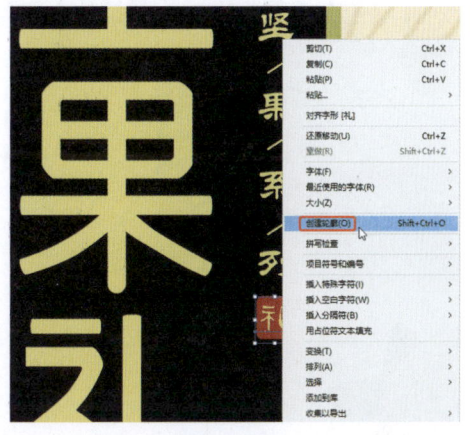

图 13-128

（13）选中创建轮廓的文字与圆角矩形，在【路径查找器】面板中单击【减去顶层】按钮，如图 13-129 所示。

（14）在工具栏中单击【文字工具】按钮，在画板中单击鼠标，输入文字。选中输入的文字，在【字符】面板中将【字体系列】设置为【方正大黑简体】，将【字体大小】设置为 9 pt，将【行距】设置为 10 pt，将【字符间距】设置为 0，单击【全部大写字母】按钮，在【颜色】面板中将【填色】设置为 #f0da91，在【变换】面板中将【旋转】设置为 270°，并在画板中调整其位置，效果如图 13-130 所示。

图 13-129

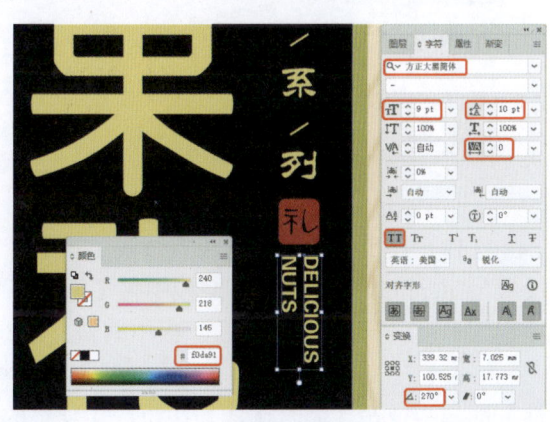

图 13-130

（15）根据前面介绍的方法在画板中创建其他图形与文字，效果如图 13-131 所示。

（16）按 Shift+Ctrl+P 组合键，置入"坚果素材 02.png""坚果素材 03.ai""坚果素材 04.ai"素材文件，并将其嵌入，在画板中调整其位置，效果如图 13-132 所示。

（17）在工具栏中单击【矩形工具】按钮，在画板中绘制一个矩形，在【属性】面板中将【宽】、【高】分别设置为 120 mm、320 mm，将【填色】设置为 #f3bc52，将【描边】设置为无，在画板中调整其位置，效果如图 13-133 所示。

313

（18）根据前面介绍的方法将"坚果素材 05.ai"素材文件置入文档中，并将其嵌入。在工具栏中单击【圆角矩形工具】按钮，在画板中绘制圆角矩形，在【变换】面板中将【宽】、【高】分别设置为 70 mm、150 mm，将所有的【圆角半径】均设置为 9 mm，在【颜色】面板中将【填色】设置为无，将【描边】设置为 #862720，如图 13-134 所示。

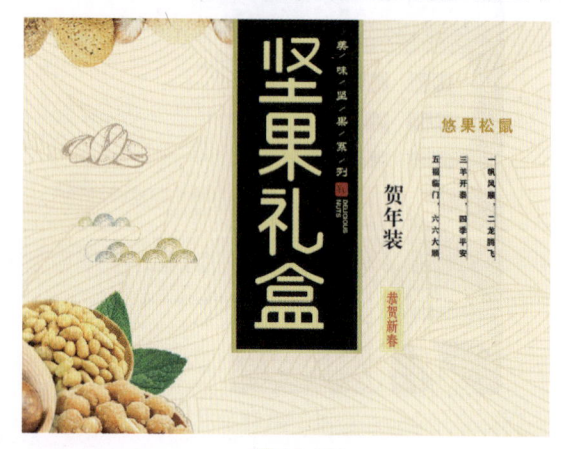

图 13-131

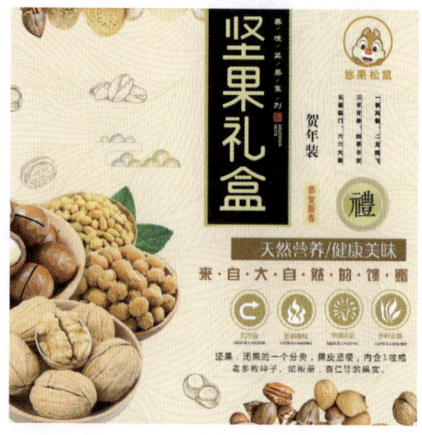

图 13-132

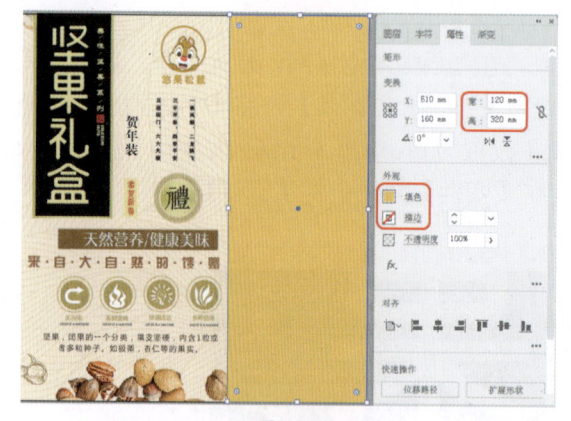

图 13-133

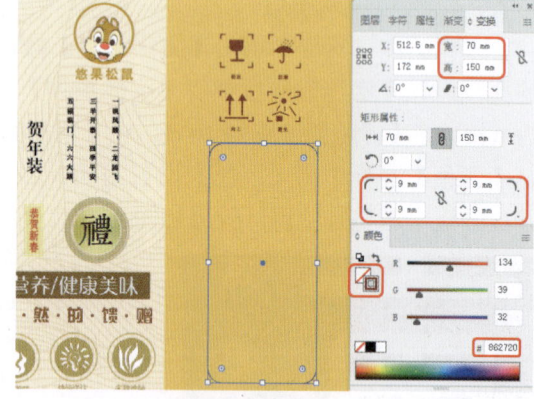

图 13-134

（19）在工具栏中单击【直线段工具】按钮，在画板中绘制两条水平直线，并将其宽设置为 70 mm，在【属性】面板中将【填色】设置为无，将【描边】设置为 #862720，将【描边粗细】设置为 1.3 pt，并在画板中调整其位置，效果如图 13-135 所示。

（20）在工具栏中单击【混合工具】按钮，在画板中分别单击绘制的两条直线，在【属性】面板中单击【混合选项】按钮，在弹出的对话框中将【间距】设置为【指定的步数】，将步数设置为 12，如图 13-136 所示。

（21）设置完成后单击【确定】按钮。在工具栏中单击【文字工具】按钮，在画板中绘制一个文本框，输入文字。选中输入的文字，在【属性】面板中将【填色】设置为 #862720，将【描边】设置为无，将【字体系列】设置为【微软雅黑】，将【字体大小】设置为 12.5 pt，将【行距】设置为 27.5 pt，将【字符间距】设置为 0，并在画板中调整其位置，效果如图 13-137 所示。

（22）根据前面介绍的方法将"坚果素材06.ai"素材文件置入文档中，并将其嵌入，然后调整其位置，效果如图13-138所示。

图 13-135

图 13-136

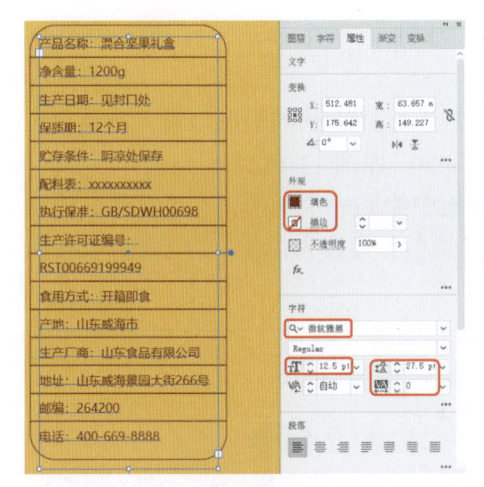

图 13-137

图 13-138

案例精讲110　茶叶包装设计

本案例将介绍如何制作茶叶包装，首先置入一张素材图片，作为包装盒的底纹，然后使用【矩形工具】绘制图形，并为其添加投影效果，最后使用【文字工具】输入文字，并置入相应的素材文件，效果如图13-139所示。

图 13-139

315

（1）按 Ctrl+N 组合键，在弹出的对话框中将【单位】设置为【毫米】，将【宽度】、【高度】分别设置为 590 mm、320 mm，单击【创建】按钮。按 Shift+Ctrl+P 组合键，在弹出的对话框中选择"素材\Cha13\茶叶素材01.jpg"素材文件，在画板中单击鼠标，置入素材文件，在【属性】面板中单击【嵌入】按钮，并调整其位置，效果如图 13-140 所示。

（2）在工具栏中单击【矩形工具】按钮▭，在画板中绘制一个矩形，在【属性】面板中将【宽】、【高】分别设置为 450 mm、320 mm，为其填充任意一种颜色，将【描边】设置为无，并调整其位置，如图 13-141 所示。

图 13-140 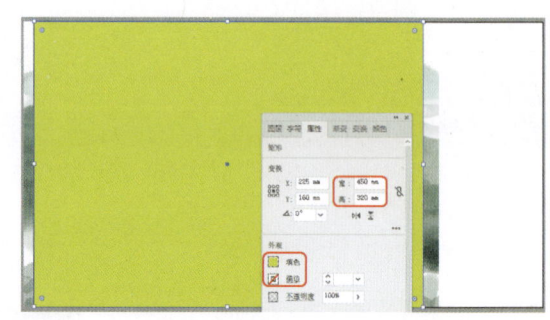　　　　　　　　　　　图 13-141

（3）在工具栏中单击【选择工具】按钮▶，在画板中选择绘制的矩形与置入的素材，右击鼠标，在弹出的快捷菜单中选择【建立剪切蒙版】命令，如图 13-142 所示。

（4）在工具栏中单击【矩形工具】按钮▭，在画板中绘制一个矩形，在【属性】面板中将【宽】、【高】分别设置为 92 mm、320 mm，将【填色】设置为白色，将【描边】设置为无，并在画板中调整其位置，效果如图 13-143 所示。

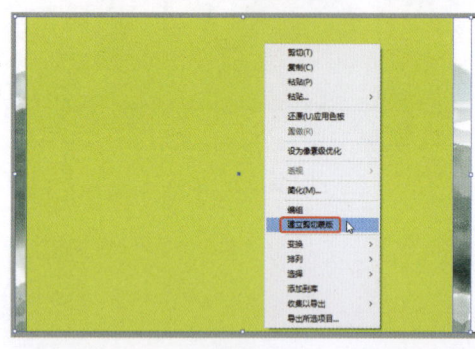

图 13-142 　　　　　　　　　　　图 13-143

（5）在【属性】面板中单击【添加新效果】按钮，在弹出的下拉菜单中选择【风格化】|【投影】命令，如图 13-144 所示。

（6）在弹出的对话框中将【模式】设置为【正片叠底】，将【不透明度】设置为 40%，将【X 位移】、【Y 位移】、【模糊】分别设置为 0 mm、0 mm、3 mm，将【颜色】设置为#353535，如图 13-145 所示。

（7）设置完成后单击【确定】按钮。根据前面介绍的方法将"茶叶素材02.ai"素材文件置入文档中，并调整其位置，在【属性】面板中将【不透明度】设置为 14%，如图 13-146 所示。

包装设计 第13章

（8）在工具栏中单击【矩形工具】按钮▭，在画板中绘制一个矩形，在【属性】面板中将【宽】、【高】分别设置为92 mm、160 mm，为其填充任意一种颜色，将【描边】设置为无，并调整其位置，如图13-147所示。

图 13-144

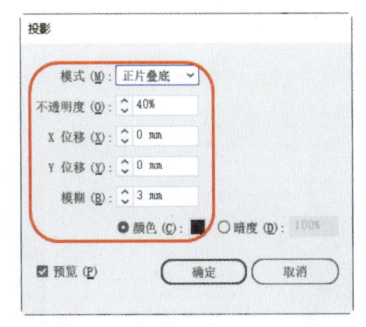

图 13-145

图 13-146

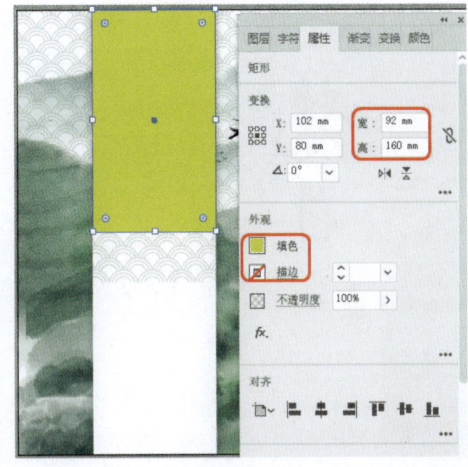

图 13-147

（9）在画板中选择新绘制的矩形与置入的素材文件，右击鼠标，在弹出的快捷菜单中选择【建立剪切蒙版】命令，如图13-148所示。

（10）在工具栏中单击【直排文字工具】按钮|T|，在画板中单击鼠标，输入文字。选中输入的文字，在【属性】面板中将【填色】设置为#221714，将【字体系列】设置为【方正启笛繁体】，将【字体大小】设置为139 pt，将【字符间距】设置为0，并在画板中调整其位置，效果如图13-149所示。

（11）在工具栏中单击【文字工具】按钮T，在画板中单击鼠标，输入文字。选中输入的文字，在【属性】面板中将【填色】设置为#888888，将【字体系列】设置为【方正大标宋简体】，将【字体大小】设置为30 pt，将【字符间距】设置为0，将【旋转】设置为270°，并在画板中调整其位置，效果如图13-150所示。

317

（12）在工具栏中单击【圆角矩形工具】按钮▭，在画板中绘制一个圆角矩形，在【变换】面板中将【宽】、【高】均设置为 17 mm，将所有的【圆角半径】均设置为 2 mm，在【颜色】面板中将【填色】设置为 #c11d1f，将【描边】设置为无，如图 13-151 所示。

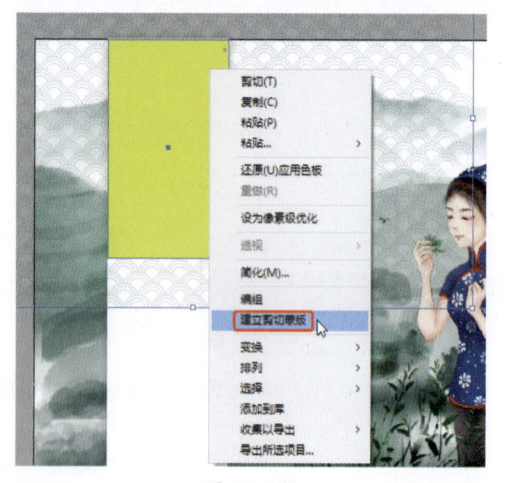

图 13-148

图 13-149

图 13-150

图 13-151

（13）在工具栏中单击【直线段工具】按钮╱，在画板中绘制两条水平、垂直相交的直线，在【属性】面板中将【填色】设置为无，将【描边】设置为白色，将【描边粗细】设置为 0.6 pt，并调整其位置，效果如图 13-152 所示。

（14）在工具栏中单击【直排文字工具】按钮ⅠT，在画板中单击鼠标，输入文字。选中输入的文字，在【字符】面板中将【字体系列】设置为【方正隶书繁体】，将【字体大小】设置为 18 pt，将【垂直缩放】设置为 110%，将【字符间距】设置为 200，在【颜色】面板中将【填色】设置为白色，并在画板中调整其位置，如图 13-153 所示。

318